学生
发展与学习心理

主　编　舒晓丽　李　莉　吴静珊
副主编　付瑞娟　谭华青　刘富汉
邱丽卿　王晶晶　王贵林

华南理工大学出版社
SOUTH CHINA UNIVERSITY OF TECHNOLOGY PRESS
·广州·

图书在版编目（CIP）数据

学生发展与学习心理／舒晓丽，李莉，吴静珊主编. —广州：华南理工大学出版社，2021.5（2024.1重印）

ISBN 978－7－5623－6746－8

Ⅰ. ①学… Ⅱ. ①舒… ②李… ③吴… Ⅲ. ①中学生－青少年心理学－研究 Ⅳ. ①B844.2

中国版本图书馆CIP数据核字（2021）第092118号

学生发展与学习心理

舒晓丽 李 莉 吴静珊 主编

出 版 人： 柯 宁

出版发行： 华南理工大学出版社

（广州五山华南理工大学17号楼，邮编510640）

http://hg.cb.scut.edu.cn E-mail：scutc13@scut.edu.cn

营销部电话：020－87113487 87111048（传真）

出版策划： 庄 严 李秋云

责任编辑： 李秋云

责任校对： 詹伟文

印 刷 者： 广州小明数码印刷有限公司

开 本： 787mm×1092mm 1/16 **印张：** 15 **字数：** 292千

版 次： 2021年5月第1版 2024年1月第4次印刷

定 价： 42.00元

前　言

本教材以习近平新时代中国特色社会主义思想为指导，深入贯彻落实习近平关于教育的重要论述和全国、全省教育大会精神，围绕学生发展与学习心理这两大模块进行编写。

本教材内容具有以下三个主要特色：

1. 重视结构的针对性。为了适应教学改革的需要和教育实践发展的要求，本教材依据《教师资格考试大纲：教育知识与能力（中学）》的要求，匹配“学生发展”和“学习心理”两个考试模块的内容，有针对性地安排教材内容的结构体系。

2. 突出内容的丰富性。为了适合大学生自主学习的需要，教材中提供了多种形式的学习内容，包括理论知识、案例分析和各种形式的练习题，兼顾理论呈现、案例解释与练习巩固，内容立体丰富，层次清晰，更好地帮助学生开展学习。

3. 强调理论的应用性。为了解决学生经常出现的理论与实际脱钩的现象，本教材在内容的组织和安排上，注重与教学实际接轨，在结合相关理论知识的基础上，提供了教育实践中有代表性的案例，以提升学生将知识运用于实践的能力。

本教材由舒晓丽组织编写，并负责全书的修改和审定；李莉和吴静珊参与全书的修改和统稿工作。各章节的编写分工如下：付瑞娟编写第一章第一节；舒晓丽编写第一章第二节；王贵林编写第一章第三节；舒晓丽编写第二章第一节和第二节；付瑞娟编写第二章第三节；李莉编写第三章第一、第二和第三节；吴静珊编写第三章第四、第五和第六节；邱丽卿编写第四章；谭华青编写第五章第一节和第二节；刘富汉编写第五章第三节；王晶晶编写第六章。

由于编者水平有限，书中难免存在疏漏之处，敬请专家和读者提出宝贵意见。

编　者

2021 年 3 月

目 录

第一章

学生身心发展与学习

学习目标

1. 掌握中小学生身心发展的基本特点。
2. 理解中小学生身心发展的影响因素。
3. 理解中小学生身心发展与学习的关系。

案例引入

初三学生晓辉近期很苦恼，感觉常常不能很好地控制自己的情绪，觉得自己的情绪来得快，变得也快。在学校，取得好成绩时就非常高兴，遇到一点儿挫折又极度苦恼；与同学交往经常为一点儿小事发脾气，导致同学关系紧张。回到家里，只要父母过问他的学习，他就很抵触："我都这么大了，还要你们管？"因此，近期他与父母的关系也不融洽。

他想改变这一切，可是每次出现状况时，老毛病总是再次发作。他非常痛恨自己，每次发了脾气都后悔莫及，但他不知该怎么办。

（资料来源：中公教育教师资格考试研究院．中公版·2020 国家教师资格考试专用教材：真题大全·中学．世界图书出版公司，2020.）

思考：

1. 晓辉遇到了什么问题？
2. 作为教师，你该如何帮助他？

第一节 学生身心发展的特点

中小学生正处在长身体、学知识、身体发育和语言、个性发展的关键时期。只有先明确中小学生身心发展的特点，做到因材施教，才能全面提高教育教学质量。所谓人的发展，是指个体从生到死的运动变化的过程。这个变化既有连续的、渐进的量的变化，又有质的变化，这个过程不是简单的增长和单纯的量变，而是从低级到高级，从简单到复杂，从量变到质变，从旧的质变到新的质变的不断完善的过程。人的发展包括两个方面，一是身体的发展，二是心理的发展。

一、小学生身心发展的特点

小学生的年龄一般为6～13岁。这一时期的发展主要表现在身体、认知和心理社会性方面。身体上变得更高、更重、更强，逐渐获得了参加有组织的游戏和体育活动的运动技能，在思维、道德判断、记忆和语言等方面取得明显的进步。由于能力对儿童在学校的表现影响很大，因此个体差异在此阶段变得更加明显，特殊需求也显得更加重要。尽管对小学生来说父母的影响仍然很重要，但是同伴群体的影响比过去更大，儿童在与其他同伴的交往过程中发展自己的认知、情绪和社会性。

（一）小学生生理发展特点

小学生的身体发育，正处于两个生长发育高峰之间的相对平稳的阶段。6～9岁儿童身高平均每年增长4～5厘米，体重平均每年增加2～3千克，胸围平均每年增加2～3厘米。10岁以后，随着青春期的到来，体格发育进入快速增长阶段。这时身高每年可增长6～8厘米，个别可增长10～11厘米；体重每年可增加4～6千克，有的可增加8～10千克。从发育时间看，女生的发育加速期比男生早1～2年。随着社会物质生活水平的提高，目前，男、女生的生长发育期都出现提前的趋势。

这一时期儿童的骨骼有机物和水分多，钙、磷等无机成分少，所以骨骼的弹性大而硬度小，不易发生骨折，但容易发生变形。肌肉虽然在逐渐发育，但肌肉的力量和耐力都比成人差，容易出现疲劳。

小学生的心率为80～85次/分，明显低于新生儿时的约140次/分和学龄前儿童时的约90次/分；肺活量也明显增加，对各种呼吸道传染病的抵抗力逐渐增强。

儿童到6岁时脑重量约为1200克，约占成人脑重的80%，此时，大脑两半球完成髓鞘化（使神经通路之间相互绝缘），使得神经传导更加迅速、准确，所以当身体受到外界刺激后，可以很快的速度准确地传到大脑皮层的高级中枢。大脑皮层间增加了暂时联系的可能性，条件反射的形成比较稳定。7～12岁时大脑继续发育，7岁时脑重约1280克；9岁时脑重约1350克；12岁时脑重约1400克，此时已接近成人脑重。同时神经细胞的体积增大，突起更加茂密，联系更加丰富，许多新的神经通路出现。此时大脑额叶生长迅速，儿童运动的正确性、协调性得到发展；大脑的抑制能力和分析综合能力加强。

9～12岁小学生脑的重量增加不多，主要进行着细胞内部结构与机能复杂化的过程。儿童脑部扫描的追踪研究发现，这一阶段大脑皮层某些区域内灰质的密度下降，无用树突逐渐精简，同时大脑白质稳定增加，大脑的加工速度和效率逐渐提高。神经联络纤维在数量上大大增加，联络神经元的结构和皮层细胞的结构机能迅速形成和发展。这是联想、推理、抽象和概括的思维过程的物质基础，也说明这一阶段神经系统的发育特别是脑的发育在机能上进一步成熟。

小学生的身体发育和心理发展是统一的，二者密不可分，互相影响，互相作用，相辅相成。各系统的发育，尤其是神经系统的发育，为小学生的心理发展奠定了物质基础，而心理的正常发展也能促进小学生身体的正常发育。某些生理上的缺陷可以引起小学生心理发展的不正常。例如斜视的学生可能会受同学的讥笑，由此易产生自卑感。小学生的情绪与他们的状态有一定关系，一贯情绪正常的学生常常是挺着胸、抬着头，坐、立、行的姿势正确，精神振奋，动作敏捷，积极参加学校的各项活动，能很好地完成任务；相反，长期情绪低落的学生，往往外表也是病态的，弯腰、驼背，行动迟缓，精神萎靡不振，注意力不集中。近年来国外研究表明，家庭破裂的子女和非婚生子女易遭受虐待、歧视，会影响他们正常的生长发育，严重的可致身材矮小、骨龄落后、性发育迟缓，成为社会心理性侏儒。这可能是不良心理环境对中枢神经系统长期恶性刺激所导致的结果。

小学生心理发展的特点主要表现在四个方面：一是发展迅速，尤其是智力和思维能力发展变化较快；二是发展协调，比起初中生的“动荡性”来说，协调性是小学生心理发展的主要特征；三是发展具有开放性，此时成人与儿童容易沟通，师生之间、亲子之间的关系融洽；四是发展具有可塑性，比起逐渐成熟起来的青少年，小学生的心理发展和变化具有较大的可塑性，这一阶段是培养良好心理品质与行为习惯的好时机。

（二）小学生认知发展的特点

1. 小学生注意发展的特点

（1）从以无意注意为主逐渐向以有意注意为主过渡

小学生的注意不稳定、不持久，难以长时间注意同一件事物，容易被一些新奇、刺激的事物所吸引。生动、具体、形象的事物，形式新颖、色彩鲜艳的对象，都比较容易引起学生的兴趣和吸引他们的注意。随着年龄的增长和大脑的不断成熟，内抑制能力得到发展，再加上教学的要求和训练，小学生逐渐理解了自己的角色与学习的意义，有意注意便逐渐得到发展。一般到小学五年级时，有意注意基本会占据主导地位。

（2）注意的范围较小（注意的广度有限）

小学生注意的范围较小，不善于分配自己的注意，这主要是因为小学生的经验少。实验表明，小学生只能同时注意到2~3个客体，而成人能同时注意到4~6个客体。因此，一年级学生在阅读时，常常是一个字一个字地读的。随着知识经验的积累、阅读技巧的形成和思维的发展，他们逐渐以词、词组、句子和段落作为注意的对象，注意的广度就扩大了。因此，教师在向小学生提出注意范围的要求时，应该考虑到他们的年龄、经验和注意对象的特点等因素。

（3）注意的集中性和稳定性差

一般来说，儿童7~10岁时可连续集中注意约20分钟，10~12岁时可连续集中约25分钟，12岁以上可连续集中约30分钟。低年级儿童对一些具体的、活动的事物以及操作性的工作，注意容易集中和稳定；对一些抽象的公式、定义以及单调刻板的对象，注意容易分散。随着年龄的增长，对抽象事物注意的稳定性和集中性才会相应提高。

（4）注意的分配和转移能力差

小学低年级学生往往不能分配自己的注意，集中注意某一事物时，经常出现“顾此失彼”的现象。比如当他聚精会神写字时，又会忘了正确的坐姿要求。所以为了便于儿童能够分配自己的注意，低年级教师最好不要要求儿童同时注意几件事情，要等儿童对其中的某些活动熟练了以后，再提出分配注意的要求。从整个小学阶段来看，注意分配能力的发展要比其他几种注意品质的发展缓慢，小学一年级的学生，明显表现出不善于分配注意的特点，到了二年级后就大有改观，二年级和五年级学生的注意分配能力已基本处于同一水平。这与注意分配必须具备的条件有关，只有当各种技能高度熟练时，学生才可能在比较复杂的动作之间建立反应系统，使注意进行合理的分配，而这种技能熟练化和协调化的发展进程是较为缓慢的。

小学低年级学生注意转移的能力也比较差，到小学中年级以后注意转移能力逐渐地发展起来，小学五年级儿童注意转移的速度较小学二年级有明显增长，尤其是男生发展更快。

2. 小学生感知觉发展的特点

（1）感知的有意性逐年发展，但需要教师的监督和指导

感知的有意性是个体按照预定目的自觉地调节自己的感知活动的能力，是个体顺利完成学习任务必备的心理品质。儿童进入小学以后，心理活动有了一定的目的性，感知的有意性随之增强。在课堂上，他们一般能够听从教师的指导，观察教学中所用的直观教具和倾听教师讲解，但小学低年级学生的感知具有明显的无意性和情绪性，表现为他们听课时常常被新奇的无关刺激所吸引，把注意集中到次要的、与听课不相干的方面去。在教学的影响下，随着知识经验的积累和智力的发展，小学生逐渐学会按一定目的要求去选择感知对象，中、高年级学生感知的有意性、目的性逐渐发展起来。但是，小学生有意识、有目的的感知水平还是相对有限的，需要教师进行监督和指导。

（2）感知的精确性逐渐发展

由于分析与综合水平不高，小学低年级学生在感知过程中，对事物只是产生一个笼统的、不精确的、割裂的初步印象。例如，他们常常混淆汉语拼音字母“b”与“d”、“p”与“q”，汉字“辛”和“卒”，书写汉字时常常漏掉或添加笔画等。他们观察事物时常常粗枝大叶，往往只注意到明显的、整体的部分，而忽略了不明显的、细节的部分。在教学的要求下，随着认知的发展，中、高年级小学生感知的精确性逐渐发展起来。

（3）感知的概括性逐渐发展

低年级小学生对所观察的事物做整体概括的能力很差，往往较注重事物表面的、明显的、无意义的特征，而看不到事物之间的关系。随着感知的有意性和精确性的发展及知识经验的丰富和智力水平的提高，中、高年级小学生感知的水平逐渐向概括性方面发展。

3. 小学生记忆发展的特点

（1）无意识记占主导地位，有意识记逐渐发展

小学低年级学生的无意识记占主导地位，记忆的有意性还很差，常常能够记住那些自己感兴趣的、印象深刻的事物，记不住那些不感兴趣但必须记住的内容。从小学三年

级开始，孩子的有意识记逐渐发展，即使是抽象材料也能花工夫努力记住，但是有意识记最初还是被动的，记忆的任务通常是由教师或家长提出的。

（2）机械识记占主导地位，意义识记逐渐发展

小学低年级儿童较多地运用机械记忆，这是因为他们的抽象逻辑思维尚未发展，知识经验比较贫乏，对学习材料不易理解，还不善于对记忆材料进行思维加工或逻辑加工。随着知识的增长，理解能力的提高，中高年级学生意义识记的能力逐渐发展。

（3）在形象记忆的基础上，抽象记忆也在迅速发展

小学低年级学生，由于第一信号系统活动占优势，在头脑中和第一信号系统相联系的事物的具体形象容易被记住，所以他们长于记忆一些具体的、形象的、直观的材料，对抽象的公式、概念的记忆则存在困难。到了中高年级，学生掌握的语词量不断增加，第二信号系统的活动逐渐占优势，所学课本的内容大多是些抽象的词、数字或符号，所以他们的抽象记忆也得到了发展。但小学生在记忆抽象的材料时，主要还是以事物的具体形象为基础，即形象记忆仍起着重要作用。

4．小学生思维发展的特点

进入小学后，教学以及各种日益复杂的新的实践活动向儿童提出了多种多样的新要求，从而引起小学儿童思维发展的种种新的需要，并和儿童已达到的原有心理结构、思维水平之间产生了矛盾，构成了小学儿童思维发展的动力。在教育的影响下，这些矛盾的不断产生和解决，推动了他们的思维不断向前发展。

（1）小学生思维发展的基本特点

①从具体形象思维逐渐向抽象逻辑思维过渡。小学低年级学生的思维虽然有了抽象的成分，但仍然以具体形象思维为主。他们所掌握的概念大部分是具体的、可以直接感知的，难以区分概念的本质和非本质属性，他们的思维活动在很大程度上还是与面前的具体事物或其生动的表象联系着的。在语文学习中，他们需要具体形象的帮助来理解抽象的字词；在数学学习中，他们也往往需要实物的帮助，才能进行运算。而中高年级小学生则能区分概念的本质和非本质属性，能掌握一些抽象概念，能运用概念、判断、推理进行思考。

②由具体形象思维到抽象逻辑思维的过渡存在着明显的关键期。一般认为，小学生的思维由具体形象思维向抽象逻辑思维过渡的转折期一般出现在四年级（10～11岁）。但是思维发展的关键期有一定的伸缩性，可以加快或延缓。只要教学得法，小学儿童思维发展的关键期可以提前到三年级，如果教育不得法，则可能会延至五年级。小学儿童

的思维发展存在很大的潜力。

③抽象逻辑思维从不自觉向自觉发展。小学低年级学生虽然已掌握一些概念，并能进行简单的判断、推理，但他们尚不能自觉地调节、控制自己的思维过程。中高年级小学生在教师的指导下，对自己的思维过程进行反省和监控的能力有所提高，能说出自己解题时的想法，能弄清自己为何出错，思维的自觉性有所发展。

④抽象逻辑思维发展不平衡。在整个小学时期，儿童的抽象逻辑思维水平不断提高，思维中抽象的成分日渐增多，但在不同的学科、不同的教学内容中表现出不平衡性。对于儿童熟悉的学科以及难度小的任务，儿童思维中抽象的成分较多，抽象的水平较高；而对于儿童不熟悉的学科以及难度大的任务，儿童思维中的具象成分就较多。例如，在数学学习中，他们可以离开具体事物进行抽象思考，思维已达到了较高的抽象水平，但在学分数时，仍需要具体事物的支持；在学习历史时，小学儿童对历史发展规律的理解有些困难，仍停留在表象的水平上，抽象逻辑思维的水平还比较低。

⑤辩证逻辑思维开始萌芽。抽象思维包括形式逻辑思维和辩证逻辑思维两个发展阶段，辩证逻辑思维是在形式逻辑思维的基础上，由抽象上升到具体的思维过程。它将事物的个别性、差异性和普遍性统一起来，在思维中恢复事物的本来面目，反映事物的矛盾运动，达到对事物的全面的、灵活的、具体的认识。小学儿童已开始出现辩证逻辑思维的萌芽，对一至六年级小学生辩证思维能力的实验研究发现，大多数的小学生初步具备了辩证思维能力。小学二、三年级是辩证思维的萌芽期，四年级是辩证思维发展的转折期，五、六年级为辩证思维的稳步发展期。但是，六年级学生中能具备高水平的辩证思维能力的仅占9.3%。所以，小学阶段只是辩证思维能力发展的初始阶段，辩证思维能力要到中学乃至大学阶段才能更完善。

（2）小学生思维品质发展的特点

思维品质是思维发生和发展中表现出来的个性差异，体现了个体思维的水平和能力，因此培养儿童的思维品质是发展其思维的突破口。小学生思维品质主要包括深刻性、灵活性、敏捷性和独创性四个方面。

①小学生思维深刻性的发展。思维的深刻性集中体现在透过现象和外在形式的东西，抓住事物的本质和规律，预见事物的发展。小学生的思维深刻性处在不断发展中。例如，在“水”概念的理解上，低年级的学生倾向于认为水是“流动的、可以喝的”，表达出的是对物质直观外在的特性的理解，高年级学生则能达到水是“流动的、无色味的、透明的液体”这些反映本质特征的理解。再如，在数学运算中，低年级学生对数

的理解和运算需要借助实物，高年级学生则逐步摆脱了实物外壳，把握了数的抽象实质，可以进行运算推理、公式求证等。

②小学生思维灵活性的发展。思维灵活性是指思维活动的智力灵活程度，主要表现在思维起点灵活、思维过程灵活、概括迁移能力强和善于组合分析四个方面。小学生在运算中思维灵活性的发展则表现在三个方面，一是“一题多解”的解题数量在增加；二是灵活解题的精细度在增加，不仅能一题多解，而且解题正确，在思维过程中能逐步抓住问题的本质，根据思维对象材料的特征、类型去加以灵活运算；三是儿童的组合分析水平在不断提高。小学生思维灵活性的发展过程是稳步的，没有突变转折，随着年级的递增，儿童思维灵活程度的差异越来越明显。

③小学生思维敏捷性的发展。思维敏捷性指思维过程的速度，小学生思维敏捷性的不断发展表现在运算速度不断提高，正确率及速度水平的分化越来越明显。儿童运算中思维的敏捷性依赖于一系列的条件，儿童的知识结构、技能技巧、思维结构以及思维客体本身的难易程度等都会直接影响思维的敏捷程度。此外，思维的深刻性、灵活性水平也会直接影响思维敏捷性的发展。

④小学生思维独创性的发展。思维独创性是指思维活动在独立性、发散性和新颖性上的表现。小学生思维独创性的发展趋势体现在两个方面：其一，从对具体形象材料的加工发展到对语词抽象材料的加工。对语词抽象材料的加工可以摆脱具体形象材料的局限性，使思维的空间更大、内容更丰富。例如，低年级的学生描绘最可爱的小动物时，多是对自己曾看到的某种小动物进行描述，但高年级学生可能还会加上自己没有亲眼见过但曾在文学作品中读过的相关描述。其二，小学儿童经历从模仿到半独立性的过渡，再发展到独创性阶段。例如，在小学儿童自编应用题的学习中，一般是从模仿书本例题开始，经过补充应用题的问题和条件——有一个半独立性的过渡，逐步地发展为独立地编拟各类应用题。小学四年级是思维独创性发展的一个转折点。

综上所述，小学生思维品质的发展存在明显的年龄特征。一般说来，小学生思维的敏捷性和灵活性是稳步发展的，思维的深刻性在发展中既表现出不断发展的趋势，又在三、四年级时出现转折或关键期。在教育中，教师必须正确认识小学生思维发展的特点和过渡性思维的关键年龄。如果只关注小学儿童思维发展的具体形象性，就会使教学内容过于简单，影响教学工作的质量；如果只关注思维发展的抽象逻辑性，忽视思维具体形象性的支持作用，使教学内容过难，则会使教学工作出现事与愿违的结果。而且，小学生思维的独创性比其他思维品质的发展更晚、更复杂，涉及的因素更多。所以，教师既不能忽视小学儿童独创性品质的发展与培养，也不能过高地估计他们独创性思维品质的水平。

5．小学生想象发展的特点

（1）有意想象迅速发展

低年级小学生的想象与学龄前儿童有点类似，以无意想象为主，而中高年级小学生的再造想象趋于完整，有意想象的成分大大增加。

（2）想象的创造性成分逐步增多

低年级小学生再造想象的成分占较小比例。随着生活范围的扩大，知识经验的丰富以及认识能力的提高，大脑中的表象越来越多，因而高年级小学生的想象力具有更多的创造性成分。

（3）想象的现实性逐渐增强

学龄前儿童和小学低年级学生的想象往往与现实不符，有时会出现想入非非的现象。随着年龄的增长、学习的深入、知识经验的不断积累，高年级小学生的想象已能够比较真实地表现客观事物，其想象的内容也趋于现实。

（三）小学生个性和社会性发展的特点

1．小学生情绪、情感发展的特点

小学生的情绪、情感表现比较外露，容易激动，具有很大的冲动性。随着年龄的增长和对学校生活的适应，小学生的情绪自我调节能力有了明显的提高，情绪、情感也逐渐变得更加稳定、丰富和深刻。低年级小学生已能初步控制自己的情感，但还常有情绪不稳定的现象。到了小学高年级，他们的情感更为稳定，自我尊重，同时希望获得他人尊重的需要日益强烈，道德情感也初步发展起来。

（1）小学生情绪发展的特点

①情绪理解能力的发展。小学阶段的儿童能够准确识别各种基本表情，对基本情绪的认知已经达到一个稳定、完善的水平。小学生能够认识自己的情绪并对自己的情绪做出反应，能够认识到与自我评价有关的一些情绪体验，如骄傲、自豪和内疚等。学龄前儿童主要依据外部事件来理解情绪，而小学儿童已能更多地依据人的内部心理状态来解释情绪。小学初期只能识别同一性质的情绪，例如同为积极情绪，或者同为消极情绪。小学阶段中后期才能识别和理解同时发生在同一个体身上的混合情绪（甚至对立的情绪）。只有当小学生的认知能力发展到较高的阶段时，才具有识别和理解混合情绪的能

力。9～10岁的儿童开始理解同一事件能激起复杂的混合情绪，如在全班同学面前讲演可能会有那种既高兴又害怕的体验。

②情绪调节能力的发展。小学中高年级学生由于神经系统控制能力增强加上学习生活的磨炼及教师的有意培养，情感逐渐“坚强”起来，情绪、情感逐步从冲动性、易变性向平衡性、稳定性方向发展，逐步学会了调节情绪。比如，知道了在压力状态下要使心情变好，需要调节情绪；面对困难要鼓励自己，也需要调节情绪。情绪调节能力的发展经历了一个由外部调节转到内部自我调节的过程，如新生儿不舒服就哭，而学龄前儿童能说出自己的感受，到了小学时已能使用一些策略帮助自己调节情绪以适应困难情境。小学三年级是这种转变的转折点，这一时期的学生已能抑制自己的一些情境性情感体验去从事其他相对重要的活动，如小学中高年级学生在比赛中取得阶段性胜利后能继续集中精力准备下一阶段的比赛，直至最终胜利。当然，对这种稳定性不能估计过高，总体上小学生的情绪、情感还不是很稳定的。

③情绪表现规则的掌握。情绪表现规则是个体在社会化过程中获得的一套规则，用以指导个体在特定社会情境下调节情绪，以符合社会期望。情绪发展的一个重要方面是在社会环境中认识和应用情绪表现的社会规则。如当接受礼物时应当表现出高兴，当别人在路上摔倒时应当表示同情。儿童大约在6岁时就已经掌握了符合有关情绪表现规则的面部表露和内心体验的区分技能，但此时儿童对情绪表现规则的使用不是有意的，而是模仿或是父母教导的结果。随着年龄的增长，到了小学阶段，儿童复杂的认知能力和社会技能得到发展，情绪表现规则的掌握也获得了迅速发展。9岁左右，儿童使用情绪表现规则的形式趋于稳定，11岁儿童比7～9岁儿童调节外部情绪表现的能力更强。小学生已能从概念上理解情绪表现的规则，并能理解情绪表现的意义、目的以及应用它的重要性。

④情绪由外显向内隐发展。低年级学生情绪外露，表情丰富，且比较容易变化。遇到不高兴的事，他们会一脸沮丧，老师和同学就能从他的脸上看出来。高年级学生依然具有情绪外露的特点，但与低年级学生相比情绪变得更为含蓄。课堂上回答不出老师的提问，尽管也会不高兴，但不会像低年级学生那样哭鼻子了，表现得较为含蓄。小学生从低年级到高年级，由不善于掩饰、控制自己的情绪向内化逐渐发展，高年级的学生已能逐渐意识到自己的情绪表现以及随之可能产生的后果。

（2）小学生情感发展的特点

①情感表现形态不断变化。随着年龄的增长，小学生情感表现形式发生了变化。小

学生很重感情，他们对人对事十分热情，虽然相比幼儿显得含蓄些，但仍然比较外露。整个小学阶段，学生的热情都易受具体事物支配；在三、四年级以后，小学生的热情开始分化，具有一定的选择性，减少了盲目性。小学生面部表情丰富且容易变化，但对眼神的控制能力还不够强，低年级学生的表情和内心情感体验相一致，到高年级分化程度加大。小学生容易激动，带有一定的易激惹性。小学生也会出现心境，但持续的时间一般不太长，一般到小学中高年级才逐步出现影响整个情感状态的心境。

②情感的内容不断丰富。小学生的主要活动形式从游戏转向学习。在学习活动中，他们需要承担一定的义务，会经常地产生种种情绪体验。例如，学习活动的成败带来强烈的情绪体验；掌握某方面的知识产生满足感；考试获得好分数会带来喜悦；如果学习不好，则可能因此产生挫折感，体验到痛苦、悔恨、羞愧等种种情绪；各式各样的班集体活动、少先队活动，同伴关系的深入，使其产生了友谊感、集体荣誉感、责任心、义务感；随着小学生对祖国历史、地理认识的深入，他们产生了爱国主义情感；所有这些都增进了学生道德感的发展。小学生的道德感与具体的道德形象密切相关，光辉动人的道德形象最容易引发小学生的情感共鸣。

儿童道德情感的发展过程中显现出了量变和质变、连续性与阶段性的统一，并表现出了一定的年龄转折特点。从整体上说，我国儿童道德情感显示出了随年龄增长而发展的趋势，转折年龄主要集中于8～9岁。

③情感的深刻性初步增加。小学生情感的深刻性比学前儿童有所发展，表现为不仅受事物表面直接的影响，而且受事物意义间接的影响。例如，同是惧怕的情感，学龄前儿童可能是怕黑夜、怕吃药打针等，小学生则主要是怕考试失误得低分，怕做错事受到老师或同学们的批评、斥责和歧视等；同是愉快的情感，学龄前儿童可能因得到一块巧克力或得到一个很好的玩具而高兴得不得了，小学生则主要是由于出色完成学习任务后得到老师的表扬，或为集体做好事后得到集体的赞颂而感到心情愉悦。小学生的各种社会性情感的质量和水平也在不断提高。例如，在评价人物时，已不再是仅仅把人分成“好人”和“坏人”，而是能够开始运用一定的道德标准来做评价。看待事情，不再只看这件事对自己是否有益，而是能够把事件同他人、同集体的利益结合起来思考。

④情感逐步具有稳定性。虽然小学生的情绪仍然具有很大的冲动性，他们不善于掩饰，不善于控制自己的情绪，但他们的情感已逐渐内化，小学高年级学生已能逐渐意识到自己的情感表现以及随之可能产生的后果，同时控制和调节自己的情感的能力也逐步加强。如友谊感的发展，学龄前儿童的友谊关系不稳定，儿童之间的关系只是短暂的游

戏同伴关系；随着对学校生活的适应，小学生的情感发展逐渐稳定。此时尚未面临升学、求职等重大压力，他们的情感基本状态一般是平静而愉快的。

2. 小学生性格发展的特点

（1）小学儿童性格发展的趋势

对我国儿童性格发展的研究显示，小学儿童的性格发展水平随着年龄的增长而逐渐升高，但其发展速率不平衡，小学二至四年级时性格发展比较缓慢，为发展的稳定时期；小学四至六年级为快速发展时期。这主要是由于小学高年级儿童已完全适应了学校里以学习活动为主的生活，而且集体生活范围逐步扩大，同伴交往日益增加，教师、集体、同伴对儿童的性格产生更多直接的影响，使儿童的性格特点日益丰富和发展起来。到了小学六年级，儿童开始步入青春期，青春期身心的巨变又将对儿童的性格发展产生深刻的影响。因此，在小学儿童性格的发展中，六年级是性格发展的关键期。

（2）小学儿童性格结构的发展特点

①态度特征的发展。在小学阶段，儿童逐渐形成性格的态度特征，但还不够稳定，易受到环境影响而发生改变。例如，小学儿童表现出热爱劳动、关心集体等积极的态度倾向，但在某些特定的情境下，他们可能会放弃已有的态度。尤其是小学低年级儿童，会表现出明显的不稳定性。到了高年级，随着自我意识的发展，部分儿童对自我言行统一性的要求增强，这种稳定性会大大提高，并逐步形成稳定的性格特征。但仍有不少儿童的态度尚不够稳定统一，还不能成为明确的性格特征。

②理智特征的发展。小学儿童性格理智特征的发展趋势是在二至四年级时稳定发展，在四至六年级时迅速发展。各因素的发展有所不同：思维水平和权衡性在小学二至四年级时处于稳定发展期，在四至六年级则出现迅速发展的趋势，这与小学儿童思维能力的发展趋势相同；求知欲在整个小学时期都在不断发展，小学六年级时达到高峰；灵活性在整个小学阶段的水平都比较低，发展比较缓慢，各年级间没有显著差异。

③情绪特征的发展。小学儿童情绪的特征是不断发展的，并在六年级时出现高峰。具体地讲，情绪的强度和持久性发展较快，原因是小学六年级儿童开始进入少年期，行为特别容易受情绪的影响。小学二年级学生的主导心境低于其他各年级，原因是小学低年级儿童正处在适应学校生活的过渡期，繁重的课程和作业的压力让他们焦虑、紧张，感到力所不及，由此造成主导心境低落。整个小学阶段，儿童的情绪特征是稳定的，在各年级之间小学儿童的情绪稳定性无显著差异。

④意志特征的发展。小学儿童独立性的发展在低年级时并不显著，直到小学四至六

年级才有一个较快的发展，并在六年级时出现高峰。这是因为这个时期的儿童刚进入少年期，有强烈的要求独立和摆脱成人控制的欲望，因而其性格特征中表现出明显的独立性。小学儿童的自制性和坚持性都呈现下降趋势，其原因是低年级儿童主要受外部因素（如教师、家长等）的控制；随着年龄增长，小学儿童对外在控制因素的依赖性逐渐减少，但其内部控制的能力又未发展起来，还不足以调节和控制自己的行为，因而在自制力和坚持性两方面表现出下降趋势。小学儿童果断性的发展比较缓慢，没有显著的年级间差异，他们基本上还缺乏适时、果断地做出决定的能力。

3. 小学生自我意识发展的特点

自我意识是对自己身心活动的觉察，即自己认识自己的一切，包括认识自己的生理状况（如身高、体重、体态等）、心理特征（如兴趣、能力、气质、性格等），以及自己和他人的关系（如自己与周围人们相处的关系，自己在集体中的位置与作用等）。

（1）自我意识的成分

从形式上看，个体的自我意识包括自我认识、自我体验和自我调控三种成分。

自我认识是自我意识中的认知成分，是个体对自己身心特征和活动特征的认知和评价，包括自我观察、自我觉知、自我评价和自我概念等，其中自我评价和自我概念是主要方面。自我认识相对而言属于自我意识中的理性、客观部分，主要涉及“我是谁或我是什么”“我为什么是这样的人”等这样一些内容。

自我体验是自我意识中的情感成分，是个体对自己所持的一种情绪体验，包括自尊、自信、自卑、自豪感、内疚感等，其中自尊是主要方面。相对而言自我体验属于自我意识的非理性的主观部分，主要涉及“我是否满意自己”或“能否接纳自己”等内容。

自我调控是自我意识中的意志成分，是个体对自己认知、情感和行为的调节和控制，包括自立、自主、自律、自我调节、自我控制等。其中，自我调节和自我控制是主要方面，具体表现为个体对自己行为的监督和调节，使之达到自我的目标。自我调控主要涉及“我应该怎样做或该如何表现”等类似内容。

从内容上看，个体的自我意识包括生理自我、社会自我和心理自我三部分。

生理自我指的是个体自我的生理属性，包括自己的身高、体重、形态、健康程度等。

社会自我指的是个体自我的社会属性，包括自己在各种社会关系中的角色、地位、权利、义务等。

心理自我指的是个体自我的心理属性，包括自己的感知、记忆、思维、想象、智力、性格、气质、动机需要、价值观、行为等。

（2）小学生自我意识的发展特点

自我意识的发展过程是个体不断社会化的过程，也是个性特征形成的过程。自我意识的成熟往往标志着个性的基本形成。小学时期是儿童获得社会自我的时期，在这一阶段，个体显著地受社会文化影响，是角色意识建立的最重要时期。角色意识的建立，标志着儿童的社会自我观念趋于形成。总的来说，小学阶段儿童自我意识的发展表现出如下特点。

①小学儿童自我意识随年级升高而不断发展，但各年级的发展速度不同。整个小学时期，儿童的自我意识不断发展，高年级儿童自我意识发展水平要高于低年级儿童，自我意识的发展水平与年龄呈正相关。这是因为随着年级的升高，小学儿童的抽象逻辑思维和辩证思维初步发展，他们的自我意识更加深刻。他们不仅摆脱了对外部控制的依赖，逐渐发展了内化的行为准则来监督、调节、控制自己的行为，而且开始从对自己的表面行为的认识、评价转向对自己内部品质的更深入的评价。

虽然小学时期儿童的自我意识不断发展，但这种发展不是直线的、等速的，而是既有上升的时期，又有平稳发展的时期。第一，一至三年级处于上升期，一至二年级的上升幅度最大，是上升期中的主要发展时期。这是因为学习活动进一步加强了儿童对自己的认识，如考试的成败、教师的评价、同伴的接纳等都使儿童从不同角度认识自己。学习活动又对儿童的自我监督、自我调节和自我控制等能力有了更进一步的要求，从而促使儿童的自我意识有了很大发展。第二，三至五年级处于平稳阶段，年级间无显著差异。第三，五至六年级处于第二个上升期。

②小学儿童自我意识成分的发展不同步。自我认识是自我意识的主要成分，它的发展水平是自我意识发展水平的主要标志。小学儿童自我认识发展趋势与自我意识发展的总趋势一致。自我体验与自我认识密切相关，因此，儿童自我体验的发展与自我认识的发展大体一致。儿童自我调控的发展呈现出一个显著特点，表现为低年级儿童的自我调控能力比高年级儿童高，这是儿童的调控由外部调控向自我调控发展的表现。造成这种现象的原因是低年级儿童比较容易接受权威人物（教师或家长）的控制，他们的自我控制能力比较高是由外部因素造成的，实际上是“外部控制”的结果。小学高年级儿童的独立性增强，外在的约束力逐渐减小，内在的自控能力逐渐增强，但这种自控力的发展是逐渐的、较为缓慢的，因而表现为自我控制能力下降。

③小学生自我评价能力不断发展。自我评价的基本形式有过高的评价、过低的评价和适当的评价三种形式，不同形式的自我评价有不同的表现，并对儿童发展产生不同的影响。自我评价适当的学生其自我评价与小组对他的评价比较接近。

第一，自我评价的独立性日益增长。自我评价的独立性是相对于自我评价的依附性而言的。小学低年级儿童的自我评价在很大程度上仍然依附于教师和父母的评价，但他们已有了对自己行为的独立看法，当成人对他们的评价不公正时，往往会引起他们的不满。一般从小学三、四年级开始，儿童自我评价的自觉性和独立性有了明显的发展，他们逐步学会将自己的行为和别人的行为加以对照，从而能够独立地对自己的行为做出评价。儿童独立进行自我评价的能力随年龄的增长而不断提高，到初中三年级以后达到相对稳定的水平，基本上不再依附于别人。

第二，自我评价的全面性日益提高。自我评价的全面性是指个体对自己言行评价的广泛性和深刻性。小学低年级儿童在评价自己时常常是片面的，他们更多看到自己的优点，而看不到缺点。而且他们对自我的评价更多的是表面的，不够深刻，表现为局限于对一些具体行为的评价，如看文艺作品，注意力更多地指向故事的情节，而对人物内心体验兴趣不大。从小学三、四年级开始，随着道德观念和抽象逻辑思维的进一步发展，儿童逐渐学会较全面地评价自己的行为，同时能列举自己的优点和缺点，逐步能抓住主要的优缺点，并逐渐过渡到将自己的行为和行为动机联系起来，并以此来对自己的个性进行综合性评价。

第三，自我评价的稳定性逐渐加强。自我评价的稳定性是指个体自我评价保持时间的长短，即前后两次自我评价的一致性程度，它是相对于易变性而言的。一般来说，自我评价的稳定性随着儿童年龄的增长而提高。在小学三年级以前稳定性较差，三年级以后儿童通过周围他人对自我评价的影响以及对自己活动结果的认识，越来越较全面而深刻地认识和评价自己，从而使主观评价和客观实际统一起来，提高了自我评价的稳定性。不过，总的来说儿童自我评价的稳定程度在整个小学阶段仍然是低下的，到了初中三年级以后才趋于稳定。

4. 小学生人际关系发展的特点

人际关系是人与人在交往中形成的直接的心理关系。学生人际交往的对象主要是父母、同学（或同伴）、教师，所以学生的人际关系包括亲子关系、同学（或同伴）关系、师生关系。随着小学儿童独立性与批判性的不断增长，他们从依赖父母、教师开始走向自主，从对成人权威的完全信服到开始表现出富有批判性的怀疑和思考，与此同时，具有更加平等关系的同伴交往日益在儿童生活中占据重要地位，并对儿童的发展产生重大影响。

（1）亲子关系的变化

家庭是小学儿童社会性和个性发展的重要场所。在家庭内部，父母与孩子的关系是最重要的人际关系，儿童早期的社会关系主要是与父母的关系。亲子关系将会形成儿童对以后的各种社会关系的期望和反应。

①父母与儿童交往时间的变化。随着年龄的增大，一方面，儿童和父母待在一起的时间明显减少；另一方面，父母关注儿童的时间也有所减少。一项研究发现，5～12岁儿童的父母比学龄前儿童的父母在教导儿童、与儿童谈话、为儿童阅读、与儿童一起做游戏等方面的交往时间减少了一半。

②父母对儿童的控制力量的变化。研究表明，随着年龄的增长，儿童越来越多地自己做出决策。在儿童6岁以前，大部分重要决定由父母做出。在6～12岁时，父母主要有三个职责：在一定距离内监督和引导儿童的行为；有效地利用与儿童直接交流的时间；加强儿童的自我监督行为（如解释行为标准，说明如何减少危害），帮助儿童学会何时寻求父母的指导。12岁以后，儿童则是自己做出更多的重要决定。

（2）同伴关系的变化

同伴交往是儿童形成和发展个性特点、社会行为、价值观和态度的一个独特而主要的方式。与幼儿相比，小学生相互交往频率更多，共同参加的社会活动也进一步增多，其社会交往也逐渐富于组织性。小学生的行为特征和社会认知是影响同伴交往的主要因素。在整个小学时期，儿童的社会认知能力得到发展，他们能更好地理解他人的动机和目的，能更好地对他人进行反馈，因而其同伴间的交流更加有效。

儿童对同伴交往的需要是逐渐建立的，儿童与同伴的交往随年龄的增长而增加。从婴儿期到青少年前期，儿童与其他儿童的交往稳步增加，而与成人的接触则相对减少。儿童更多地与同性别伙伴玩耍的趋势随年龄的增长而加强。

小学生与同伴交往有以下几个基本特点：①与同伴交往的时间更多，交往形式更复杂；②在与同伴交往中传递信息的技能增强；③更善于利用各种信息来决定自己对他人所采取的行动；④更善于协调自己与同伴的活动；⑤开始形成同伴团体。

（3）师生关系

小学生与教师的关系是一种重要的人际关系。小学教师对儿童的影响是重大而深远的。良好的师生关系有助于小学生的健康成长。

①小学生对教师的态度。几乎每个学生在刚跨进小学校门时都对教师充满了崇拜和敬畏，低年级小学生对教师的这种绝对服从心理有助于他们很快学习并掌握学校生活的基本要求。然而，随着年龄的增长，儿童的独立性和评价能力也逐渐增长。从三年级开始，儿童的道德判断进入可逆阶段，他们不再无条件地服从、信任教师了。“不一定都听教师的话”的诉求随年级的升高而逐步增加。他们对教师的态度开始变化，开始对教师做出评价，对不同的教师表现出不同的喜好。调查发现，小学生最喜欢的往往是讲课有趣、喜欢体育运动、严格、耐心、公正、知识丰富、能为学生着想的教师。

对教师的评价影响小学生对教师的反应。他们对自己喜欢的教师报以积极反应，极为重视所喜欢教师的评价；而对自己所不喜欢的教师往往予以消极的反应，对他们做出的评价也可能做出相反的反应。如同样是批评，如果来自于自己喜欢的教师，儿童则会感到内疚、羞愧；如果来自于自己不喜欢的教师，则会引起他们的反感和不满。由此可见，小学儿童对教师的态度中情感成分比较重，教师努力保持与学生的良好关系有助于其教育思想的有效实施。

②教师的期望。许多有关研究都指出，教师期望具有广泛的影响。例如，当学生通过教师的表扬、鼓励而知觉到较高的教师期望时，学生会产生良好的情感体验，而那些知觉到较低教师期望的学生往往会产生消极的情感体验，并且学习成绩会下降。

教师的期望是如何传递给学生的呢？有关研究发现，教师期望从两个方面影响学生的学业发展：其一是通过给学生提供不同的学习机会，直接影响学生的学习；其二是通过影响学生的心理特质，如自我概念、归因方式等间接影响学生的学习。当教师对学生有高期望时，他们就表现出更和蔼、愉快的态度，更经常表现出友好的行动，如微笑、点头和注视学生，与学生的谈话更多，提供更多的学习线索，等待学生回答的时间也更长，更经常赞扬学生。教师通过上述种种方式传递了这样一种思想，即认为自己寄予高期望的学生的失败是由于没有好好努力，而自己寄予低期望的学生的失败是由于缺乏能力。

二、中学生身心发展的特点

按照我国当前的教育制度，中学阶段一般处于 12 ~ 18 岁，为青少年期。11（或 12）岁到 14（或 15）岁这段时间可称为青春期、少年期，这个阶段的个体正处于初中阶段，这三年时间是个体身体发展的一个加速期。青春期个体身体的各个方面都在迅速发育并逐渐达到成熟，其心理的各个方面虽然也在发展，但相对生理发育速度来说则相对平稳，因此青春期个体的身心发展出现种种特殊矛盾，使他们面临一系列的心理危机。

从14（或15）岁到17（或18）也可称为青年早期，这个阶段的个体正处于高中阶段。经过前几个阶段的连续发展，青年早期的个体在生理发育上已达到成熟，在智力发展上也已接近成人水平，在个性及其他心理品质上表现出更加丰富和稳定的特征。

（一）中学生生理发展特点

青少年的身体发展主要在青春期，这是个体生长发育的第二个高峰期，青少年身高、体重的急剧增长以及第二性征的发育均在青春期发生。进入青年早期后，个体逐渐达到性成熟，青少年的心、肺和神经系统等也继续发育，这些生理发育过程在青年早期结束时基本完成。青少年身体上的变化归纳起来有三个方面，即体型外貌的变化、体内机能的增强以及性的发育和成熟。

1. 体型外貌的变化

青春期个体身体外形的变化主要表现在身高、体重等方面，还会出现第二性征，这些变化使他们在外形上逐渐接近成人。

在青春发育期之前，个体平均每年长高3～5厘米，而在青春发育期，个体每年至少要长高6～8厘米，甚至可长高10～11厘米，并且青春期男孩和女孩的身高变化是有差异的。青春发育期，个体体重增加十分明显，每年可增加4～6千克，突出的可增加8～10千克。

第二性征是性发育的外部表现，是青少年身体外形变化的重要标志。随着第二性征的出现，青少年开始从童年的中性状态进入两性分化的状态。在男性身上，第二性征主要表现为喉结突出、嗓音低沉、体格高大、肌肉发达；唇部出现胡须、周身出现多而密的汗毛、出现腋毛和阴毛等。在女性身上，第二性征则表现为嗓音细润、乳房隆起、骨盆宽大、皮下脂肪较多、臀部变大、体态丰满；出现了腋毛和阴毛等。第二性征的出现使得男女青少年在外形上的差异日益明显。

2. 体内机能的增强

在青春发育期，个体体内的各种生理机能都在迅速增强并逐渐达到成熟。

青春期个体的心血管系统出现了一些新的机能特点。首先，青春期心脏重量为出生时的12～14倍，同时，心脏密度也在青春期成倍地增长，而且青春期个体活动量增加，构成心室壁的肌肉增厚，心肌纤维更富有弹力，这就为心脏每次收缩时能挤压出更多血液创造了条件。其次，在机能方面主要表现为心律、脉搏开始减慢，心脏收缩力的增强以及内分泌系统的变化使血压升高，已接近成人水平。

在青春期，肺的发育也明显加速。12 岁左右，肺重量为出生时的 10 倍，肺小叶结构逐渐完善，肺泡容量增大，与呼吸有关的某些肌肉发育加快，使呼吸功能进一步加强。在整个青春期，肺活量将比青春期前增加 1 倍多，而男女肺活量存在显著的差异。

青春期个体体重的增加表明肌肉和骨骼发生了变化。在肌肉力量的发展水平上，男女之间也存在着明显的差异。肌肉力量的增长，为青少年体力的增强提供了可能性。中学生意识到这一点，对于他们的心理发展具有很大意义。因为他们体会到的“有力量”，会加速他们对“成人感”的感知，促进他们意志行为的发展。但是，青少年的肌肉力量比起成人来疲劳得更快，还不能适应长期的紧张状态，这一点在参加体育活动和体力劳动的时候是必须考虑的。另外，运动器官的改造伴随着运动的不协调，表现为不善于控制自己的身体，例如，运动过多，动作不协调、不灵活、生硬等，这可能会使他们产生消极情绪体验或失去信心。

青春期个体脑重及脑容量的增长不显著，因为 12 岁的少年脑重已约 1400 克，接近成人平均脑重，脑的平均容积也几乎达到成人水平。因此许多传统观点认为，当儿童到 12 岁时，大脑已经是一件“成品”了，故 12 岁前才是成才的关键时期，早年的学习将影响他们毕生的成就。这种观念让学龄前儿童和小学生的父母非常紧张，他们害怕错过大脑发育的黄金阶段，因此给自己子女的日程表上排满了各种学习和培训。然而神经认知科学的研究表明，青少年的脑不仅没有发育成熟，而且他们大脑中的灰质和白质都在经历着巨大的结构变化，而这种变化将持续到 25 岁或更晚才告一段落。

与青春期前的儿童相比，青少年的大脑有两大变化。一是随着神经元的发展，在轴突周围会形成一层髓鞘，髓鞘起到绝缘作用，提高神经元之间电冲动的传递速度和准确性。与感觉和运动有关的脑区的髓鞘化在出生后的头几年就完成了，但是额叶皮层轴突在青少年期仍在持续髓鞘化，意味着神经信息加工的速度在增加。二是前额叶皮质突触密度的变化。前额叶皮层会发生大量的突触裁剪，对脑组织功能网络的微调十分重要。采用磁共振成像（MRI）技术的研究表明，从童年到青少年，额叶和顶叶的白质持续增加，这与语言的发展有密切关系，但灰质容量则呈倒 U 曲线的发展趋势。女孩在 11 岁、男孩在 12 岁时，额叶灰质达到高峰，之后开始下降，这与青春期后的突触裁剪有关。

前额叶是在青春期有显著发展的一个脑区，但要到二十一二岁甚至更晚时才能完全发育成熟。前额叶是与人们进行思考、评价及复杂决策等复杂认知活动相关的脑区，它在青春期的快速发育也是青春期能够实现越来越复杂智力成就的基础。同时前额叶也是负责冲动控制的脑区，前额叶发育完善的个体可以很好地抑制由愤怒或狂暴等情绪衍生出来的行为，而不是简单对这些情绪做出反应。由于在青春期前额叶发育还不成熟，冲动控制能力还不完善，因此可能导致一些青春期特有的危险行为和冲动行为发生。有研究表明，前额叶皮层的发育成熟度低于一般水平的青少年，更可能出现品行问题。

青春期个体的脑和神经系统从结构到机能上的一系列的发展变化，奠定了中学生的心理发展，特别是逻辑抽象思维发展的物质基础。青春期个体脑和神经系统发育的日益完善，为高中阶段心理的成熟提供了生理机制。

3. 性的发育和成熟

生殖系统是人体各系统中发育成熟最晚的一个系统，它的成熟标志着人体生理发育的完成。

（1）性激素的增多

性激素分泌是整个内分泌系统活动的一个重要内容。在青春期之前，无论男女，都仅分泌少量的性激素。进入青春期后，在“下丘脑—垂体—性腺轴”的调解下导致性腺激素水平提高，促进了性腺发育。女性的性腺为卵巢，男性的性腺为睾丸。

（2）性器官的发育

女性的性器官包括卵巢、子宫及阴道。在青春期之前，女性的性器官发育缓慢，在8～10岁发育加快，以后的发育速度呈直线上升。子宫的发育从10岁到18岁，长度增加了1倍，其形状及各部分的比例也有所改变。

男性的性器官包括睾丸、附睾、精囊、前列腺及阴茎。男性的性器官发育比女性要晚些，在10岁以前发育很慢，进入青春期后发育加速。

（3）性机能的发育

性器官的迅速发育使青春期的女孩出现月经，男性发生遗精。月经初潮的年龄一般在10～16岁，男性首次遗精的时间一般发生在12～18岁。

目前，由于科技的高速发展、现代文明的普及以及全球性气候条件的变化等，个体青春发育期普遍存在提前的趋势，这使青春期个体身心发展的不平衡性及矛盾性更加明显地表现出来。

进入青年早期后，个体身体的发育基本达到稳定状态。身高、体重增长速率减慢，18岁以后个体的身高增加得很少。其他生理结构和机能也在此阶段发展减缓，并在不同的时段进入成熟状态。个体的心、肺、肌肉、骨骼等方面的生理机能大概在19岁时达到成人水平；神经系统处于缓慢持续的发展过程中，要到 20～25 岁才达到完全成熟的状态。

（二）中学生（青少年）心理发展的一般特点

人的生理发展与心理发展是密切联系的。在人一生的大部分时间里，生理发展与心理发展的速度是相互协调的，因而使个体的身心处于一种平衡、和谐的状态。青春期个体生理发育十分迅速，在 2～3 年内就能完成身体各方面的生长发育任务并达到成熟水平，但其心理发展的速度则相对缓慢，心理发展水平尚处于从幼稚向成熟发展的过渡时期。这样，青春期个体的身心就处在一种不平衡状态，导致引起种种心理发展上的矛盾。

1. 生理变化对心理活动的冲击

随着青春期的到来，青少年在生理上出现了急剧的变化，这必然给他们的心理活动带来巨大影响，这种影响主要来自两个方面。

首先，由于青少年身体外形的变化，他们产生了成人感，因此，在心理上他们也希望能尽快进入成人世界，希望尽快摆脱童年时的一切，寻找到一种全新的行为准则，扮演一个全新的社会角色，获得一种全新的社会评价，重新体会人生的意义。就在这种种新的追求中，他们感受到了诸多困惑。

其次，由于性的成熟，青少年对异性产生了好奇和兴趣，萌发了与性相联系的一些新的情绪体验，滋生了对性的渴望，但又不能公开表现这种愿望和情绪，所以，会体会到一种强烈的冲击和压抑。

2. 心理上的成人感与幼稚性的矛盾

青春期个体的心理活动往往处于矛盾状态，其心理水平呈现出半成熟半幼稚性。其成熟性主要表现为他们产生了对成熟的强烈追求和感受，这来自身体的快速发育及性器官的成熟。在这种感受的作用下，他们在对人、对事的态度和情绪情感的表达方式以及行为的内容和方向等方面都发生了明显的变化，同时也渴望社会、学校和家长能给予他们成人式的信任和尊重。其幼稚性主要表现在认知能力、思想方法、人格特点及社会经验上。青少年的思维虽然已经以抽象逻辑思维为主要形式，但水平还较低，处于从经验型向理论型过渡的时期。由于辩证思维刚开始萌发，所以，他们在思想方法上仍带有很大的片面性及表面性。在人格特点上，他们还缺乏成人那种深刻而稳定的情绪体验，缺乏承受压力、克服困难的意志力。他们的社会经验也十分欠缺。

由于成人感及幼稚性并存，所以，青春期少年在心理上表现出种种冲突和矛盾，具有明显的不平衡性。

（1）反抗性与依赖性

青春期个体产生了一种强烈的成人感，进而产生了强烈的独立意识。他们对一切都不愿顺从，不愿听取父母、教师及其他成人的意见。在生活中，从穿衣戴帽到对人对事的看法，常处于一种与其他成年人相抵触的情绪状态中。

但是，青少年的内心并没有完全摆脱对父母的依赖，只是依赖的方式较过去有所变化。童年时，对父母的依赖更多的是在情感和生活上；青春期时，对父母的依赖则表现为希望从父母那里得到精神上的理解、支持和保护。存在于青少年身上的反抗性也带有较复杂的性质。有时是想通过这种途径向外人表明，自己已具有独立人格；有时又是为了做个样子给自己看，以掩饰自己的脆弱。实际上，在生活中的许多方面，青少年还是需要成年人帮助的，尤其是在遭受挫折的时候。

（2）闭锁性与开放性

由于自我意识的发展以及对他人评价的重视，青少年有逐渐将自己的内心封闭起来的倾向，他们的心理生活丰富了，但表露于外的东西少了。如果他们对外部世界存在怀疑和不满的话，就会加重这种封闭性。

但他们在隐藏自己的同时，有时又会感到孤独和寂寞，希望得到别人的关注，特别是希望有人来关心和理解自己。因此，他们也想找到生活中的知己，一旦找到了，他们就会敞开心扉，毫无保留地与朋友推心置腹。由此可见，青少年在社会交往中是闭锁性与开放性并存的。

（3）勇敢与怯懦

在某些情况下，青春期的个体似乎能表现出很强的勇敢精神，但这时的勇敢带有莽撞和冒失的成分，具有初生牛犊不怕虎的特点。这是因为他们在思想上很少受条条框框的限制和束缚，在主观意识中没有过多的顾虑，常能果断地采取某些行动。但是，他们在认识能力上仍具有局限性，使其经常不能立刻辨别危险的情况。

但在另外一些情况下，青春期的个体也常常表现得比较怯懦。例如，他们在公众场合常羞羞答答，不够坦然和从容，未说话先脸红的情况在少男少女中是常见的。这种行为上的局促是与他们缺少生活经验以及这个年龄阶段所特有的心理状态分不开的。

（4）高傲与自卑

由于青春期的个体尚不能确切地评价和认识自己的智力潜能和性格特征，很难对自己做出一个全面而恰当的评价，而是凭借一时的感觉对自己轻易地下结论，因而他们对自己的自信程度把握不当。几次甚至一次偶然的成功，就可以使他们认为自己是一个非常优秀的人才而沾沾自喜；几次偶然的失利，就会使他们认为自己无能透顶而极度自卑。在青春期的同一个体身上，这两种情绪往往交替出现。

（5）否定童年与眷恋童年

进入青春期的个体，随着身体的发育成熟，成人意识越发明显。他们认为自己的一切行为都应该与幼小儿童的表现区分开来，力图从各个方面对自己的童年加以否定，从兴趣爱好到人际交往方式，再到对问题的看法，他们都想抹去过去的痕迹，期望以一种全新的姿态出现于生活的各个方面。

但在否定童年的同时，这些少年的内心又留有几分对自己童年的眷恋。他们留恋童年时那种无忧无虑的心态，留恋童年时那种简单明了的行为方式及宣泄情绪的方式，尤其当他们在各种新的生活和学习任务面前感到惶惑的时候，特别希望仍能像小时候一样得到父母的关照。

以上所列的这几方面心理发展的矛盾性特点，都可归结到青春期所具有的既成熟又幼稚这一根本性特点上。

进入青年早期后，青少年的生理发展趋于平缓，其思维、社会性逐渐发展并成熟，青少年的心理发展虽然还具有一定的动荡性和矛盾性，但不再显著。他们的独立性逐渐增强，获得了成人感；他们的个性逐渐定型；他们形成了良好的自我意识、社会适应能力，价值观、道德观变得成熟，这为他们进入心理成熟而稳定的成人阶段做好了准备。

（三）中学生（青少年）认知发展的特点

在青少年逐渐发展成熟的过程中，其认知能力已经得到了很大的发展，这种发展表现在很多方面，例如感知、注意、想象、记忆和思维等。

1. 中学生（青少年）注意发展的特点

在注意方面，中学生的有意注意意识明显发展，开始占据主导地位，哪怕是对当前不感兴趣或存有困难但必须学习的材料，也能集中精力加以注意。在良好教育的影响下，中学生注意的自觉性和保持注意的习惯逐步形成，注意的品质进一步增强，具体表现为以下方面。

第一，初中生的注意广度已接近成年人。第二，注意的稳定性持续增强，年级差异逐渐缩小，随着自制力的发展，学生长时间、稳定地集中注意的时间可在40分钟以上。

第三，大多数中学生已经具备较强的注意分配能力，但是初中低年级学生仍然存在“顾此失彼”的现象，如注意记笔记就忽略了听讲；初中高年级学生的注意分配能力进一步发展，到了高中时期已能够根据不同的活动性质和任务较好地分配自己的注意，比如高中生在听课的同时又能记笔记，这说明高中生的注意分配能力已经趋于成熟。第四，中学生的注意转移比小学生具有更大的自觉性和灵活性。注意转移的发展趋势是：小学二年级至初中二年级为发展上升期，初中二年级至高中二年级是发展的停滞期，高中二年级到大学二年级是缓慢上升期。

2. 中学生（青少年）感知发展的特点

在感知方面，中学生的感知、观察能力在目的性、持久性、精确性和概括性上有显著发展。随着学习动机的激发和智力活动自觉性的提高，中学生逐步学会根据教学和实践任务的要求，较长时间、集中地观察要认识的事物；在观察事物时不再像小学生那样只注意到明显的、整体的部分，而忽略了不明显的、细节的部分，到了中学阶段已经能够对组成整体的各部分进行较为精确的观察、分析，进一步理解事物各部分之间的关系，从而对事物整体产生较为正确的感知；在为了完成学习任务必须观察自然现象或社会现象时，他们不仅能感知事物的外部特征，而且能抓住事物的主要特征和本质特征，更加全面地感知事物。

3. 中学生（青少年）记忆发展的特点

（1）有意识记逐渐占主导地位

在初中阶段，有意识记的主导地位已经基本得到确立，但识记的目的和任务是由成人提出来的；而到了高中阶段，个体则能自觉、独立地提出较为长远的识记目的和任务，选择适合自己的识记方法，自觉地检查识记的效果，并对识记过程进行自我监控。

（2）意义记忆逐渐成为主要的记忆手段

在理解的基础上进行意义记忆的能力随年级升高而不断提高，机械记忆的比重随年级升高而逐渐减少。进入高中阶段，意义记忆已经占主导地位，成为高中生记忆的主要方法。

（3）抽象记忆的发展速度较快，逐渐占据主导地位

进入中学阶段，学生对词的抽象记忆迅速发展起来，并逐渐占主导地位。同时，中学生的形象记忆也在不断发展，到初三以后才略有减缓。需要指出的是，不能认为抽象记忆出现以后具体形象记忆就没有意义了。实际上，在学习过程中，具体形象记忆和对词的抽象记忆都是必要的，因为感性认识和理性认识是不可分的，教师的任务在于使学

生掌握充分、具体的实际材料，并且从这些具体的实际材料出发，不断发展学生对词的抽象记忆，从而使他们从感性认识提高到理性认识。

4. 中学生（青少年）思维发展的特点

（1）抽象逻辑思维占主导地位，并由经验型向理论型转化

在整个中学阶段，青少年的抽象逻辑思维得到了迅速的发展。在初中阶段（少年期）的思维中，抽象逻辑思维虽然开始占优势，但是在很大程度上还属于经验型，需要感性经验的直接支持。而高中阶段（青年早期）的抽象逻辑思维则属于理论型，表现为个体能在头脑中进行完全属于抽象符号的推导，能用理论做指导来分析、综合各种事实材料，从而不断扩大自己的知识领域或解决各种问题。

青少年的思维是过渡型的，即处于由经验型向理论型的转化过程中，其中，初中二年级是中学生思维发展的关键期。从初中二年级开始，学生的抽象逻辑思维开始由经验型向理论型转化，这种转化大约到高中二年级时初步完成。

（2）形式逻辑思维占优势，辩证逻辑思维迅速发展

从形式逻辑思维看，初中一年级已开始占优势。初中二、三年级学生开始能理解抽象概念的本质属性。就辩证思维发展来讲，初中一年级学生已经开始掌握这种思维形式，但水平较低；初中三年级学生的辩证逻辑思维处于迅速发展的转折期，但是辩证逻辑思维尚未处于优势地位；高中学生的辩证逻辑思维则已趋于占优势的地位。初中学生思维的品质尤其是独立性和批判性有了很大的发展，但是很容易产生片面性和表面性的缺点。

在高中生的思维过程中，抽象与具体获得了一定程度的统一。其理论型的抽象逻辑思维迅速发展，这种思维过程既包括从特殊到一般的归纳过程，也包括从一般到特殊的演绎过程，也就是从具体上升到理论、又用理论指导去获得具体知识的过程，这是辩证逻辑思维发展的重要表现。而且，高中生在实践与学习中，逐渐认识到一般和特殊、归纳和演绎、理论和实践的对立统一关系，并逐步提升以全面的、运动变化的、统一的观点去认识问题、分析问题和解决问题的能力。这些都是高中生辩证逻辑思维发展的标志。

（3）思维的独立性和批判性日益增强

中学生由于初步掌握了比较系统的科学知识，能够理解自然与社会中的一些较复杂的关系和联系，对各种事物的因果关系越来越感兴趣，因此开始用批判的观点来看待周围的事物。他们常常不满足于教师的讲解或书本中现成的解释，喜欢独立地寻求事物现

象产生的原因和规律。为此，他们喜欢争论、探讨、追问，不仅能批判地对待别人和书本上的观点，而且开始比较自觉地对待自己的认识和见解。但在初中阶段，这种思维的独立性和批判性还很不成熟，容易产生片面性和表面性，这与初中生知识经验不足、辩证思维发展不够完善密切相关。

高中阶段向着思维的深刻性方面进一步发展，并在一定程度上克服了初中阶段思维的片面性和表面性。高中学生喜欢独立思考，追求创新，鄙视陈腐之见或浅薄的认识，能够日益学会辩证地看问题，但也存在固执己见而不易改变的特点。

5. 中学生（青少年）想象发展的特点

在想象方面，中学生想象的有意性迅速增长，想象中的创造性成分逐步增加，想象的现实性不断提高。例如中学生的作文能够围绕中心思想进行连贯构思，这是他们想象的有意性迅速增长的例证；在文学创作、艺术表现、科技小发明或社会实践活动中，不少中学生特别是高中学生表现出丰富的想象力、较高的创造性和务实性，这是他们的创造性想象和现实性品质日趋发展的例证。

（四）中学生（青少年）个性和社会性发展的特点

1. 中学生（青少年）情绪、情感发展的特点

中学生正处在青春发育期，是人生的“第二次断乳期”。这时期他们的情绪体验跌宕起伏、剧烈波动，中学生在情绪体验与情绪表现上带有明显的年龄特征。情绪和情感的发展趋势由以外显为主向以内隐为主发展；从情绪控制的情形看，由以冲动为主向以自制为主发展；从情绪体验的时间和内容看，情绪体验的持续性延长，体验丰富，由以生理需要为主向以社会性需要为主转变。

（1）中学生（青少年）情绪发展的特点

①情绪体验迅速，具有爆发性和冲动性。中学生情绪活动在反应时间上的特点是情绪体验迅速。他们的情绪反应来得快，平息得也快，维持的时间相对较短。尤其在初中低年级的学生身上，还可经常见到他们像儿童那样“破涕为笑”的现象，可见初中学生的情绪活动仍然存在喜怒无常的不稳定性。

情绪体验迅速意味着中学生的情绪反应很快就达到激烈的程度。一旦激起某种性质的情感，中学生的情绪就容易猛烈爆发出来，表现出强烈的激情特征，他们的情绪情感冲破理智的意志控制，淋漓尽致地显露出对外界的爱、恨、不满或恐惧、绝望等情绪。有人曾用“疾风暴雨”来形容这一时期个体情绪强烈的特点。同样一个刺激，在他们

那里所引起的情绪反应强度相对大得多，甚至达到震撼人心的程度。

②不稳定性和两极性。中学生情绪虽然强烈，但波动性大，两极性明显，情绪很容易从一个极端剧烈地转向另一个极端，很不稳定。特别是初中阶段，他们可能从对事物的强烈认同、肯定，忽然转向拒绝、否定；对他人强烈的爱，也可能因某些看法矛盾或冲突而忽然转化为强烈的恨。这主要与这个时期中学生的认知发展特点有关。中学生观察事物虽然敏锐，但较片面，思维发展是以感性概括水平为主，有待于上升为理性概括水平。他们的辩证思维、批判性思维还不成熟，因此看问题还带有明显的片面性、表面性，无法准确把握事物的本质属性和内在规律性之间的联系。

③外露性和内隐性（掩饰性）。随着自我意识的逐渐成熟，中学生情感、情绪的自我认知、自我观察体验、自我监控的能力逐渐增强，他们逐渐学会控制自己的情感表现和行为反应。他们既表现出强烈的情感、情绪反应，对外界事物的喜怒哀乐形于表面，淋漓尽致地抒发他们的内心感受；又能表现出逐渐掩饰、压抑自己的情绪的一面，使这种情绪的表露有时往往带有很大的文饰性，逐渐学会用理智控制自己的情绪反应。但是，初中生的情绪活动还是以外露为主，纯洁、天真、单一是他们情绪活动的基本面，热情是其突出特点，有经验的教师比较容易从学生的面部表情、身体动作了解初中生对某一事物的态度。随着高中生社会化的逐渐完成与心理的成熟，加上自我意识逐渐完善、自我控制和自我调节能力逐渐增强，他们的情绪具有了文饰、内隐、曲折的性质，他们逐渐认识到，情绪的任意发泄和冲动不但无助于达到自己的目标，反而会影响同他人的关系。中学阶段后期的学生开始对冲动的情绪进行克制和忍耐，情绪反应的强烈程度逐渐降低，情绪的波动性逐渐减弱。他们能根据一定的条件或目的表达自己的情绪，形成外部表情与内心体验的不一致性。如取得好的成绩，不像小学生那样兴高采烈，而是内心喜悦；对异性萌发了爱慕之情，却往往给人贬低、冷落特定的异性同学的印象；内心深处潜藏自己的烦恼和忧伤，但往往借助日记，诉诸笔端。

④体验的时间延长，出现心境化的特点。中学生对自己情绪的控制能力增强，情绪发生的频率降低，情绪发生后延续的时间增长，情绪具有来得快、去得慢的特点。例如，幼儿发怒不超过 5 分钟，但高中生可能会长达数小时。中学生的情绪在时间上比小学生有更长的延续性，一件事情引起的反应能够较长时间留在心头，这种拉长了的情绪状态则会转变为较稳定的心境。在这个阶段，心境中的消极成分占有很大的比例。因此，父母及社会其他教育力量要对青少年予以悉心指导和帮助。中学生主要的心境有下面几种。

第一，烦恼突然增多。进入青春期后，许多新的问题接踵而来，青少年难以在短时间内适应，于是增添了许多烦恼。主要表现如下：

首先，不知道应该以何种姿态出现在公众面前。外观形象的变化，使青少年产生要改变自己在别人心目中形象的迫切需求。但对于如何改变，应以一个什么样的姿态出现才能得到别人的承认和喜爱，他们找不到满意的答案。

其次，与父母的关系出现裂痕。青少年越发感到父母不能理解他们的想法，而且他们的某些愿望及要求还常遭受来自父母的阻止和干涉，因而他们与父母感情疏远。怎样才能得到父母的理解和支持？怎样才能将自己与父母的关系再度恢复到儿童时期那种亲密的程度？与父母关系的不融洽到底是谁的过错？这些问题常常困扰着青少年。

最后，不知如何保持或确立自己在同伴之间应有的地位。在这个问题上通常有两种情况。一种情况是某些青少年在小学时各方面的表现都很突出，一向是同龄人中的优秀者。进入青春期之后，由于某些原因，他们在同伴中的地位相对降低了，这使他们难以接受，强烈希望能在同伴中维持自己过去曾拥有的优越地位，但这很困难。另一种情况是，某些青少年过去在同龄人中未曾有过优越的地位，但在当时他们对此似乎没有太深的消极感受。进入青春期后，随着自我意识高涨，青少年增加了获得自尊的需要，他们希望同伴能接受自己、肯定自己、喜爱自己，这种愿望困扰着那些从没有过上述切身体验而且各方面能力略显不足的学生。

第二，孤独。从青春期开始的“心理上的断乳”，给青少年带来了很大的不安，尽管他们在主观上有独立的要求和愿望，但实际上很难在短时间内适应独立生活。青少年的内心冲突及在现实中所遇到的挫折都较多，对许多问题还不能依靠自己的能力去解决，又不愿求助于父母或其他人，因此产生一种孤独的心境。另外，此时青少年产生了对亲密感的需求，但与之相关的社会关系还没有建立起来，因此当陷入孤独状态时，常常难以自拔。

第三，压抑。压抑是当需求、愿望等不能得到满足和实现时，产生的一种心理体验。随着年龄的增长，青少年产生了多方面的需求，既包括生理方面的，也包括心理方面的，但有许多需求不能得到满足。因而，青少年的自尊心容易受到打击，但他们又有争强好胜的冲动，在这种矛盾的情形下，他们常常处于压抑的心境。

第四，憧憬。对未来、对人生的憧憬是该阶段很典型的积极心境。

（2）中学生的情感发展表现出一些新的特点

①自尊心强烈而敏感。中学生的自我意识达到了一个新的水平，他们开始冲破外部

的行为表现而深入内心世界，逐步学会评价自己的个性品质，最终“发现了自己”。由于自我意识增强，他们开始判断自己的情感是否有价值，是否合乎道德。强烈而敏感的自尊心是高中生自我意识发展的突出表现，高中生已进入心理自我时期。这是自我意识急剧发展的时期，这个时期他们的自我认同还不稳定，但由于自尊心理的发展，凡事都有求得成功的欲望。然而，现实世界并非任何事物都是一帆风顺的，常会出现挫折，因此高中生比较普遍地出现孤独感、自卑感和嫉妒心。这些都折射出自尊心发展过程中的偏差。

②理智感、美感、道德感丰富和深化。初中生在认识过程中理智感明显发展起来，主要体现为在学习中学习兴趣浓厚、认识活动深刻、求知欲强，追求真理的兴趣浓厚。在理智感的发展上，高中生对学科的兴趣分化更加明显。他们能够结合自己的志向，产生与兴趣、志向相联系的情感体验，并把这种情感变成一种学习的动力，更深入、主动地扩大自己的知识面，从中感受到快乐。

美感在初中生的情感发展中相对迟缓。在文化教育的影响下，初中生一般已经开始注意自己的外表，并力求使自己做到外表美和内心美相统一。高中阶段是美感发展的主要时期。由于知识经验的增长、思维水平的提高、道德观念的逐渐成熟，他们对美的追求更加广泛，美感体验也逐渐深刻。他们能注意把握美的内在质量，注意到心灵美的重要性。高中生追求青春美的意向非常明显，无论男女都注意自己的容貌、身高、体态等。高中生对人体美的理解也比初中生更加深化，他们更注重人的内在美与外在美的和谐和统一。

道德感发展方面，中学生的爱国主义情感、集体主义情感、义务感、责任感、正义感、集体荣誉感等复杂的道德情感都得到很快的发展。当他们在违反自己所接受的行为准则时，就会引起痛苦的过失感。他们关心集体、维护集体的利益，认真完成集体的委托，并以自己最大的努力为集体争得荣誉。

2. 中学生（青少年）自我意识发展的特点

随着生理上的巨变、思维的发展以及父母对中学生（青少年）提出了更高的要求，青少年的自我意识飞速发展，表现出如下特点。

（1）独立意识发展，产生“成人感”

随着身体的生长、思维的改变和社会要求的变化，青少年产生了强烈的“成人感”，他们认为自己已经长大成人，希望别人像对待成人那样对待他们，不要再把他们当作小孩。他们的独立意识增强，希望能摆脱成人的束缚，独立自主地处理自己的学习、生活。当遇到问题时，他们不再向成人求助，而是希望凭借自己的认识和能力去解决问题。他们在社交中常以成人自居，常常模仿成人的行为，如抽烟、喝酒等，以此来证明自己也是个成人了。

（2）自我意识出现新的分化

青少年在心理上把自我分成了“理想自我”和“现实自我”两个部分。正是这种分化使他们形成了思维或行为上的主体性，产生了按照自己的想法去判断和控制自己言行的要求和体验，同时也出现了自我矛盾。

（3）关注自己的内心世界和心理品质，尤其关心自己的个性成长

随着年龄的增长，青少年逐渐将视野转向自己的内心世界，“我到底是个什么样的人、我要发展成为什么样的人”这种对内心世界和个人心理品质的关注常常出现在青少年间的谈心和他们的日记里。青少年十分关心自己个性特点方面的优缺点，在对人、对己进行评价时，也将个性是否完善放在首要位置。

（4）自我评价的成熟

青少年的自我评价能力逐渐发展成熟，表现为能独立评价自己，不盲目听从成人及同伴对自己的评价；自我评价从片面性向全面性发展，对自己的评价更加全面，判断更加准确；对自己的评价从身体特征和具体行为向个性品质方向转化，评价的抽象程度大幅度提高。其自我评价在一定程度上达到了主客观的辩证统一。

（5）有较强的自尊心

从自我体验的角度来看，随着成人感的产生，自尊心在这个阶段高度发展并且表现得非常显著。中学生十分渴望得到他人的肯定，对外界的评价特别敏感。当他们受到肯定和赞赏时，就会产生强烈的满足感；当受到否定和批评时，容易产生强烈的挫折感。

3．中学生（青少年）人际关系发展的特点

（1）亲子关系的特点

在童年期儿童的眼中，父母的形象至高无上，他们对父母既尊重又信任。进入青春期后，青少年与父母之间的关系发生了微妙的变化，表现如下。

①情感上的脱离。青少年由于在情感上有了其他的依恋对象，与父母的情感便不如以前亲密了。

②行为上的脱离。青少年要求独立的愿望十分强烈，在行为上反对父母对他们的干涉和控制。

③观点上的脱离。青少年对于任何事情都喜欢自己进行分析和判断，不愿意接受现

成的观念和规范。因此，他们对于以前一贯信奉的父母的许多观点都要重新进行审视，而审视的结果与父母的意见常常不一致。

④父母的榜样作用削弱。随着青少年生活范围的扩大，会有其他成人形象通过各种途径进入他们的心目中，这些人物又都是些近乎理想水平的形象，相形之下，父母就黯然失色了。另外，随着青少年思维水平和认识能力的提高，他们会逐渐发现存在于父母身上的、过去未曾觉察的某些缺点，这也会削弱父母的榜样作用。

（2）同伴关系的特点

①逐渐减少了团伙的交往方式。小学时代是团伙交往的时代，到了小学高年级，这种交友的团伙形式发展到了顶点，然后就趋于解体。进入青春期后，青少年突出表现出许多心理上的不安和焦躁。他们需要一个能倾诉烦恼、交流思想并能保守秘密的地方，而交友的团伙形式是不具备这种功能的。因此，青少年交友的范围随年龄增长而逐渐缩小。

研究显示，从青春期到成年早期，个体拥有好朋友的数量从4～6个逐渐减少到1～2个。一般选择与自己志趣相投的朋友，与异性交往时希望坦诚公开，处理同学关系时强调自我。青少年的好友一般为与自己相同的性别，这一阶段朋友之间的关系也是十分密切的，所建立的友谊相对稳定和持久。

②同伴交往时间增加，朋友关系在青少年生活中日益重要。小学生虽已有了自己所喜爱的同龄朋友，但在感情上仍十分依赖父母。进入青春期后，青少年将感情的重心逐渐转向关系密切的朋友。

青春期的同伴关系是真正建立在相互理解、相互信任、亲密的感情基础上的。同伴之间的亲密程度提高，表现为亲密无间、彼此关心、形影不离、有说不完的知心话，这在女性伙伴中尤为明显。如果他们发现同伴有“背叛”行为，就会觉得受到了很大的伤害。

青少年对交朋友的意义也有了新的认识。他们认为朋友之间应该能够同甘苦、共患难，能够从对方那里得到支持和帮助。因此，他们对朋友的质量产生了特殊的要求，认为朋友应该坦率、通情达理、关心别人、保守秘密。在青少年的日常交往中，好朋友之间往往彼此公开自己认为最重要、最私密的事情。这种交流对青少年的心理发展具有积极意义，能够帮助他们通过别人更好地认识自己的内心世界、更好地了解自己，这一过程对他们自我概念、观点采择和同一性的形成都有积极的作用。

观点和行动上的一致也是青少年朋友之间彼此心理接近的重要条件之一。在某些场合中，好朋友之间经常会有一个一致的行动方针，若违反了方针，违反的一方就会受到严厉的谴责。他们认为，能否忠于协议、忠于朋友是衡量友谊的十分重要的尺度。

青少年在交友上还具有多层次的特点。随着志趣和爱好广泛发展、内心生活越来越丰富，青少年各方面的需求很难在一个朋友身上得到满足。所以，他们可能与某一个朋友的交往只限于某一方面的兴趣，而与另一个朋友的交往又只限于另一方面的兴趣。

青春期早期的青少年朋友之间的友谊比以后各年龄段的朋友之间的友谊更直率，更容易被观察到。男生之间的友情强度较大，而女生之间的友情表现得更温和、更细腻。

青少年的朋友关系对于其心理发展水平和情绪的稳定性是非常重要的，主要表现在以下几个方面：帮助他们探索自我，确定新的自我概念；有助于他们寻求理解和支持；帮助他们获得地位；帮助他们克服孤独，提供情感上的支持。

③与异性朋友之间的关系。在幼儿期和童年期，儿童的交往一般是不分性别的，经常是男女儿童在一起游戏。进入青春期以后，男女生都开始意识到了性别问题，并彼此对对方逐渐产生了兴趣。但是，在最初阶段他们对于异性的兴趣以一种相反的方式予以表达，或者在异性面前表露出一种漠不关心的态度，或者在言行中表现出对异性的轻视，或者以一种不友好的方式攻击对方。总之，从表面上看，他们并不相互接近，而是相互排斥。逐渐地，男女生之间开始融洽相处，而且一些男生和女生心中会有一个自己所喜爱的异性朋友。但男女生一般都不将这种情感公开出来，在许多情况下这是一个永久的秘密。随着时间的流逝、他们各方面的发展与成熟以及价值观念的不断变化和调整，这种产生于青春期的情感很可能就渐渐地淡化下去了，甚至完全消失。

所以，青春期男女同学之间的爱慕之情是很稚嫩的，缺乏牢固的基础，很少有保持下来并最终发展为爱情和婚姻的。但是，只要处理得当，控制在相当有限的程度内，这种感情也有一定的意义。当一个青春期的少年喜欢上一个异性同学时，他自然也希望对方能接受自己，于是就能更加自觉地按照一个优秀少年的标准尽可能地去完善自己，从而促进各方面的发展。然而，如果这种关系无限度地发展，就会妨碍青少年的正常进步。

（五）中学生（青少年）性心理发展的特点及辅导

青春发育期一个非常重要的生理变化是第二性征的变化和性成熟。女性第二性征的出现，会使青少年期的女生出现局促不安和羞怯心理，害怕旁人注视；男性第二性征的影响则没有女性这么明显，相应地出现了“男子汉”意识。性成熟也使青少年出现性欲望、性冲动和自慰行为。这些都对青少年产生很大影响，使他们意识到两性关系并对异性产生兴趣，性心理逐渐发展起来。

1．中学生（青少年）性心理发展的特点

（1）异性意识发展

性成熟使青少年产生了异性意识。异性意识的发展经历以下几个阶段。

①异性意识的潜伏期。这个阶段大约是在10岁以前的童年期。这一阶段的儿童已经知道男女两性的生殖器的差别，知道结婚的事情，在游戏中也会扮演不同的性别角色，但对于性别的本质特征还不清楚，对性的意识处于萌芽状态。

②异性疏远期。这个阶段在10～12岁，也就是小学高年级和初中低年级时期。由于性的发育，男女生越来越意识到两性的许多不同特点，并进入自己的性别角色之中。两性同学之间由于羞怯而故意拉开距离，表现出疏远和冷淡的关系。这种表面疏远的状态实际上隐藏着想要和异性交往的强烈动机。

③异性爱慕期。这个阶段在12～17岁，这是性意识发展的重要阶段。此时的青少年，异性之间会表现出很强的吸引力，产生一种爱恋、思慕、亲近的情感，有时还会出现性欲冲动。他们不但会被年龄相仿的异性所吸引，还容易对一些年长的异性产生好感，异性之间交往的动机和行为越来越明朗化。

④成熟恋爱期。这个阶段大约出现在18岁以后。由于个体的身心发展逐渐达到了成人水平，他们的个性和价值理念趋于成熟和稳定。能够逐渐认清爱情和婚姻的社会内涵。这一时期，他们能够按照社会认可的方式去追求异性，并获得爱情。

总之，个体的性意识是在性发育的推动下，在生活环境和教育的影响下从朦胧到清晰、由肤浅到深刻逐渐发展起来的。其中，少年期是健康性意识发展的关键时期。

（2）异性感受强烈

性成熟使青少年的异性感受变得强烈，主要表现在以下方面。

①对异性好奇，渴望获得性知识。青少年往往对有关性的故事或传闻表现出很大的兴趣，注意翻阅有关性的书刊、观看与性有关的影视节目和谈论性话题以及注意异性特有的生活方式等。因此，通过学校教育向青少年普及健康的性知识十分必要，这样可以在很大程度上避免他们通过其他途径来获得不健康的性知识。

②对异性的爱慕。对异性的身体产生好奇以及对异性产生爱慕是性意识发展的重要特点。他们对异性产生好感、变得敏感，想接近异性、结交异性朋友，十分注意异性对自己的看法、态度，对异性的反应特别敏感，会做出各种举动吸引异性的注意。两性之间会因彼此的外表和性格特点而相互吸引，他们会在异性面前更兴奋和紧张，并希望自

己表现得更出色。他们会因为心仪的异性在场而手足无措，可能会故意哗众以博得其注意，可能会因为对方的一个不经意的眼神而忘乎所以。

（3）性困扰频繁。伴随着性的成熟，青少年也感受到了性困扰。这种困扰有生理方面的困扰，早熟或晚熟的困扰，性冲动的困扰等，也有心理方面的困扰，如默默地喜欢一个异性，但又害怕会影响学业，却又控制不住这种情感，不知如何是好。此时的性困扰若没有引导好，会造成青少年心理上的伤害。

2. 性心理辅导

随着青少年性生理发育的提前，性生理成熟和性心理成熟之间存在差距，青春期的性心理问题越来越突出。由于我国长期以来封建思想的束缚，人们视性为“洪水猛兽”，不能登大雅之堂，性教育、性心理辅导一直是个薄弱环节。近年来，随着社会各界的呼吁和人们思想观念的改变，青少年的性教育问题逐步受到了重视。

对青少年进行性心理辅导要选择合适的时机。青春期的突然到来有时会让青少年手足无措，因此青春期的性教育要“走在青春期的前面”，让学生对即将到来的青春期有充分的思想准备。

青春期性心理辅导可以围绕以下内容进行：①进行性生理教育，主要是教给学生性生理和卫生知识，让学生正确了解生殖系统各器官的构造、生理功能和卫生保健常识，认识人类性发育的自然规律、两性生理差异及发展的一般规律，克服在性问题上存在的神秘感和模糊观念，从而做到对自己体征的发展变化和由此引起的心理体验有心理准备，并养成良好的性卫生习惯。②进行性心理教育，包括性心理发展常识和性心理卫生知识，如青春期心理发展的基本特点，青春期性心理的发展与表现，如何与异性交往、建立友谊，青春期心理保健知识与技巧等。要教育学生正确认识自身的性心理变化、性意识的各种不同表现，掌握性心理发展变化的特点和规律，从而正确地对待自己的性心理体验，培养自我控制、调节性心理的意识和能力，防止不良的性心理和性偏差行为的产生，养成良好的性心理和性行为习惯，进而增进性心理健康。③进行性道德及婚姻家庭的有关教育，主要包括性道德认识、性道德情感、性道德意志和性道德行为四个方面。要教育学生懂得性不仅是生理和心理现象，更是社会现象，要受到社会历史条件和社会道德规范的制约。④进行性法制教育。要引导学生划清正常的异性交往和性罪错的界限，增强学生在性问题上的守法观念，自觉鉴别和制止形形色色的性污染和性犯罪。

3. 正确对待青春期的异性交往

进入青春期后，随着性机能的成熟和性意识的觉醒，青少年开始对异性同学产生兴趣。他们逐渐改变了童年时期疏远异性的状态，开始学会和异性同学和睦相处并逐渐发展出友谊。几乎在所有男女生的心中，都有一位自己喜爱的异性朋友，但这种爱慕之情是很稚嫩的，缺乏牢固的基础，很少有能够保持下来并最终发展成爱情和婚姻的。

综合相关研究，心理学家将青少年异性交往所带来的有利因素归纳为八个方面：①带来稳定感；②使青少年度过快乐的时光；③使青少年获得与别人友好相处的经验；④使宽容大度的胸怀和理解力得到发展；⑤得到掌握社会技术的机会；⑥得到批评他人和受到他人批评的机会；⑦提供了解异性的经验；⑧培养诚实的道德观。许多相关研究结果也揭示了异性交往对于青春期学生成长的巨大推动和促进作用。

但研究也发现青少年的异性交往同时存在很多心理方面的问题，这些问题主要表现在以下几个方面：①交友观不正确；②超越友谊界限；③交往方式不当；④随意性交往和隐蔽性交往增多；⑤择友标准需指导；⑥“一对一”的异性交往带来了困扰；⑦来自爱情错觉的困扰；⑧因心相近而形相远产生的困扰；⑨拒绝异性交往或异性交往困难；⑩缺乏异性交往的良性环境。

因此，对青少年异性交往提供有针对性的指导，可以更好地发挥异性交往对青少年成长和发展产生的特有功能和促进作用。

（1）树立合理的异性交往观

正确认识异性交往是树立合理异性交往观的前提。目前，有很大一部分学生仍然不能正确认识异性和异性交往。一提到异性交往，很多同学都会觉得不好意思，他们认为中学生的异性交往就等于“早恋”，这种情况一般发生在初中低年级。在调查中有同学“讨厌异性”，不愿意和异性交往，男生认为女生“心机重”“深不可测”“麻烦事儿多”，女生认为男生“粗鲁”“大男子主义”“自恋”，而这些往往是现在的大众媒体塑造出来的男女生形象。也有一部分中学生认为和异性交往“没意思”“没有共同语言”“中学生异性交往是一件很不光彩的事”“会影响学习，好学生不应该和异性交往”，这和一部分家长与老师的思想灌输有很大关系。也有的同学提到，自己之所以不和异性往来是因为怕“别人看见会以为自己在谈恋爱，害怕卷入是非当中”……这些都是中学生没有正确认识异性交往的表现。中学生已经具备了一定的辨识力和理性思维能力，应该认识到“男女有别”（而不是孰优孰劣），也应该认识到合理的异性交往能够给自身带来的积极意义，让自己朝更好的方向发展。

当前大部分中学生的异性交往观都是比较积极的，但也有很多同学的异性交往观念在一定程度上不合理。在择友倾向上，更多的同学关注显表性的层面，比如外貌、成绩、特长等，这和青少年心智的不成熟有一定关系；在交往动机上，有一部分同学是因为好奇、攀比、炫耀或满足生理需求才选择和异性交往；在交往方式上，有的中学生会选择一些比较成人化的方式，比如互相请客吃饭、互赠礼物、一起出现在社会娱乐场所等；在交往的程度上，有的中学生与异性交往过密，甚至不计后果地发生越轨行为，给自己和他人的身心带来严重伤害。

在异性交往价值取向上给中学生以下建议：首先，在选择异性朋友时应注重内在，比如思想品德、兴趣爱好、共同语言等，同时中学生也要更加注重自己的内在品质；其次，端正交往态度和动机，不要为了满足自己的一些低级需要而去与异性交往；再次，注重交往方式，尽量减少甚至杜绝成人化的交往方式；最后，与异性交往时应当遵循“自然”和“适度”的原则，保持恰当合理的关系和距离，不要过度亲密，更不要过早发生越轨行为。“自然”原则是指在与异性交往过程中，言语、表情、行为举止、情感流露及所思所想要做到自然、顺畅，既不过分夸张，也不闪烁其词；既不盲目冲动，也不矫揉造作。“适度”原则是指异性交往的程度和异性交往的方式要恰到好处，应为大多数人所接受，既不因异性交往而过早萌动情爱，也不因回避或拒绝异性而对交往双方造成心灵伤害；既不过多地参与异性之间的“单独活动”，也不宜在异性面前如临大敌，拒不接纳异性的热情帮助。

（2）掌握好异性交往的方法

在把握异性交往原则的基础上，具体处理异性交往问题时，中学生还要注意使用正确、恰当的交友方法。

①克服羞怯。与异性交往时要感情自然，仪态大方，不失常态。初次见面的羞怯是难以避免的，但是多次接触后仍然羞怯，就容易引起对方的误解。所以，在正常的两性交往中，男女同学要注意克服不自然的羞怯心理，以免使正常的异性交往误入歧途。

②真实坦诚。在交往过程中要做到坦荡无私、以诚相待，相互信任是建立和发展良好异性关系的前提和基础。也就是说，与异性交往要像结交同性朋友那样结交真朋友。

③留有余地。虽然是结交知心朋友，但所言所行要留有余地，不能毫无顾忌。比如谈话中涉及两性之间的一些敏感话题时要尽量回避；交往中的身体接触要把握好分寸，不能过于轻浮，也不要过分拘谨。在与某位异性的长期交往中，要注意把握好双边关系的程度，不要走得“太深”“太远”，以免超越正常异性交往的界限。

（3）遇到困惑时积极寻求帮助

中学生在与异性交往的过程中，难免遇到困惑，此时不应该自我封闭，感觉别人都不了解自己，应当及时积极寻求帮助，做到不钻牛角尖、不自艾自怜，多找家人、老师或同学沟通。同伴群体在中学生的学习与生活中扮演了重要的角色，因为共同的生活和生长环境使得他们更能互相理解，因此中学生平时应当注意建立和谐的同学关系。现在的中学生多数都是独生子女，家长对其成长和生活倾注了更多的心血，他们更愿意了解子女的内心世界并积极提供自己的帮助。近年来，教师团体不断扩充，年轻教师为教师团体注入了大量的新鲜血液，教师的整体素质也不断提高，越来越多的教师开始重视中学生的心理健康。因此，中学生应当抱着积极的态度，多和朋友、老师及家长沟通。沟通和交流还有利于建立融洽的家庭关系和师生关系，从而为中学生的生活和学习营造更好的氛围。此外，也可以通过多种途径寻求比较专业的帮助。

第二节 学生身心发展的影响因素

影响学生身心发展的因素有哪些？它们在学生发展过程中起着怎样的作用？这些问题长期以来争论不休。遗传决定论者认为人的身心发展是由先天遗传因素决定的，环境决定论者认为人的身心发展是由环境（包括教育）决定的，然而二者都片面地夸大了遗传或者环境的作用。综观国内外文献，教育学家和心理学家们不仅仅肯定了遗传和环境是影响人身心发展的因素，同时也认为变异、自然因素和个体的主观能动性也是影响人身心发展的因素。遗传和主观能动性共同构成了影响人身心发展的内部因素，环境属于影响人身心发展的外部因素。

一、遗传和变异

（一）遗传在人身心发展中的作用

遗传是指人通过遗传物质继承的生理解剖上的如机体结构、形态、感官和神经系统的特点及本能等的特点，在遗传下来的生理解剖特点中，生理特点指功能特点，如出生后感觉的灵敏度、知觉的广度、注意的持久性、记忆的强度、思维的灵活性等，解剖特点是指机体的器官和系统的结构特点，也叫作遗传素质。

1. 遗传素质是人身心发展的生理前提，为人的身心发展提供了可能性

来自亲代双方的遗传物质都存在于子代的身体内部，尽管有些特征表面上看不到，实际上父母是通过提供配子携带的染色体实现向后代传递遗传信息的。单个可导致某种障碍的隐性基因可以在不知不觉中从一代传给下一代，直到遇到另一条隐性基因。当两条隐性基因碰到一起时，就像火柴或燃料遇到火星一般一触即发，儿童会患上遗传障碍。下面以苯丙酮尿症（phenylketonuria，PKU）为例分析遗传信息的传递。苯丙酮尿症是一种遗传障碍，会使婴儿身体不能利用一种必需的氨基酸——苯丙氨酸。如果不进行治疗，患者体内的苯丙氨酸逐渐聚集，最终达到毒性水平，将导致大脑损伤及精神发育迟滞。我们先把携带显性特征的基因标记为P，它产生正常的苯丙氨酸；把隐性基因标记为p，它导致苯丙酮尿症。如果父母双方均不是苯丙酮尿症基因携带者，那么他们的一对基因均为显性的PP。这样，不论父母提供哪一条基因给后代，孩子得到的一对基因一定是PP，这种情况下小孩绝对不会得苯丙酮尿症。如果父母其中一方携带一条隐性基因p，隐性基因可以传递给孩子，如果孩子只得到一个隐性基因，他也不会罹患苯丙酮尿症。但如果父母双方均携带一条隐性基因p，虽然父母本身都没有这种障碍，但孩子却有可能从父母那里各获得一条隐性基因p，那么这个孩子关于苯丙酮尿症的基因型就是pp，从而患上苯丙酮尿症。

2. 遗传素质的成熟程度制约着人的发展过程及年龄特征

遗传素质本身会经历一个发展和成熟的过程，表现在人机体各种器官的形态、结构及其技能的发展与完善上。遗传素质的成熟程度为一定年龄阶段的身心特点的出现提供了可能，从而影响人的发展的年龄特征，如我们常说的“三翻六坐九爬”、周岁幼儿学走路、青少年身高剧增、骨骼构造的转变、性的成熟等。如果让3个月的婴儿学走路，让2岁小孩学高数，不仅是徒劳的也是无益的。所以说，只有人的发展具备了一定的生理条件后，才能进一步发展。

人的身心发展是个渐进的成熟过程，是一个连续不断的变化过程，是从缓慢的量变飞跃到质变的过程。由量变到质变，人的发展就从前一个阶段达到另一个新的阶段，并表现出一定的阶段性。这种阶段性的形成是与人的年龄相关的，并在一定程度上受到遗传素质生理成熟水平的制约。美国心理学家格塞尔的同卵双生子的爬梯实验中，一个孩子是从48周开始，练了6周，到了54周时学会了爬楼梯；另一个孩子是从52周开始，练了2周，也是在54周时学会了爬楼梯，这个实验就是对遗传素质成熟程度影响人的身心发展水平的有力证明。

3. 遗传素质的差异性对人的身心发展的影响

人的遗传素质是有差异的，不仅表现在体态和感觉器官的功能上，也表现在神经活动的类型上，如有的人情感表现很强烈，有的人反应速度很迟缓。同样一个婴儿室，同日出生的婴儿们表现是截然不同的，有的婴儿较安静易入睡，有的婴儿则好动易哭闹，这些差异都与他们的神经活动类型密切相关。一个生来失明的孩子，很难把他培养成为画家；一个生来失聪的孩子，很难把他培养成为音乐家；一个神经活动灵敏、智力超常的儿童，较容易培养成才；相反，如果是一个天生有智力障碍的儿童，则会给教育工作带来很大的困难。由于遗传素质上的差异，有的人易于发展成一名善于思辨的科学家，有的人易于发展成一名有才能的音乐家，有的人易于发展成为一名优秀的体育运动员。因此，我们应高度重视优生问题。

4. 遗传素质在个体身心发展过程中具有很大的可塑性

个体的遗传素质是先天形成的，它本身是不可能在个体后天的身心发展中予以改变的，正如一个先天色盲的人无法在后天的学习中重新获得对颜色的辨别能力一样。但是，良好的环境与教育以及个体自身的主观努力，能使遗传素质所提供的发展潜力得到最充分的发挥，从而在一定程度上弥补遗传素质的某些不足。反过来，一个人的遗传素质是优等的，但如果受到不良环境和教育的影响，而且主观又不努力，遗传素质提供的优越的发展可能性同样不能变为发展的现实性。所以，草率声称遗传素质本身可以改变的观点是不对的，无条件地夸大遗传在人的身心发展中的作用的观点也是不科学的。

（二）变异对人身心发展的影响

变异在生物学上泛指生物种与个体之间的各种差异，包括形态、生理、生化以及行为、习性等各方面的歧异，变异是生物进化和人类育种的根源，包括可遗传的变异和不可遗传的变异两种类型。

遗传性维持了人们自身形状和生理学特点的稳定，这样才使人类世世代代陆续繁衍，而在一定标准下，变异使种群的特点产生一定的更改，使之可以保持不断进步的发展趋势。一般说来，人类的变异多属正常的生命活动范畴，这种变异在子孙后代中推衍出来并进行遗传。没有变异，自然界就失去前进发展的标准，遗传只是简易的反复；没有遗传，变异不可以累积，就丧失了实际意义，微生物也就不可以衍变了。

个体除了从亲代继承下来的某种遗传素质外，还存在一种可能变异的情况。现代生物遗传学研究证明，染色体是生物遗传的物质基础，正常人有 23 对染色体，如果染色体发生畸变，人的发展就会受到影响。例如常见的先天愚型（唐氏综合征），就是由于基因的变异而引起第 21 对染色体畸变为三体，患这种病的人其智商一般在 50 以下。可见，变异因素是影响人身心发展的因素。

二、环境在人的身心发展中的作用

环境是影响人的身心发展的全部外在因素的总称。在这里，我们重点分析自然环境、社会环境、家庭环境和学校教育。

（一）自然环境

自然环境的影响不能忽视。自然环境指环绕着人类并影响人类生存与发展的自然界，主要有大气、土壤、水、岩石、植物、动物、太阳等，是人类生存的基本条件，也是一切生命赖以生存的客观条件。自然环境影响生活在一定地域的人的饮食结构、生活习惯、生产生活的方式和人与人之间的交往，对于人的身心发展有很大影响。但是，随着社会的发展，不同地域的人的联系越来越紧密，人们对于自然环境的改造能力不断提高，使得自然环境对人的身心的直接影响作用在相对地减弱。目前，全球性的自然资源的过量开采、工业废气对大气的污染、工业废水对水源的污染、森林的滥伐以及生物圈中许多生物已经绝种或濒临绝种等，威胁着人类本身的生存。面对这种情景，基于人与自然的整体性乃是人类存在的基本因素这样一个客观真理，我们必须确立生态意识，充分地认识自然环境对人的身心发展的影响。

（二）社会环境

社会环境是我们所处的社会政治环境、经济环境、法制环境、科技环境、文化环境等宏观因素的综合。在影响人的身心发展的环境中，社会环境是更为直接的重大因素。

1. 社会环境为个体身心发展提供了现实条件

社会环境为个体的发展提供了外在的客观基础和特定条件，它是年轻一代身心发展的基础。人总是在一定环境的影响下，发展着身体，获得一定的生活知识和经验，形成各种思想意识和行为习惯。在不同历史时期、不同地域、不同民族、不同社会阶级与阶层中生活的人，他们的思想意识、道德品质、知识才能和行为习惯都有明显的差别，每个人的思想、品行、才能与习性无不打上历史、地域、民族文化和社会阶级与阶层的烙印。一个人的身心能否得到发展和发展到什么程度，都与他所处的社会环境分不开，环境是人得以发展的现实条件。即使是智力优异的个体，处在一个生活艰难、教育水平低下的环境里，也很难成为优秀的人才。遗传素质仅仅为人的发展提供可能性，没有一定的环境的支撑，这种可能性决不会转化为现实。“狼孩”的事例就是有力的证明。

2. 社会环境从总体上制约着人的发展状态

首先，社会生产力的发展水平决定着人的发展程度和范围。一定发展水平的生产力创造和决定一定水平的物质生活条件。人在一定物质生活条件下生活着、发展着，人的发展程度和范围直接受这种物质生活条件所制约。现代生产力能够提供丰富的物质生活资料，因而人们的发展有了更大的自由，就可以达到空前的高度。其次，社会关系影响着人的发展方向和性质。在人类社会中，每个成员总是和其他成员结成一定的社会关系。一个人出生来到世界上，总是生活在一定的人与人关系的体系之中。青少年儿童总是处在家庭、邻里、同伴、集团、学校等各种关系中，其中所发生的各种人与人的关系均会直接影响青少年儿童的发展方向和发展水平。再次，社会意识形态影响着个体身心发展的内容。社会意识是人们精神生活过程的总和。社会意识形态构成人身心发展最重要的内容，对人的发展的影响广泛而深刻，特别是文化传统对个体心理发展的影响既深且巨。文化传统发端于过去，承继至现在，并将影响将来。它影响着现代人的言行，而人们往往并不知觉，呈现为一种集体无意识。另外，人类借助于语言文字，把实践中所积累与形成的知识、技能和思想观点，以科学、哲学、道德、艺术、宗教、风俗习惯等形式保存起来和流传下去。一个人从掌握语言文字开始就在与成人的交往中接受这种社会意识的影响，这些社会意识就成为个体身心发展的内容。

可见，任何人的发展都是具有历史局限性的。相对于人的发展的先天因素，后天的社会环境对个体的发展具有更重要的意义。造成人与人之间巨大社会性差异的一个关键原因，就是每一个人所处的社会环境不同。在不同历史时期、不同民族和国家、不同地域的社会环境中成长的人，具有不同的身心发展水平和思想意识。从这个意义上讲，人总是他所处时代的产物。社会总是处在不断的发展中，尤其是人们生产能力的不断提高，为人类社会提供了丰富的物质生活和精神生活，也为生活在其中的人们尤其是青少年一代提供了良好的成长环境，同时为人们发展出更优良的素质创造了条件，而人的发展又为社会进化与发展提供了动力。

3. 环境对人的发展的作用方式是不同的

在环境对人的发展的影响过程中，根据人的主动性发挥的程度，可以将环境对人的发展的作用方式分为两种：被动接受和主动选择。被动接受，意味着人总是首先接受和适应环境的影响，然后才能获得发展。一个人生来便不能选择家庭、民族，总是生活在一定的地域、社会、群体和国家中，他必须继承以往历史所创造的各种文化和各种社会关系。环境的先在性、给定性的一面，对于人来说是无可选择的。这些环境及其变化都会深刻地影响人的思想感情、价值观念、生活方式，甚至会改变一个人一生的命运。从这个意义上说，儿童只能在现在的、既成的、给定的环境中生活，无法抗拒或摆脱环境的影响和限制，他只有适应环境、接受环境的影响而生活，并从中获得自身的生存与发展。主动选择，指环境对人的发展的影响作用离不开个体的主动选择，需要个体发挥主观能动性。人的主观能动性有一个逐步发展的过程。对于一个主观能动性没有充分发展的儿童来说，他不知道如何选择，只能被动地接受环境的影响。在接受环境影响的过程中，儿童逐步发展自己的能动性，给自己提供更多选择的机会。

（三）家庭环境

家庭是组成社会的细胞，家庭教育对孩子身心发展的影响历来受到人们的重视。人们普遍认为，家庭对儿童的发展影响最大，因为儿童最早接触的教育往往发生在家庭中。随着年龄的增长，他们进入学校或工作单位和社会机构之后，受到家庭影响的因素逐渐减少，但在一个人的发展过程中，家庭教育无时无刻不发挥着重要作用。

1. 父母双方和谐的关系影响儿童心理的发展

如果父亲与母亲相处很好，那么家庭生活就能为儿童心理发展提供有利的环境，使孩子合作的能力得到充分的发展。儿童在这种环境中成长，就比较容易把兴趣指向他人，孩子会理解生活真正的意义，也会在不知不觉中发展出与他人合作的能力。如果一个家庭双亲不和，父母经常打架吵闹，家庭充满火药味，孩子在这样的环境中成长，只会造成他心理自卑、感情痛苦、精神压抑、个性孤僻，不关心集体和他人。反之，健康温馨的家庭，父母以自己良好的言行和修养言传身教影响孩子，使孩子热情开朗，积极向上，健康成长。心理学家研究表明，长期处于夫妻对立对抗的家庭的孩子心理问题的发生比例高于单亲家庭。父母婚姻破裂，仿佛是“横祸天降”，对孩子来说他们缺乏必要的心理准备，因而他们遭受的打击比父母更大；而且孩子比大人敏感脆弱，他们还不具备自我调整心理的能力，一时还难以面对家庭破损的严酷现实。失去了原本健全的爱，加之来自外界的有意或无意的伤害，再加上单亲家庭中父母一方的心理偏差，孩子幼小的心灵遭受严重的创伤，容易产生忧郁、自卑、敏感多疑、妒忌和憎恨、逆反等心理障碍。

2. 不同的家庭教养方式影响儿童心理的发展

家庭教养方式是指父母在抚养、教育儿童的活动中通常使用的方法和形式，是父母各种教养行为的特征概括，是一种具有相对稳定性的行为风格。父母的教养方式对儿童认知、儿童社会性及个性发展具有重要影响。许多心理学家研究表明：父母教养方式使儿童社会性、个性发展受到不同的影响，良好的教养方式使儿童在个性、品德及行为诸方面健康成长，为他一生的身心健康、生活幸福和事业成功打下坚实可靠的基础；而不良的教养方式会阻碍儿童的心理发展，导致儿童出现性格缺陷、人格障碍等不良心理问题。有心理学家把父母对子女的养育态度分成民主型、权威型、放纵型三种，并指出不同的养育态度可能影响到儿童心理的发展。民主型的教育方式，父母既满足孩子的正当要求，又在某种程度上给予限制或禁止；既保护孩子的活动，又给予社会和文化的训练；父母与子女的关系非常和谐融洽。在这种教养方式影响下，儿童能形成正确的认知，客观地认识和反映外部世界，表现得谦虚、有礼貌，待人亲切而诚恳，智力因素和非智力因素都获得较大的发展。权威型的教育方式，家长对孩子的一举一动横加干涉、限制和斥责，甚至经常打骂；他们对孩子缺乏耐心，希望孩子唯命是从。在这种教养方式影响下，孩子容易产生恐惧心理，缺乏自信心，往往以说谎自卫。严重者或丧失自尊心，自暴自弃，一旦摆脱父母的管制，就可能走上越轨或犯罪的道路；或以父母为榜样，在家挨打受骂，出门打人骂人，性格蛮横暴躁。放纵型的教育方式，家长对孩子百依百顺，百般宠爱，没有约束，没有要求。其结果是孩子很容易变成好吃懒做、自私自利、蛮不讲理、任性、执拗、没有礼貌、缺乏独立性、胆小怕事的人。

（四）学校教育

学校是按照一定的目的和制度组织起来促进学生发展的特殊环境，学校教育是一种狭义的教育，指教育者根据一定社会或阶级的要求，遵循年轻一代身心发展的规律，有目的、有计划、有组织地引导受教育者获得知识技能，陶冶思想品德，发展智力和体力的一种活动，以便把受教育者培养成一定社会和阶级所需要的人。学校教育对人的发展起主导作用，即学校教育对人的发展具有主要的、导向性的作用。说学校教育对人的发展起主导作用，是相对而言的，即主要相对于人的发展的后天因素中的自发的社会环境而言。学校教育本身也是社会环境的一个组成部分，但学校教育是一种特殊的社会环境。在后面“学生身心发展与学习的关系”这一节中，我们会讲到学校教育对学生身心发展的影响。

三、个体的主观能动性是人发展的内在动力，对人的发展起决定作用

主观能动性是指人的主观意识和实践活动对于客观世界的反作用或能动作用。它是人的主观意识方面的特性，故称主观能动性。同时这种能动性能把人自己同周围世界区

别开来，是一种自觉的意识，因此也叫自觉能动性。人的主观能动性的含义包括两个方面：认识世界和改造世界。从意识方面来说，人的主观能动性体现为人的需要、动机、目的、对客观世界的能动反映等主观积极性；从它的外部表现来看，则表现为作用于客观事物的自觉活动，即人的实践活动。人的主观能动性是在环境和教育的影响下形成的，随着人的自我意识的提高和社会经验的丰富而逐渐增强，并通过人的活动表现出来。在人的社会生活与活动过程中，为了解决生活、生存与发展的需要，人始终是作为活动主体而存在的。人不仅是认识和改造客观世界的主体，同时也是认识和改造自身的主体，并在认识和改造客观世界和自身主体的过程中表现出人的能动性。

随着人的自我意识的提高和社会经验的丰富，人的主观能动性将逐渐增强，从而人能有目的地去发展自身。这表现在对周围环境的事物能做出有选择的反应，是赞成或是反对，是积极行动或是采取回避态度，能自觉地做出抉择，控制自己的行为。还表现在能为自身的发展设定目标，并为实现目标自觉地进行奋斗，这是人的主观能动性推动人的发展的高度体现。教育是一种把人类社会的精神财富转化为个体自己的精神财富的过程，它要求学生必须有自身的能动性。从直接意义上来说，如果学生没有学习的要求，厌恶学习、懒于思考、心不在焉，缺乏学习的动力，外在的学习内容不会变成学生的精神财富。在同样的环境和教育条件下，每个学生发展的特点和成就，主要取决于他自身的态度，取决于他在学习、劳动和科研活动中所付出的精力。所以，学生个体的主观能动性是其身心发展的内在动力，是个体发展的决定性因素。

第三节　学生身心发展与学习的关系

学生的身心发展与学习之间存在着复杂的相互依存关系。一方面，学校教育作为学生学习的主要途径，制约着学生身心发展的过程和方向；另一方面，学习和教育必须以学生的身心发展水平和特点为依据，也就是说，学习的发生必须以学生的身心发展成熟为前提。因此，学生的身心发展既是开展学习的前提条件，又是开展学习的目的和结果。

一、学习可以促进人的身心发展，学校教育在人的身心发展中起主导作用

学生的学习，第一步就是进入学校接受教育，学习的主要途径是学校教育，因此，

关注学生的学习，先要从关注学生的学校教育开始。学校教育是由专职人员和专门机构按照一定的社会要求，向受教育者的身心施加有目的、有系统、有计划、有组织的影响，以使受教育者在知识技能、思想品德、智力、体力诸方面都得到发展，成为一定社会（阶级）所需要的人的活动。学校教育在学生的身心发展中起着主导作用。

（一）学习可以促进人的身心发展

人是社会性动物，丰富多变的环境刺激是有机体生存发展的必要条件。对动物和人类的“剥夺研究”揭示了学习对个体身心发展水平的影响，感觉剥夺状态指的是有机体与外界环境刺激处于高度隔绝的特殊状态。有机体处于这种状态时，外界的声音刺激、光刺激、触觉刺激都被排除，几天后，有机体会发生某些病理或心理现象，这说明了利用外部刺激学习对正常心理的重要性。理森把两只刚出生的黑猩猩放在完全黑暗的环境中饲养，剥夺光刺激对它们视觉器官的作用，16个月后，理森发现这两只黑猩猩的视觉严重落后，视觉器官也出现异常。洛孙兹卫格把刚出生的老鼠分为两组，一组放在具有丰富刺激的环境里并给予适当的学习训练，另一组放在刺激贫乏和缺乏学习机会的环境中。经过4~10个星期后，他发现第一组老鼠的大脑皮质增重、增厚，神经突触增大或增多，神经胶质细胞的数目增多，核糖核酸与脱氧核糖核酸的比率改变，乙酰胆碱酯酶的活动提高。这些实验进一步证明了没有环境的刺激作用和学习活动，正常的成熟是不可能的。

（二）学校教育在人的身心发展中起主导作用

1. 学校教育对于个体发展做出社会性规范

学校教育对人的社会化具有规范与自觉化的特殊功能。学生在学校学习，接受学校的教育；学校按照社会对个体的基本要求和对个体发展的方向等方面开展各种教育活动，使学生达到规范的目标，这也是学习的前提。社会性规范是人们参与社会生活的行为准则，能够保障社会生活有条不紊、协调一致，提升人们公平正义之理念和培养自主自觉之行为。社会规范的习得是“人”成为“社会人”的前提条件，社会规范的习得是终身的过程，其主要的途径之一就是学校教育。合理的学校社会规范教育是促进学生社会性发展，引导学生参与团体事务、学会平衡团体规约与个人自主发展关系的重要力量；是培养学生与人合作、移情共感、沟通协商、共同决策、自省反思能力的重要途径；是激发学生好奇心，培养兴趣爱好，营造独立思考、自由探索氛围，造就创新型人才的重要保障。

2. 学校教育具有加速个体发展的特殊功能

首先，学校教育目标明确、时间相对集中、有专人指导并进行专门训练，所以能加快个体身心发展的速度。教育的本质是人的教育，是为了人的一生发展的教育。学校教育是为了培养能够在未来社会生存发展的人，把一个“自然人”变成能适应社会，并有强烈责任感的“社会人”，赋予学生在未来社会生存的能力。教育的这一本质目标，加速了学生的身心发展。其次，学校教育使个体处于一定的学习群体中，个体之间发展水平有差异，有助于促进个体的发展。在一个班级当中，学生之间有差异，每个班都有发展水平较好的学生，也有发展水平稍差的学生，如果能够做到因材施教，这样更加有助于学生身心的发展。再次，如果学校教育能正确判断学生的最近发展区，这种加速会更明显、更富有成效。维果斯基认为，教育教学应创造“最近发展区”，他认为学生的发展有两种水平：一种是学生现有的水平，指独立活动时所能达到的解决问题的水平；另一种是学生可能的发展水平，也就是通过教学所获得的潜力，两者之间的差异就是最近发展区。教育教学应着眼于学生的最近发展区，为学生提供带有难度的内容，调动学生的积极性，发挥其潜能，超越其最近发展区而达到下一发展阶段的水平，然后在此基础上进行下一个发展区的发展。

3. 学校教育对个体发展的影响具有即时和延时的价值

学校教育中不同的教育内容对学生发展的影响不同。有些教学内容的影响具有即时性，如传授科学文化知识，特别是技能活动类的学习。有些教学内容的影响具有延时性，学校的教学内容大部分具有普遍性和基础性，能培养出学生自我学习的能力。自我学习能力是孩子一生的核心竞争力，使学生在今后远离学校教育时，也能具有很强的自学能力，因而对人今后的发展具有长远的价值。学校教育提高了人们的需要水平、自我意识和自我教育能力，自我教育能力包括自我认识、自我体验、自我控制、自我锻炼等能力。将发展学生自我意识和加强自我教育纳入学校教育的各项活动中，让学生实行不同程度的自治、自理，增强学生的自我意识、自我控制等能力，对学生的发展来说，更具有长远意义。学生将这些在学校学习所获得的知识和能力服务于社会，是学校教育对个体发展的延时价值。

4. 学校教育具有开发个体特殊才能和发展个性的功能

学校教育是由承担教育责任的教师和接受教育的学生共同参与、共同进行的，这构成了学校活动主体的特殊性。学校教育的环境具有极大的人为性和明确的目的性，有指定的教育内容与活动计划，有系统的组织和特殊的教育条件；学校弥漫着科学、文化和道德规范的气息，这些构成了学校教育环境的特殊性。从个体活动的角度看，学校中的个体活动与其他社会活动的区别在于有教师的指导，活动的结果还要接受检查，是一种以影响个体身心发展为直接目标的特殊活动，这种特殊性使学校在影响人的发展上具有独特的功能。在开发特殊才能方面，普通学校教育内容的多样性和学生表现出的差异性有助于个体特殊才能的表现与被发现，而专门学校对这些才能的发展成熟具有重要作用。在个性发展方面，学校教师和领导有教育学和心理学方面的知识素养，这有助于他们发现学生的个性，并尊重和引导学生个性健康发展。同时，学生过群体生活也有助于每个人从其他人的身上吸取闪光点，丰富自己的个性。

二、学生学习要遵循和适应学生心理发展的规律

学习可以促进人的身心发展，学校教育在人的身心发展中起主导作用，但是学习和教育并不是万能的。人的发展具有一定的规律性，不能违背学生身心发展的客观规律、任意决定学生的发展，教育如果违背这些规律，那么它不仅不能在人的身心发展中起主导作用，而且还可能阻碍人的身心发展。因此，学生在学习的过程和教师在教的过程中应遵循学生身心发展的特点与规律，发挥学校教育的主导作用。

（一）学生心理发展的基本规律

1. 顺序性

个体的身心发展是一个由低级到高级、由简单到复杂、由量变到质变的连续不断的发展过程。比如婴儿出生以后，三个月学会翻身、六个月学会坐、九个月学会爬，翻身一坐一爬，是一个由简单到复杂、由低级到高级的发展过程，且发展顺序是定向的，即有顺序性。又如婴儿出生后先发育他的头部，再发育他的脚；先发育五脏六腑器官，再发育四肢；思维是从以形象思维为主发展到以抽象思维为主，记忆是从机械记忆发展到意义记忆，情感是从直觉情感心理向理性情感心理发展等，遵循的是人身心发展的顺序性。学习过程中要明确个体身心发展的顺序性是一个定向的、不可逆的过程，强调发展中的不可逆性和不可跨越性。

2. 阶段性

阶段性表现为个体的发展是一个分阶段的连续过程，个体在不同的年龄阶段表现出身心发展的不同总体特征及主要矛盾，面临着不同的发展任务，前后相邻的阶段进行有

规律的更替，前一阶段为后一阶段的过渡做准备。比如，小学生、中学生的身心发展特点不同，小学生以具体形象思维为主，中学生以抽象逻辑思维为主，所以在学习中小学生应多以直观形象的方式进行，借助于具体实物帮助理解和提高学习效果，中学生的学习过程慢慢地以抽象思维为主，应注重抽象思维能力的培养，但是他们在进行抽象概括、归纳总结、推理论证时，仍要用具体形象作支持，这就体现了个体身心发展的阶段性。

3．不平衡性

不平衡性具体表现在两个方面。一是同一方面的发展在不同的年龄阶段是不均衡的。比如人的身高、体重，在不同的时期发展的速度是不一样的，人的身高发展的飞速期有两个阶段，一个阶段是婴儿期，还有一个阶段是青春期。二是不同方面在不同发展时期具有不平衡性，即有的方面在较早的年龄阶段已经达到较高的发展水平。有的则要到较晚的年龄阶段才能达到较为成熟的水平，个体不可能只在一个方面发展，语言、思维、书写能力、情感、认知等各个方面都在发展，而这么多方面的发展不可能“齐步走”。例如，语言发展在前，书写能力发展在后；再如人的身心发展，先发育生理再发育心理，不同方面发展不同速，有先后的顺序，即体现了不平衡性。

4．个别差异性

个别差异性在不同层次上存在。从群体的角度看，个别差异首先表现为男女性别的差异，不仅是自然性别上的差异，还包括由性别带来的生理机能和社会地位、角色、交往群体的差异。其次，个别差异表现在身心的所有构成方面，在个体的身心发展中由于遗传、环境、教育和自身主观能动性的不同而存在着个别差异。其中有些是发展水平的差异，如人们常说的“有的人早慧，而有的人则大器晚成”。有的学生在上中学前抽象思维已获得一定程度的发展，而有的要到三四年以后才发展抽象思维。有些是在心理特征表现方式上的差异，如在兴趣、爱好、性格、意志、能力等方面存在差异。这种差异性还表现在性别上，如女生的言语能力一般较优，而男生的空间能力一般较强等。

5．互补性

个体身心发展过程中心理机能和生理机能之间存在互补的可能。互补性反映出个体身心发展各组成部分的相互关系：生理机能和生理机能之间可以互补，比如盲人看不到，但听力非常好，聋哑人听不到，但视力非常好；生理机能和心理机能之间也有互补可能，比如身残志坚，身体上有残疾但是意志力非常坚定。这种互补性，是具有生理缺陷的儿童发展的重要保障，它使这些儿童不至于因某种生理机能的缺陷而严重地阻碍其整体发展水平的实现。这一规律也是对残疾儿童进行教育的重要依据，当人的某一机能缺失时，能从另外方面进行弥补。

（二）学习要遵循学生身心发展的规律

1. 学习要遵循学生身心发展的顺序性

学习应按照发展的序列进行，在学习过程中应做到“循序渐进”，由易到难。学校教育不可违背个体身心发展的顺序性，不宜出现“陵节而施”“拔苗助长”等行为，应遵循学生身心发展的顺序性，不超过学生的接受能力进行教育。

2. 学习要遵循学生身心发展的阶段性

针对个体身心发展的阶段性，学校教育必须根据不同年龄阶段的特点分阶段进行。首先，教育者得明确学生在此阶段的特点，然后根据学生此阶段的特点准备教学内容，实施教学。其次，在教育教学的要求上及在教学内容和方法的选择上，不能搞“一刀切”，还得注意各阶段之间的衔接和过渡。

3. 学习要遵循学生身心发展的不平衡性

学习要遵循学生身心发展的不平衡性，抓住学习的最佳黄金期。学校教育要遵循学生身心发展的不均衡性，要适时而教，即要在学生发展的关键期或最佳期及时地进行教育。发展的关键期是指学生身体或心理的某一方面机能和能力最适于形成的时期，在这一时期对个体的某一方面训练可以获得最佳效果。“关键期”这一概念最早是由奥地利生态学家劳伦兹提出的。关键期是指人类个体从出生到成熟有一个漫长的过程，在这个过程中，个体在某个特定时期对某些能力或知识信息的获得特别敏感，如果接受了适当的培养，就能不知不觉地获得这些能力和知识；如果在这个时期未能受到适当训练，那么，他们以后对这些知识或能力的获得就需要花几倍、几十倍的时间与努力，甚至永远失去获得这些能力和知识的可能。

4. 学习要遵循学生身心发展的个别差异性

学习要遵循学生身心发展的个别差异性。教育必须因材施教，在教学中教师应根据不同学生的认知水平、学习能力以及自身素质，选择适合每个学生特点的学习方法来有针对性地教学，教师应充分发挥每个学生的潜能和积极因素，弥补学生的不足，有的放矢地进行教学，激发学生学习的兴趣，树立学生学习的信心，使每个学生都得到最大的发展，从而促进学生全面发展。如果学校教育不能做到因材施教，只顾像工厂制造标准件一样按统一规格要求学生，那么，一些有特殊才能的学生，其特长就有可能被扼杀，没法使学生得到最好的发展。

5．学习要遵循学生身心发展的互补性

学习中要明确这种互补性，做到重视优势，弥补劣势。学校教育应结合学生的实际，扬长避短，注重发现学生的自身优势，促进学生的个性化发展。

课后练习题

一、单项选择题

1．人的身心发展有不同的阶段，“心理断乳期”一般发生在（　　）。

A．幼儿阶段　　B．青少年阶段　　C．成年阶段　　D．老年阶段

2．晓军上中学后，自尊心越来越强，自我评价越来越客观、全面，自我控制能力明显提高。这反映的是晓军自我意识哪方面的发展？（　　）

A．生理自我　　B．心理自我　　C．社会自我　　D．物质自我

3．某中学一次教学考试中，陈鹏是唯一得到满分的学生。当老师宣布考试成绩时，陈鹏内心非常高兴，但他却表现出若无其事的样子。这反映了青少年情绪发展具有（　　）。

A．稳定性　　B．持久性　　C．掩饰性　　D．短暂性

4．谢晶在全校大会上受到表扬，兴奋不已。会议结束后，当听到几个同学议论“她有什么了不起，你看她长得那个样子”时，她陷入极度苦恼之中。谢晶的表现典型地反映了中学生情绪的哪种特点？（　　）

A．两极性　　B．不平衡性　　C．阶段性　　D．爆发性

5．中学生随着身心的迅速发展，开始积极尝试脱离父母的保护和管理，渴望自己的行为像成人，不愿意被当作孩子看待。这说明中学生心理发展具有（　　）

A．平衡性　　B．独立性　　C．闭锁性　　D．动荡性

6．李老师在教育过程中，深入了解学生，针对学生不同的发展水平、兴趣、爱好和特长，引导学生扬长避短、发展个性，不断促进学生的自由发展。李老师的这种做法适应了人身心发展的哪一特点？（　　）

A．顺序性　　B．阶段性　　C．连续性　　D．差异性

7．人的发展既体现出量的积累，又表现出质的飞跃，当某些代表新质要素的量积

累到一定程度时，就会导致质的飞跃。这体现了人的发展的（ ）。

A. 顺序性 B. 不平衡性 C. 阶段性 D. 个别差异性

8. “近朱者赤，近墨者黑”反映的是哪种因素对于人的影响？（ ）

A. 社会活动 B. 教育 C. 遗传 D. 环境

9. “橘生淮南则为橘，生于淮北则为枳”这句话反映了（ ）对于人身心发展的影响。

A. 遗传 B. 环境 C. 教育 D. 主观能动性

10. 在人的身心发展中起决定性作用的因素是（ ）。

A. 遗传 B. 环境 C. 教育 D. 主观能动性

二、辨析题

1. 教育在人的身心发展中起决定作用。

2. 遗传在人的发展中起决定作用。

三、简答题

1. 试述遗传在人的身心发展中的主要作用。

2. 试述学校教育在人的身心发展中的作用。

3. 中学生情绪和情感的发展特点。

四、材料分析题

1. 小林进入初中后发生了很大的变化，小学时她经常把“这是老师说的”挂在嘴边。现在她经常和同学们一起讨论书本以及老师的一些观点，觉得书本上和老师的很多观点不合理，经常以独立批评的态度对待老师和家长给出的建议，有时候会为了一个问题的观点同老师争得面红耳赤。老师觉得小林有时候不能根据实际情况对所学原理恰当地加以运用，看待问题有点片面，对一些观点的怀疑和批评缺乏充足的证据。

根据心理学原理分析小林思维变化的特点，并提出促进小林思维健康发展的建议。

2. 下面是有关中学生的几个生活情境

情境1：一天放学后，高一学生张欣因送生病的同学回家，回家时间比平时迟了一个多小时。当张欣推开家门时，着急的妈妈便过去说了她几句，话里没有任何指责的意思，只是嘱咐女儿不要回来太晚了。但是，张欣却暴跳如雷。“你不相信我！”她叫道，“你们总是告诉我该做什么，你们根本就不相信我！”她的情绪非常激动，头也不回地走出了家门。

情境2：初二学生王芳非常喜欢好朋友丽丽，在她眼里，丽丽简直就是个完美的人，她不容同学说丽丽的坏话。可是有一天，当王芳听说好朋友丽丽把自己告诉她的秘密告诉了别人时，便匆匆找到了丽丽，对着她大声呵斥，指责她是一个骗子，再也不信任她了。

情境3：初三数学模拟考试试卷发下来了，岳勇取得了他上初三以来最好的成绩，他非常高兴，兴奋不已，真想大声欢呼。但当他得知本次考试中大多数同学都考得不好时，他控制了自己内心的激动，表现出若无其事的样子。

（1）结合材料，分析中学生情绪发展的主要特点。

（2）如何引导中学生进行有效的情绪调节？

3．高一女生马英前几天向班主任廖老师倾诉了自己的烦恼。她感觉自己喜欢上了班里的男生周勇，上课时总是走神，不由自主地看周勇在干什么，下课后她的目光总是跟随周勇的身影，如果看不到周勇，她就心神不定，书也看不进去。她对自己目前的状况非常忧虑，担心被父母、老师发现，又担心自己的学习成绩会因此下降。她感到十分困惑，问廖老师自己该怎么办？

（1）请根据中学生异性交往的特点分析案例中困扰马英的问题。

（2）如果你是马英的班主任，会提出什么建议？

第二章

学生身心发展理论

学习目标

1．掌握皮亚杰的认知发展理论和维果斯基的社会文化历史发展理论，并根据其理论观点分析个体的心理发展，探讨其与学习的关系。

2．掌握弗洛伊德的人格发展理论和埃里克森的社会性发展阶段理论，并根据其理论观点分析个体的人格发展阶段，探讨其与学习的关系。

3．掌握皮亚杰的道德发展理论和科尔伯格的道德发展理论，并根据其理论观点分析个体的道德发展水平，探讨其与学习的关系。

案例引入

根据课程大纲的要求，陈老师需要对诗歌中的象征手法进行教学。她有些担心小学四年级的学生可能还没办法理解“象征”这样的抽象概念。为了解学生的水平，她找来了几个学生，看看他们对“象征”有多少了解。

“‘象征’有点像一块很大的金属，你们可以一起撞击它。”王俊一边说，一边像个乐队指挥，挥舞着自己的手。

“没错!”刘婷补充道，“就跟我姐姐在高中乐队里玩的乐器一样。”

陈老师发现他们理解错了，于是试着解释：“我说的‘象征’跟你们说的不一样，比如说戒指代表着婚姻，心是爱的象征，等等。”

学生们呆愣愣地看着她。

李小娜小心翼翼地说：“你说的‘象征’是不是有点像奥运火炬?”

“那奥运火炬象征了什么?”陈老师问道。

“就像我说的，一个火炬呗。”李小娜想不明白老师怎么这么问。

（资料来源：安妮塔·伍尔福克．教育心理学［M］．伍新春，张军，李娇，译．北

京：中国人民大学出版社，2018. 有改编）

思考：

1. 从学生的反应中，你能看出学生是如何思维的吗？

2. 请问小学阶段的学生的认知发展、人格发展和道德发展分别有什么样的特点？

3. 如果学生们的发展水平还不足以接受这样的教学内容，你会怎么做？请结合此阶段学生的特点来谈。

第一节　认知发展理论

认知发展（cognitive development）是指个体在心理活动如注意、知觉、学习、思维和记忆过程中发生的变化。它是儿童心理学的重要研究课题。在本节重点介绍两位心理学家的发展观点，首先介绍瑞士心理学家皮亚杰在认知发展心理学方面所做出的诸多重要贡献，他认为存在着一个涵盖婴儿期、童年期、青少年期的认知发展的一般模型；然后介绍苏联心理学家维果斯基的社会文化历史发展理论，该理论认为个体的认知发展受其所处的文化环境的影响。

一、皮亚杰的认知发展观

皮亚杰（Piaget）是瑞士儿童心理学、发生认识论的开创者，被誉为心理学史上的一位“巨人”。他认为传统的认识论只顾及高级发达水平的认识或认识的某些最后结果，看不到认识本身的建构过程，他自己则从儿童与个人心理的发生发展来分析认识。他开辟了心理学研究的一个新途径，对当代西方心理学的发展和教育改革产生了重要影响。

（一）认知发展的实质

皮亚杰提出认知发展的实质是适应，是一种在个体与环境的相互作用过程中实现的意义建构。他用图式、同化、顺应和平衡来解释这一过程，他认为儿童的认知是在已有图式的基础上，通过同化、顺应和平衡，从低级向高级不断发展。

图式是动作的结构或组织，是个体对环境进行适应的认知结构，是一个有组织的、可重复的行为或思维模式。个体能对刺激做出反应，在于其具有应付这种刺激的思维或行为图式。图式使个体能对客体的信息进行整理、归纳，使信息秩序化和条理化，从而实现对信息的理解。个体的认识水平完全取决于认知图式。图式具有概括性的特点，可应用于不同的刺激情境，儿童最初的认知图式来源于遗传，比如新生的婴儿具有吸吮、哭叫、抓握等行为。学习能产生迁移，是因为在前一学习情境中形成了某种图式，然后应用到下一学习情境中去，为了应付周围的世界，个体逐渐地丰富和完善自己的认知结构，形成了一系列的图式。皮亚杰认为，人的认识发展不仅表现在知识的增长上，更表现在认知结构的完善和发展上。图式的发展水平是人的认识发展水平的重要标志，既是认识发展的产物，又是认识发展的基础和条件。

同化是指有机体把环境成分整合到自己原有机构中去的过程，即个体利用已有的图式把新的刺激纳入到已有的认知结构中去的过程。皮亚杰借用同化来说明个体把新鲜刺激纳入到原有图式中去的心理过程，就整个有机体来说，有三种水平的同化：生理水平上，是物质的同化；动作水平上，是行为的同化；智慧水平上，是思想的同化。从心理学的角度来说，同化就是把外界元素整合于一个正在形成或已形成的结构中。因此，同化过程受到个人已有图式的限制，个人拥有的图式越多，同化的事物的范围也就越广泛；反之，同化范围也就相对狭窄。

顺应是指个体调节自己的内部结构以适应特定刺激的过程，是个体通过改变原有的图式或形成新图式的方式适应新刺激的过程。当个体遇到不能用原有图式同化的新刺激时，便要对原有的图式加以修改或重建，以适应环境。这样将迫使个体改变现有的认知图式，形成某些适合新经验的新图式，引起认知结构的不断发展变化。

图式的发展和丰富是通过同化和顺应两种机制来实现的。皮亚杰认为，刺激输入的过滤或改变叫作同化；内部图式发生改变以适应现实，叫作顺应。同化是量变的过程，而顺应是质变的过程。在认知结构的发展中，同化与顺应既相互对立，又彼此联系，相互依存。就人的认识成长来说，如果只有同化没有顺应，认识就谈不上发展。如果不存在同化也就没有顺应可言，认识永远是外物同化于内部图式和内部图式顺应于外物这两个对立统一过程的产物。

平衡，是个体通过自我调节机制使认识的发展从一个平衡状态向另一个较高平衡状态过渡的过程，是指同化作用和顺应作用两种机能的平衡。不断发展着的平衡状态，就是整个心理的发展过程。儿童认知最初处于较低水平的平衡状态中。当面临新异刺激时，产生了不平衡；通过主体和客体的相互作用，即通过同化或顺应，使认识达到一个新的水平，恢复了平衡状态，认识的发展就是平衡—不平衡—平衡的过程。

平衡从三方面调节着个体的认知过程：一是调节同化与顺应两种技能之间的关系，使两者保持平衡；二是调节个体认知结构中执行不同功能的子系统；三是在个体知识的分化与整合中保持平衡。例如在小孩床边放一个玩具，小孩看到后会伸出手去抓它，如果多次尝试之后最终拿到了玩具，这就是同化的过程；如果将玩具放在靠近床中心的位置，这时小孩看到后仍然会用手去抓（这是他原有的认知结构），但多次抓取之后他未能拿到玩具，这时他发现把床单拽着拉动时玩具会慢慢地往床边动（即形成了新的认知结构），于是他便拿到了玩具，这就是顺应的过程。之后他就学会了处理这一类事件，当玩具在床边时，只需伸手去抓就可得到；而当玩具在床中间时就需通过拽着拉动床单来获得，这时小孩便建立起同化—顺应之间的平衡。

（二）影响认知发展的因素

皮亚杰认为儿童认知发展受四个因素的影响，分别是成熟、自然经验、社会经验以及起自我调节作用的平衡过程。这四个因素都是认知发展的必要条件，但它们本身都不是充分条件。

1. 成熟

成熟是指机体的成长，特别是指神经系统和内分泌系统的成熟。成熟是认知发展的一个重要条件，它为形成新的行为模式和思维方式提供了一种可能性。例如，婴儿期出现的眼手协调，是建构婴儿动作图示的必要条件。然而，若要使这种可能性成为现实，必须通过机能的练习和最低限度的习得经验，才能增强成熟的作用。

2. 自然经验

自然经验是指通过与外界物理环境接触而获得的知识。鉴于个体与环境的交互作用是认识的来源，个体必须对物体做出动作。个体在这种动作练习中得到的经验，不同于在社会环境中得到的社会经验。皮亚杰把这种经验分成两类：一类是物理的经验（physical experience），是指个体作用于物体，获得物体的特性，如物体的体积大小、物理重量、形状等；另一类是逻辑—数理的经验（logical - mathematical experience），是指个体理解动作与动作之间相互协调的结果，如儿童反复摆弄石头，发现无论如何摆放，石头总数不变，这一经验并不是石头本身具有的物理特性，而是个体通过自己的记数动作与肢体动作的协调而获得的。在皮亚杰看来，知识来源于动作（动作起着组织或协调作用），而非来源于物体。

3. 社会经验

社会经验是指在与社会相互作用和在社会传递过程中获得的经验，即人与人之间的相互作用和社会文化的传递，主要包括社会生活、文化教育和语言等，也包括语言和教育的作用。皮亚杰认为，环境与教育只能促进或延缓儿童的心理发展，而不能对儿童的心理发展起决定性的作用，学习者的社会经验可能会加速或阻碍其认识图式的发展。

4. 起自我调节作用的平衡过程

几乎所有学习理论和发展理论都认识到成熟和经验所起的作用，皮亚杰的独特之处是另外加了第四个因素，也是最重要的因素，即起自我调节作用的平衡过程。平衡过程调节个体（成熟）与环境（包括物理经验和社会经验）之间的交互作用，从而引起认知图式的一种新建构。这种平衡并不是一种静态的平衡，而是动态的平衡，具有自我调节的作用，通过这种动态平衡实现儿童心理结构的不断变化发展，个体才有可能以一种有组织的方式，把接收到的信息联系起来，从而使认知得到发展。正因为此，皮亚杰把平衡作为认识发展的基本过程，认为其是心理发展的决定因素。

（三）认知发展阶段论

皮亚杰认为人的认知发展是一种建构的过程，是在个体与环境相互作用的过程中实现的，而在这个过程中，会相继表现出顺序不变的四个阶段。

1. 感知运动阶段（0~2岁）

这一阶段是婴儿的认知能力初步发展的时期，他们运用最初的图式对待外部世界，开始协调感知和动作间的活动。这个时期的儿童通过看、听、摸、尝、闻等感觉与手的动作，与外界相互作用形成低级的行为图式。1岁多时，儿童的感觉和动作分化，思维开始萌芽。儿童幼年时抓自己的脸和抓其他物体时没有感觉到区别，他们还没有自我与非我的分化。具体表现在以下两个方面。

（1）获得了客体的永恒性

9~12个月的幼儿感觉动作日趋发展到具有客体永恒性的程度，客体永恒性是指对事物客观存在的一种认知能力，即当客体消失时，孩子能够认识到事物仍保持着一种客观存在。比如当皮球滚到沙发下面，但是儿童没有办法将它找到的时候，儿童会一直在旁边等待，因为他们知道皮球还在里面。9个月以前的儿童，不具备客体永恒性，如果面前的玩具被遮挡，他们不会去寻找；而1岁左右的儿童，当面前的玩具被遮挡时，他们会去寻找（如图2-1、图2-2所示）。比如爸爸离开了，没有获得客体永恒性的儿童，不能认识到爸爸依然存在，以为爸爸从此消失，不会有找的行为；获得客体永恒性的儿童能够认识到爸爸是存在的，就会去找。这标志着儿童已经获得了主客体的分化，即从以自我为中心发展到把自己看成是无数客体中的一个，比如他们会用手摸自己的鼻子而不是去摸镜中的鼻子。

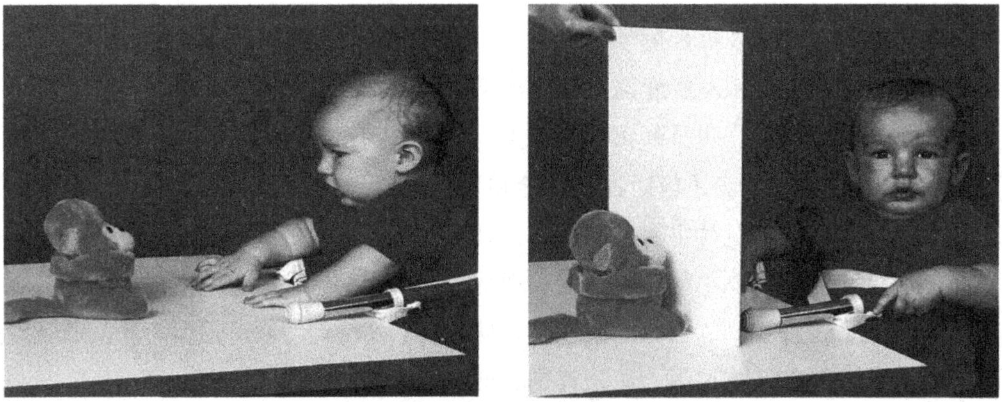

图 2－1　儿童无客体永恒性

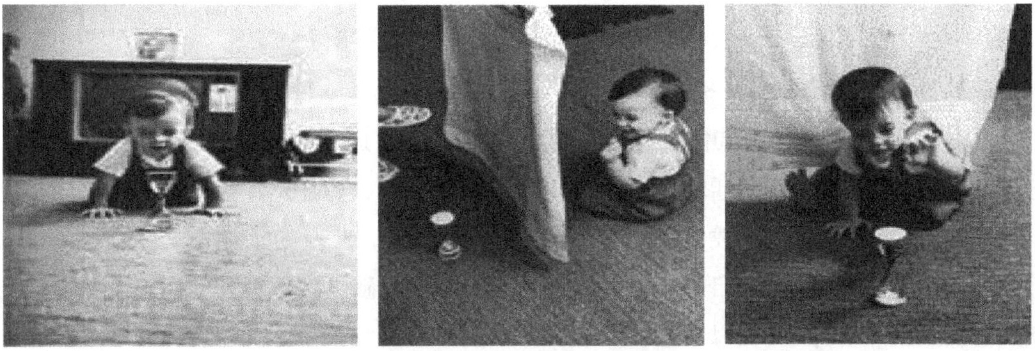

图 2－2　儿童有客体永恒性

（2）出现了因果联系的萌芽

儿童最初的动作都是无目的的，通过动作与客体的相互作用，逐渐产生动作与由动作造成的对客体影响结果的分化，再扩展到动作与客体之间的关系，使动作的目的性越来越强，最终形成了因果关系联系。

2．前运算阶段（2～7岁）

到了感知运动阶段晚期，儿童已经能使用很多动作图式了。然而，因为这些图式仍是和具体的身体动作相联结的，所以它们对回忆过去、追踪信息和做出计划等都毫无帮助。因此，儿童需要发展出皮亚杰所说的运算（operation）能力。所谓运算，是指在心理上而非身体上能够完成和逆转的动作。在前运算（preoperational）阶段，儿童还未能精通这种心理运算，但已经在逐渐掌握（所以思维是前运算式的）。

皮亚杰认为和动作分离的最初的思维方式就是将动作图式符号化。这种形成和使用符号（单词、手势、标记、表象等）的能力，是前运算阶段的主要进步，有助于儿童进一步掌握下一阶段的心理运算。这种运用符号的能力，如使用单词“马”或是使用一幅马的图片，又或者是假装骑在“扫帚马”上来表征一匹实际上并未出现的真正的马，被称为符号功能（semiotic function）。事实上，儿童最早使用符号常常出现在游戏扮演中。那些还不会说话的儿童经常会使用动作符号假装从空杯子里喝水或者是假装在拿着梳子梳头发，以此来表示他们知道每个物体的用途。这种行为也表明儿童的动作图式越来越概括化，越来越少地依赖于具体的动作。例如，吃的图式可以在过家家时用到。在前运算阶段，语言这一非常重要的符号系统也得以快速发展。从2~4岁，多数儿童的词汇量从约200个扩展到约2000个。该阶段儿童的认知具有以下四个特点。

（1）泛灵论

儿童无法区别有生命和无生命的事物，常把人的意识动机、意向推广到无生命的事物上，认为万物都是有生命的。比如3岁的小孩子会在自己吃饭的时候，喂洋娃娃吃饭，认为洋娃娃不吃饭就会和自己一样挨饿。随着年龄增长，泛灵观念的范围逐渐缩小。4~6岁儿童会把一切事物都看成和人一样是有生命、有意识、活的东西，常把玩具当作活的伙伴，与它们游戏、交谈；6~8岁儿童会把有生命的范围限制在能活动的事物上；8岁以后开始把有生命的范围限于自己能活动的东西上；更晚些时候才将动物和植物看成是有生命的东西。皮亚杰认为，前运算期的儿童处于主观世界与物质宇宙尚未分化的混沌状态，缺乏必要的知识，对事物之间的物理因果关系和逻辑因果关系一无所知，所以思维常是泛灵论式的。

（2）自我中心主义

自我中心是指儿童仅依靠其自身的视角来感知世界，不能意识到他人可能具有不同视角和观点的倾向性，即他只从自己的经验和角度去认识事物，不大理会旁人的意见。这一阶段自我意识已经发展起来，能够分辨出我与非我，但分不清我与物之间的关系，对客观事物的认识带有强烈的主观性。儿童早期对世界的认识完全是以他自己的身体和动作为中心的，是“自我中心主义的”。在这个时期，儿童的自我和外部世界还没有明确分化开来，他们所体验和感知到的印象是浑然一体的，造成被体验和被感知的事物都成为自身的活动，把所有被体验和被感知的事物都和自己的身体联系起来，把自己当作宇宙的中心。因此，这个阶段的儿童只能根据自己的需要和感情去判断和理解周围世界及和他人的关系等，而完全不能注意别人的意图、观点和情感，不能从别人的角度去看问题，也不能从事物自身的规律和特点去认知问题。

皮亚杰曾做过一个著名的三山实验。实验材料是一个包括三座高低、大小和颜色都不同的假山模型，实验首先要求儿童从模型的四个角度观察这三座山，然后要求儿童面对模型而坐，并且放一个玩具娃娃在山的另一边，接着要求儿童从四张图片中指出哪一张是玩具娃娃看到的“山”（如图2－3所示）。结果发现幼童无法完成这个任务，他们只能从自己的角度来描述“三山”的形状。皮亚杰以此来证明儿童的“自我中心”特点。

图2－3　三山实验

（3）单维思维，没有形成守恒概念

单维思维是指儿童只能从单一维度来进行思维。如考虑高度却不能顾及宽度；如果考虑宽度就会忽略了高度，这种现象又叫集中偏向（centration）。最经典的儿童直觉推理实验是皮亚杰所做的著名的守恒实验。首先给儿童呈现两杯等量的水（杯子的形状一样），然后当着儿童的面，把这两杯水分别倒入一个高瘦的容器和另一个又矮又胖的容器里，接着问儿童哪一个杯子的水多（或一样多），如图2－4所示。六七岁以下的儿童会认为高瘦的容器有更多的水。儿童在考虑这个问题时关注的只是液柱的相对高度这一知觉特征（液柱高＝液体多）。皮亚杰认为，前运算阶段的儿童还不具备守恒能力，他们还没有认识到当物体的表象发生某种改变时，其自身的某种特性（如体积、质量、数目）仍保持不变。为什么学前儿童不能达到守恒呢？皮亚杰将其解释为前运算阶段儿童缺乏克服基于知觉的直觉推理的两种认知操作，其中之一是去中心化，即能同时关注问题的多个方面的能力。该阶段的儿童在解决液体守恒问题时不能同时考虑高度和宽度两个方面，他们要么关注高度差异，要么关注宽度差异，并根据单一维度上的差异做出判断。结果导致他们不能意识到液柱宽度的增加恰好能弥补高度的减少，并最终保持绝对数量不变。因此皮亚杰认为前运算阶段的特点之一是儿童的认知还是单维思维，没有形成守恒概念。

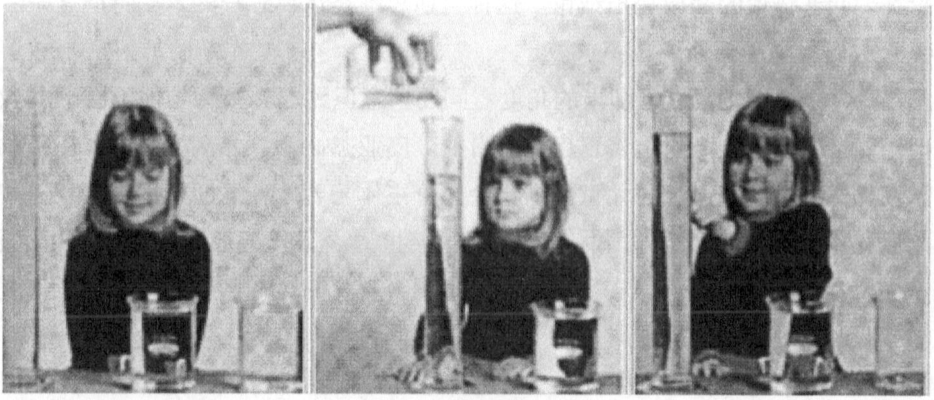

图 2－4　守恒实验

（4）思维的不可逆性

思维的不可逆性是指儿童的思维只能朝一个方向进行，不能回到起点，即不能在心里逆转撤销某一行为。又如上面的守恒实验，儿童在面对液体守恒问题时，还不能从心理上反向思考所见到的过程。所以，不会认为矮而粗的容器中的水与原来容器中的水是一样多的，如果把它倒回原容器中仍会达到先前的高度。再如，问一名 4 岁儿童："你有兄弟吗？"他回答："有。""兄弟叫什么名字？"他回答："吉姆。"但反过来问："吉姆有兄弟吗？"他回答："没有。"

3．具体运算阶段（7～11 岁）

这个阶段的儿童认知结构中已经具有了抽象概念，因而能够进行逻辑推理。这个阶段的标志是守恒观念的形成。这个阶段的儿童的思维主要有如下特征。

（1）多维思维

多维思维是指儿童可以同时从两个或两个以上角度思考问题。例如，一个具有具体运算能力的 7 岁儿童面临液体守恒问题时，会同时考虑到两个容器的高度和宽度，从而获得了去中心性，能够正确地回答。

（2）思维的可逆性

这是守恒观念出现的关键。例如，对上面所说的倒水例子，具体运算阶段的儿童也会表现出可逆性，即在头脑中反向思考转换容器的过程，想象把液体倒回原容器的情形，不仅能够考虑水从大杯倒入小杯，而且还能设想水从小杯倒回大杯，并恢复原状。由于具备了这些认知操作能力，他现在知道两个不同的容器盛有同样多的液体，并能运用逻辑推理而非错误的表象得出结论。这种可逆思维是运算思维的本质特征之一。

（3）去自我中心

去自我中心是指儿童能从别人的角度看问题，意识到别人持有与他不同的观念和解答。他们能接受别人的意见，修正自己的看法。皮亚杰认为，儿童不会停留在自我中心状态。在动作协调的基础上，儿童逐渐学会区分主体与客体，逐渐意识到自我，并尽可能找到自我在世界中的地位，因而能够在自我与世界、自我与他人之间建立相互联系。这就是去自我中心化的过程，实际上这也是意识客观化的过程。

（4）反映事物的转化过程

例如，将5个鸡蛋和5个杯子一一对应，排成一线且排得一样宽。问4岁儿童鸡蛋与杯子是一样多还是不一样多，他们能回答一样多；但假定将鸡蛋排得很宽或堆成一堆，再问他们鸡蛋与杯子何者多，他们会认为排得开的物体多。但6至7岁的儿童能知道两者一样多。皮亚杰认为，这时儿童已经能意识到转换的动作，思维不再局限于静止表象，因此能解决这种数目守恒问题。

（5）具体逻辑推理

具体运算阶段儿童虽缺乏抽象逻辑推理能力，但他们能凭借具体形象的支持进行逻辑推理。如，向7~8岁的小孩提出这样的问题：假定A>B，B>C，问A与C哪个大，他们可能难以回答。若换一种说法：张老师比李老师高，李老师又比王老师高，问张老师和王老师哪个高？他们则可以回答。因为在后一种情形下，儿童可以借助具体表象进行推理。

4. *形式运算阶段（十一二~十五六岁）*

这一阶段儿童形成了解决各类问题的推理逻辑，由大小前提得出结论，不管有无具体事物，都可了解形式中的相互关系与内涵的意义。认知发展达到形式运算期的水平，就代表个体的思维能力已发展到了成熟阶段，以后只是从生活经验中增多知识，而不会再提升他的思维方式。综合皮亚杰本人与其后心理学家的研究发现，认知发展臻于形式运算期的青少年，在思维方式上具有以下三个特征。

（1）假设演绎推理

假设演绎推理是逻辑思维的基本形式之一。此种推理思维的特点是，先对所面对的问题情境提出一系列的假设，然后根据假设进行验证，从而得到答案。皮亚杰曾做了钟摆实验，要求受试者解答在吊绳长短、吊锤重量、推动力量三种变化中，何者是影响钟摆速度的因素（图2-5）。实验结果发现，只有认知发展达到形式运算水平者，才会按照类似以下假设演绎推理的方式寻求答案：先假设影响摆速的因素为锤重，然后保持另两个因素不变而只变化吊锤的重量以验证之；也可先假设绳长为影响因素，然后保持另两个因素不变，只变化绳长以验证之（正确答案）。如此系统进行，终可得到正确答案。

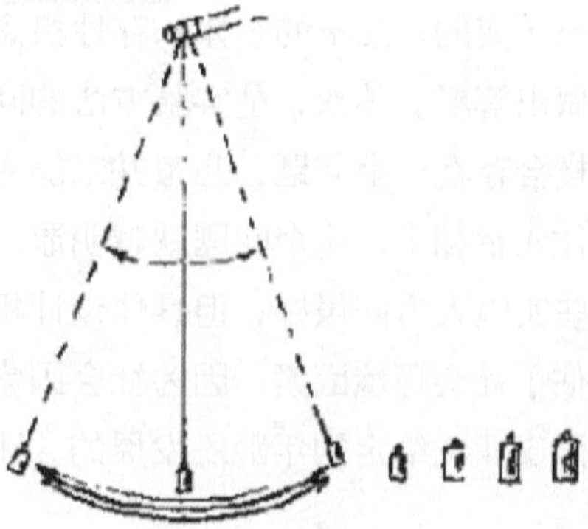

图 2－5　钟摆实验

（2）命题推理

此阶段的学生，在推理思维时不必一定按现实的或具体的资料做依据，只凭一个说明或一个命题即可进行推理。例如，用这样一个问题分别问小学生和中学生："要是你当学校校长，怎样管理逃学的学生？"小学生也许会回答："我不是校长，我不知道。"中学生就可能按他的想法说出一番道理。命题推理思维的特点是超越现实的一种思维方式，此种思维方式对青少年的心理成长而言是很重要的。因为青少年喜欢从幻想中计划未来，合理的思维才是形成其合理计划的基础。

（3）组合推理

此阶段的学生在解决问题时，能分离出所有有关的变量和这些变量的组合，在面对由多项因素形成的复杂问题情境时，可以根据问题提出假设，然后一方面孤立某些因素，一方面组合另一些因素，从而在系统验证中获得正确答案。

（四）皮亚杰认知发展理论评价

皮亚杰的认知发展理论摆脱了遗传与环境的争论和纠葛，旗帜鲜明地提出内因和外因相互作用的发展观。皮亚杰的研究属于完整的科学范畴。他关于儿童发展的那些有趣且可证伪的论断，比如不同年龄阶段的儿童缺乏守恒概念的论断，能够很轻易地得到系统的检验。事实上，有相当多的证据支持这些论断。通过将各种观察结果以不同的实验方式组合在一起，皮亚杰的理论内容十分丰富。首先，皮亚杰不只是关注儿童思维的结果，还关注思维的过程。思维的质量状态只有在过程中才会充分表露，关注思维过程才会把握学生的学习方式，从而给予有的放矢的引导。其次，皮亚杰认识到儿童的自主性、积极参与在学习活动中的重要作用。学习是在个体与环境的相互作用中实现的自主建构的意义系统，不强调对儿童进行成人化的思维训练，过早的成人化思维训练只会导致儿童对成人规则的肤浅接受，而不能达到真正的认知理解。

但是皮亚杰的认知发展理论也有一定的局限性。首先，儿童思维是如何从具体向抽象转变的，儿童的客体永存性概念和守恒概念是如何从无到有的，皮亚杰的理论并不能做出解释。其次，是实验方法的问题。皮亚杰非常热衷用问与答的方法进行研究，但这样会存在一个问题，儿童并未能完全掌握语言，这可能会导致低估他们的理解能力。往往儿童越小，这个问题就越明显。和儿童产生可预期的交流是有难度的，而皮亚杰的一些实验大方向虽好，但具体设计粗糙了点，有失精妙。最后，过分强调了年龄差异，低估了社会环境因素。因为社会因素和很多个人因素的存在，所以并不是每个孩子都是按照皮亚杰给定的年龄段发展的，比如他的理论无法解释“神童”的出现。

二、维果斯基的社会文化历史发展理论

维果斯基（Lev Vygotsky）是苏联心理学家，社会文化历史学派创始人，他的心理学思想在二十世纪二三十年代形成，到二十世纪五六十年代才被重视与推广。在二十世纪七十年代，维果斯基的理论开始引起美国人对其心理学研究的兴趣。在接下来的十几年里，维果斯基的主要作品被翻译出来，并与皮亚杰一起并称为现代心理学领域的巨人、“心理学的莫扎特”。

（一）社会文化历史发展理论

维果斯基从种系和个体发展的角度分析了心理发展的实质，在二十世纪三十年代提出“文化历史发展理论”来说明人的高级心理机能的社会历史发生问题。他也主张人的高级心理机能是社会历史的产物，受社会规律制约，十分强调人类社会文化对人心理发展的重要作用，以及社会交互作用对认知发展的重要性。

他认为只有在儿童所经历的历史和文化背景下来理解儿童的发展才有意义。他认为发展依赖于随着个体成长而形成的符号系统，这种符号是文化历史所创造的、用于帮助人们思维、交流以及解决问题（如语言），符号系统的获得是按照一个不变的阶段次序发生的，而这些阶段次序对每个儿童而言都是一样的。这两点也是他的理论的基本前提。

维果斯基区分了两种心理机能：一种是作为动物进化结果的低级心理机能，是个体早期以直接的方式与外界相互作用时表现出来的特征，如基本的知觉加工和自动化过程，这是人和动物共有的；另一种则是作为历史发展结果的高级心理机能，即以符号系统为中介的心理机能，是人独有的，比如记忆的精细加工系统、听课等，高级心理机能是人类在本质上区别于动物的特征。

根据恩格斯关于劳动在人类适应自然和在生产过程中借助于工具改造自然过程中作

用的思想，维果斯基详细论述了他对高级心理机能的社会起源和中介结构的看法。高级心理机能的社会起源源于心理工具（各种符号系统），工具的使用导致人类发展出新的适应方式，即物质生产的间接方式，不再像动物一样以身体的直接方式来适应自然。维果斯基认为最重要的心理工具是语言，他认为儿童使用语言不仅限于社会交往，而且也是以一种自我管理的方式计划、指导和监控自己的行为。自我管理的语言被称为“内在言语”或“个人言语”。3～7岁的儿童出现了由外部语言向内部语言过渡的表现——自言自语。在人类的工具生产中凝结着人类的间接经验，即社会文化知识经验，这就使人类的心理发展规律不再受生物进化规律所制约，而是受社会历史发展规律制约。儿童认知能力的发展始于社会关系和文化，儿童的记忆、注意、推理能力的发展都和学习使用社会的创造发明有关。如语言、数学体系和记忆方法，在一种文化背景中，可能包含学习如何借助电脑进行计算；而在另一种文化背景中，则可能包含用自己的手指或珠子计数。维果斯基提到的工具有两个层次：物质生产的工具和精神生产的工具——语言符号系统。生产工具指向外部，它引起客体的变化；语言符号系统则指向内部，影响人的心理结构和行为。

（二）心理发展观

在对人的高级心理机能及其特征进行详细界定和描述的基础上，维果斯基首先界定了心理发展的概念：心理发展是个体的心理自出生到成年，在环境与教育影响下，在低级心理机能基础上，逐渐向高级机能转化的过程。

由低级心理机能向高级心理机能发展主要有以下四个表现。

（1）随意机能不断发展。随意不是随便的意思，而是指儿童的动作是受意志支配的，儿童心理活动的随意性越强，心理水平越高。

（2）抽象—概括机能提高。儿童随着词汇量、语言能力以及知识经验的增长，各种心理机能的概括性和间接性得到发展，最后形成最高级的意识系统。

（3）各种心理机能之间的关系不断变化、重组，形成间接的、以符号为中介的心理结构，简单来说，就是形成了高级心理机能。儿童的心理结构越复杂、越间接、越简缩，心理水平越高。

（4）心理活动个性化。维果斯基强调个性特点对认知发展的影响，认为儿童意识的发展不仅是个别机能由某一年龄阶段向另一年龄阶段过渡时的增长和提高，更主要的是其个性发展，整个意识的增长与发展。个性形成是高级心理机能发展的重要标志，个性特点对其他机能的发展具有重要作用。

心理发展的原因有三个方面。

第一，社会文化历史因素。心理机能的发展起源于社会文化历史的发展，受社会规律的制约。儿童生来就处在一定的社会文化环境中，在社会文化环境的影响下，在与他人的社会活动中，逐渐从低级心理机能向高级心理机能发展。因此，个体的心理起源受制于社会文化历史的发展和社会交往活动。

第二，掌握了语言这一中介环节。从个体发展来看，儿童在与成人交往的过程中通过掌握高级心理机能的工具——语言、符号系统，从而在低级的心理机能基础上形成了各种新质的心理机能。因此，儿童获得语言能力对其心理发展具有重要意义。

第三，内化。内化是指个体将外在的事物或他人的心智运作转变成自己的内在表征。维果斯基认为，在儿童的心理发展中，所有高级心理机能都两次“登台”：第一次是作为集体活动、社会活动，即作为心理间的机能；第二次是作为个体活动，作为儿童的内部思维方式，作为内部心理机能。一切心理机能的发展都必然经历外部的社会机能，然后才内化为个人的心理机能。维果斯基十分强调教学的作用，认为儿童通过教学才能掌握全人类的经验，并内化于自身经验体验中。维果斯基内化学说的基础是他的工具理论，他认为运用符号系统将促使心理活动得到根本改造，这种改造转化不仅在人类发展中也在个体发展中进行。儿童早年还不能使用语言这个工具来组织自己的心理活动，心理活动是直接和不随意的、低级的、自然的。只有掌握了语言这个工具，才能转化为间接和随意的、高级的、社会历史的心理技能。新的高级社会历史的心理活动形式，首先是作为外部形式的活动而形成，然后内化转为内部活动，并最终默默在头脑中进行。具体来说，在儿童认知发展内化过程中，语言符号系统的作用至关重要。语言一方面为儿童表达思想和提出问题提供可能性，另一方面也为儿童从周围的人那里学习提供可能性。同时，儿童语言直接促进了高级心理机能的发展。因此，心理的实质就是社会文化历史通过语言中介而不断内化的结果。

（三）“最近发展区”理论

维果斯基感兴趣的是儿童发展的潜能，而不是儿童在某一特定点的发展水平，因而他提出了“最近发展区”的概念。他把“最近发展区”界定为在“儿童现有的独立解决问题的水平”和“通过成人或更有经验的同伴的帮助而能达到的潜在的发展水平”之间的区域。即在确定儿童发展水平及其教学时，必须考虑儿童的两种发展水平，一种是儿童现有的发展水平，另一种是借助成人帮助可以达到的解决问题水平，或是借助于他人启发帮助可以达到的较高水平，这两者之间的差距就是最近发展区。

这个“区”的定义就是一个儿童的表现和该儿童与成人一起活动或在成人或更有经验的同伴辅助下活动的表现之间的差异（以时间为单位表示）。例如，两个儿童接受8岁儿童心理测定标准的测验，在标准化的辅助下，第一个儿童达到9岁儿童的水平，而第二个儿童达到12岁儿童的水平，那么第一个儿童的最近区是1年，而第二个儿童的最近区是4年。

在最近发展区内，成人或是同伴的帮助的实际形式是多样的，如用模仿的方法示范、列举实例、启发式提问、由成人进行监督以及集体活动等。“最近发展区”理论给我们提供了一条理解儿童发展的途径，其蕴含的重要思想是：儿童的发展主要是通过与成人或更有经验的同伴的社会交往而获得的。维果斯基说：“如果儿童在最近发展区接受新的学习，其发展会更有成果。在这个区内，如能得到成人帮助，儿童比较容易吸收单靠自己无法吸收的东西。”这种成人的帮助被称为“支架”，儿童在尚未建立稳固的理解时，利用这种帮助作为支持，而当他们建立起稳固的理解后，他们最终将离开这些支持，独立解决问题。

三、认知发展与学生学习的关系

（一）认知发展制约着教学的内容和方法

皮亚杰认为，学习从属于发展，从属于主体的一般认知水平。在教育教学中要依据不同儿童不同发展阶段的认知特点进行教学，各门具体学科的教学都应研究如何对不同发展阶段的学生提出既不超出当时认知结构的同化能力，又能促使他们向更高阶段发展的富有启迪作用的适当内容。例如，只有形式运算阶段的儿童才能获得纯粹以命题形式呈现的概念和规则，而大多数小学生并未达到这一发展水平，即使一些学生在某领域达到这一发展水平，在其他领域也不一定能达到，因而小学生学习抽象概念和规则，仍需要具体经验的支持。

（二）教学促进学生的认知发展

学习是一个主动建构的过程，知识是学习者经过同化、顺应机制而建构起来的经验体系。这要求我们树立新的知识观、学习观，选择符合儿童发展的教育内容，通过精心组织的教学内容与方法促进儿童认知发展。不主张毫无根据地或人为地加速儿童的发展，即不主张教给儿童那些明显超出他们发展水平的材料。但同时，过于简单的问题对儿童的认知发展作用也不大。在皮亚杰看来，儿童的认知发展是以学生已有的认知结构为基础的，并以已有图式与环境相互作用而产生的认知需要为动力。鉴于此，教师应该为学生提供略微高于他们现有思维水平的教学，使学生通过同化和顺应过程达到平衡，从而帮助学生发展已有的图式，并建立新的图式。对皮亚杰认知发展阶段理论的掌握有助于教师理解自己的学生处于何种阶段，是否具备掌握某一知识的认知水平，从而调整和改变教学目标。儿童在认知发展过程中存在着个体差异。在教学中，每个学生的认知发展水平和已有知识经验都有很大差异，教师要了解学生的不同认知发展水平，以保证所实施的教学与学生的认知水平相匹配。教师可以通过观察学生在解决问题时的表现来达到该目的。

皮亚杰的研究企图揭示在无特殊训练条件下的儿童认知发展阶段，并未考虑专门教学的影响。从一般发展的观点看，这种研究是必要的。但不能把皮亚杰的发展阶段看成是固定不变的或不受教育影响的。大量的研究表明，通过适当的教育训练来加快各个认知发展阶段转化的速度是可能的。只要教学内容和方法得当，系统的学校教育肯定可以起到加速儿童认知发展的作用。

（三）最近发展区与教学

关于教学和发展的关系，维果斯基提出了“最近发展区”思想，认为教学必须考虑儿童已达到的水平并走在儿童发展前面。

最近发展区是教学发展的最佳期限，即发展教学最佳期限，在最佳期限内进行的教学是促进儿童发展最佳的教学。教学应根据最近发展区设定。如果只根据儿童智力发展的现有水平来确定教学目的、任务和组织教学，就是指望于“儿童发展的昨天”，面向的是已经完成的发展进程。这样的教学从发展意义上说是消极的，它不会促进儿童发展。教学过程只有建立在那些尚未成熟的心理机能上，才能产生潜在水平和现有水平之间的矛盾，而这种矛盾又可引起儿童心理机能间的矛盾，从而推动了儿童的发展。

教学应采取与之相适应的手段。教师借助教学方法、手段，引导学生掌握新知识，形成技能、技巧。要实现这一目的的关键在于最近发展区域，因此，教学方法、手段应考虑最近发展区。如果教学能够按照儿童的最近发展区来设计和实施，也就必然能促使儿童获得原则上为新的东西，从而使教学不仅仅跟随儿童已有的发展成果，也不是对儿童的简单机械灌输，而是真正建立起教学与儿童发展之间的桥梁。所以，维果斯基曾特别指出：我们至少应该确定儿童发展的两种水平，如果不了解这两种水平，我们将不可能在每一个具体情况下，在儿童发展进程与他受教育的可能性之间找到正确的关系。

最近发展区理论说明了儿童发展的可能性，其意义在于教育者不应只看到儿童今天已达到的发展水平，还应该看到仍处于形成状态的正在发展的过程。所以，维果斯基强调教学不能只适应发展的现有水平，走在发展的后面，而应适应最近发展区，走在发展的前面，并最终跨越最近发展区而达到新的发展水平。

拓展阅读

维果斯基理论在教学中的应用

应用一：建立适合学生需要的支架

示范

1. 当学生刚开始新的任务或主题时，提供示范、提示、引入语、训练和反馈。随着学生逐渐掌握，则减少帮助，给他们更多独立学习的机会。

2. 让学生自己选择任务的难度水平和完成任务的独立程度，鼓励他们挑战自己，但教导他们实在进行不下去的时候，要学会寻求帮助。

应用二：确保学生能够获得促进思维的有效工具

示范

1. 教学生学会使用学习和组织的策略、研究工具、语言工具（维基百科、词典或电脑搜索）电子制表软件以及文字处理程序。

2. 示范如何使用工具，例如向学生展示你是如何使用记事本或电子记事本制订计划和管理时间的。

应用三：以学生的文化知识库为基础进行教学

示范

1. 让学生互相家访，了解彼此父母的职业和每个学生家庭的相关知识（如农业、经济、工业、家庭管理、医学及疾病、宗教、儿童教养、烹饪等方面）。

2. 根据这些知识库设计学习任务，并请社区专家来评估这些任务。

应用四：利用对话和小组进行学习

示范

让同伴当小老师：教学生如何提出好问题、如何给予同伴有帮助的解释。

（资料来源：安妮塔·伍尔福克. 教育心理学［M］. 伍新春，张军，李娇，译. 北京：中国人民大学出版社，2018）

第二节 人格发展理论

人格发展理论（personality development theory）是阐释人格的结构、形成和发展的理论和学说，是一种人类学理论，主要包括弗洛伊德的人格发展阶段理论和埃里克森的人格发展理论。

一、弗洛伊德的人格发展理论

弗洛伊德（Freud）是奥地利精神病医师、心理学家，精神分析学派创始人。弗洛伊德的人格结构理论是指在弗洛伊德的学说中，人格被视为从内部控制行为的一种心理机制，这种内部心理机制决定着一个人在一切给定情境中的行为特征或行为模式。

（一）人格结构理论

弗洛伊德认为完整的人格结构由三大部分组成，即本我、自我和超我。

1. 本我

本我位于人格结构的最底层，是由先天的本能、欲望所组成的能量系统，包括各种生理需要。本我是无意识、非理性、非社会化和混乱无序的，简单来理解，就是只考虑自己的欲望是否得到满足，比如饿了就要吃，喜欢就要不顾一切得到。可以将它想象成我们心中的小恶魔——只考虑自身的需要，不考虑其他。所以，本我遵循快乐原则，怎样高兴就怎样做。

2. 自我

自我是从本我中逐渐分化出来的，位于人格结构的中间层。其作用主要是调节本我与超我之间的矛盾，主要是通过与外界环境不断地互动逐步形成。所以当本我与现实社会的一些准则产生冲突时，自我会站在现实的角度上，适度满足本我的一些需要，同时避免违背一些道德准则，所以自我遵循现实原则。比如上课期间肚子饿了，虽然很想吃东西，但课堂上规定不能饮食，否则会被批评，所以我们会选择暂时等待，课间再去吃东西。

3. 超我

超我是从自我分化出来、道德化了的自我，是人格中最具有道德含义的成分，是一种理想化的自我，处于人格的最高层。超我具有三个作用：一是抑制本我的冲动，二是对自我进行监控，三是追求完善的境界。超我主要是个体在成长的过程中不断习得并逐步内化的一些社会道德规范、普世的价值观念等，并要求个体按照相应的规范和观念做事，约束自己。比如在吃饭的时候会节约粮食，避免浪费，并且愿意把这些食物分享给一些流浪汉。我们可以将它想象成我们心中的小天使——根据社会道德进行思考，不考虑自身。所以，超我遵循道德原则（至善原则）。

（二）人格发展阶段理论

弗洛伊德的人格发展理论中总离不开性的观念，所以他的发展分期解释被称为性心理发展期。而这里的性，不是狭义上的性，而是一种称之为“力比多”（libido）的驱动力。

1. 口唇期（0~18个月）

此时力比多集中在口唇部，孩子总是以口唇的吸吮为快乐。诸如吮吸、触咬、吞咽等，是性欲满足的主要来源。弗洛伊德认为，母亲的乳房是性本能的第一个对象，以后儿童吸吮自己的指头或舌头等都是为了获得性的满足。在这个阶段不适宜的满足（太多或太少）都会致使以后可能会产生口部类型的人格，如形成吸烟、贪食等过分的口部习惯或神经性厌食等过少的口部习惯。

2. 肛门期（18个月~3岁）

此时力比多转移到肛门，孩子总是以排便为快乐。弗洛伊德认为，这个阶段和儿童大小便的训练期是一致的，儿童可能排泄或不排泄，因此不管是哪一种情况，都可能产生对父母的对抗。在这个时期里，强烈的冲突可能导致一个肛门排泄型的成人，这种人肮脏、浪费和放肆；或者导致一个肛门便秘型的成人，这种人过分干净、清洁和具有强迫性的特征。

3. 性器期/前生殖器期（3~6岁）

此时力比多集中在生殖器，这一阶段儿童通过抚摸或暴露生殖器来获得满足，在性质上已算是“手淫”的开始。弗洛伊德认为，这一阶段还会产生一些重要的“情绪”，幼儿在此时期已能辨识男女性别，孩子在这一时期开始展现对异性父母的性渴求，于是出现了男童以父亲为竞争对手而爱恋母亲的现象，这一现象称为恋母情结，也称为俄狄浦斯情结；女童以母亲为竞争对手而爱恋父亲的现象，则称为恋父情结，也称为厄勒克特拉情结。他还认为，儿童在这个时期发展起来的对异性的态度会保持下来，继续影响着他以后成年生活中与异性成员的关系。

4．性潜伏期（6～11岁）

弗洛伊德认为，在“性器期”与“生殖期”之间，存在一个过渡期，称之为性潜伏期。这一时期儿童的性冲突处于潜伏状态。性潜伏期是幼儿性心理向青年性心理的转变期，在这一时期内，有的孩子还会产生性厌恶的心理。儿童的性活动已不再成为这个时期发展的重点，性的驱力被压抑在无意识中。按照弗洛伊德的说法，这种压抑是生理上的自然发展，而不是文化性的外在压力所致。他们的兴趣转向外部世界，转向至诸如学习、体育、艺术、游戏等。比如团体活动时，男女界限划分得非常清楚；在游戏中以同性为伴；甚至男女同学间不相往来。随着儿童在学校学习中获得了更多解决问题的能力并内化了更多的社会价值观，他们的自我和超我继续发展。性潜伏期是一个相对平静的时期。所以，这个时期的男孩和女孩似乎对异性的兴趣很少，基本上处于风平浪静的静止状态。

5．生殖期（12～20岁）

男生约在13岁、女生约在12岁时，有了性交和生殖能力。儿童的人格发展若能顺利通过以上几个阶段的诸多“斗争”，当青年期——即青春期开始时，也就开始了生殖阶段或生殖器作用的阶段。在这个时期，异性恋的行为是明显的，并且通过各种活动，心智发展渐趋成熟，个性向着准备结婚和建立家庭的方向发展。生殖期的人格发展是将前面阶段的发展趋势加以扩展，而且在社会化的过程中，奠定了成人的行为模式。这个个体就是弗洛伊德所认定的成熟的个体，他具有最好的人格特质，没有丝毫的不良特征。

二、埃里克森的社会性发展阶段理论

埃里克森（Erikson）是德裔美籍发展心理学家、精神分析学家。他最初并不是一位心理学家，早年，他研究艺术并在欧洲各地游学。之后他追随弗洛伊德的女儿学习精神分析，并提出不同于弗洛伊德心理性欲发展阶段理论的心理社会发展理论。埃里克森认为，人要经历八个阶段的心理社会演变，这种演变称为心理社会发展。这些阶段包括四个童年阶段、一个青春期阶段和三个成年阶段，每一个阶段有这些阶段应完成的任务，并且每个阶段都建立在前一阶段之上，这八个阶段紧密相连。

（一）婴儿期（0～1.5岁）：基本信任和不信任的心理冲突

这一阶段，尤其是生命的前几个月，婴儿的目标是建立起对周围世界的基本信任感。此时不要认为婴儿是一个不懂事的小动物，只要吃饱不哭就行，如果这样认为就大错特错了。此时是基本信任和不信任的心理冲突期，因为这期间孩子开始认识人了。当孩子哭或饿时，父母是否出现则是建立信任感的重要因素。信任在人格中形成了“希望”这一品质，它是增强自我的力量。如果婴儿期得到较好的抚养并与母亲建立了良好的亲子关系，儿童将对周围世界产生信任感，具有信任感的儿童敢于希望，富有理想，具有强烈的未来定向；反之则将产生怀疑和不安，不敢希望，时时担忧自己的需要得不到满足。埃里克森把希望定义为：“对自己愿望的可实现性的持久信念，反抗黑暗势力，标志生命诞生的怒吼。”这一阶段婴儿体验着希望的实现。

（二）儿童期（1.5～3岁）：自主与害羞（或怀疑）的冲突

这一阶段的儿童开始表现出自我控制的需要与倾向，渴望自主并试图自己做一些事情。儿童掌握了大量的技能，如爬、走、说话等。更重要的是他们学会了怎样坚持或放弃，也就是说儿童开始“有意志”地决定做什么或不做什么。这时候父母与子女的冲突很激烈，也就是第一个反抗期出现。一方面父母必须承担起控制儿童行为使之符合社会规范的任务，即养成良好的习惯，如训练儿童大小便，使他们对随地大小便感到羞耻，训练他们按时吃饭，节约粮食等；另一方面儿童开始有了自主感，他们坚持自己的进食、排泄方式，所以训练良好的习惯不是一件容易的事。这时孩子会反复应用“我”“我们”“不”来反抗外界控制，而父母决不能听之任之、放任自流，这将不利于儿童的社会化。反之，若过分严厉，又会伤害儿童的自主感和自我控制能力。如果父母对儿童的保护或惩罚不当，儿童就会产生怀疑，并感到害羞。因此，父母要允许儿童自由地探索，给予适当的关怀和保护，如果父母对儿童一味地严厉要求和限制，会使得儿童对自己的能力产生怀疑。把握住“度”的问题，才有利于在儿童人格内部形成意志品质。埃里克森把意志定义为：“不顾不可避免的害羞和怀疑心理而坚定地自由选择或自我抑制的决心。”这一阶段儿童体验着意志的实现。

（三）学前期（3～6岁）：主动对内疚的冲突

本阶段的危机在于儿童既要保持对活动的热情，又要控制那些会造成危害或可能被禁止的活动。在这一时期成年人应该是监督而不是干涉儿童的主动性和创造性的活动，如果幼儿表现出的主动探究行为受到鼓励，幼儿就会形成主动性，这为他将来成为一个有责任感、有创造力的人奠定了基础。过多的干涉可能会造成儿童缺乏尝试和主动性的性格，如果成人讥笑幼儿的独创行为和想象力，那么幼儿就会逐渐失去自信心，这使他们更倾向于生活在别人为他们安排好的狭窄圈子里，缺乏自己开创幸福生活的主动性。当儿童的主动感超过内疚感时，他们就有了“目的”的品质。埃里克森把“目的”定义为：“一种正视和追求有价值目标的勇气，这种勇气不为幼儿想象的失利、内疚感和惩罚的恐惧所限制。”这一阶段儿童体验着目的的实现。

（四）学龄期（6～12岁）：勤奋对自卑的冲突

这一阶段的儿童应在学校接受教育。学校是训练儿童适应社会、掌握今后生活所必需的知识和技能的地方。如果他们能顺利地完成学习课程，成功经验会增强儿童的胜任感，有助于儿童在以后的社会生活中建立勤奋的特质，获得勤奋感，表现为乐于工作和有较好的适应性，会使他们在今后的独立生活和承担工作任务时充满信心。同时，这一阶段的困难和挫折则导致了自卑感，会使儿童产生自卑心理。成年人对于儿童在各种活动中表现出来的勤奋给予鼓励是必要的。但是，如果儿童养成了过分看重自己的任务的态度，而对其他方面漠然处之，他未来的生活可能是可悲的。埃里克森说：“如果一个人把工作当成自己唯一的任务，把做什么工作看成是唯一的价值标准，那他就可能成为自己工作技能和老板们最驯服和最无思想的奴隶。”当儿童的勤奋感大于自卑感时，他们就会获得有“能力”的品质。埃里克森说：“能力是不受儿童自卑感削弱的，完成任务所需要的是自由操作的熟练技能和智慧。”这一阶段儿童体验着能力的实现。

（五）青春期（12～18岁）：自我同一性和角色混乱的冲突

个体此时开始体会到自我概念问题的困扰，也即开始考虑“我是谁”这一问题，体验着角色统一与角色混乱的冲突。一方面青少年本能冲动的高涨会带来问题；另一方面，也是更重要的方面，青少年因面临新的社会要求和社会冲突而感到困扰和混乱。所以，青少年期的主要任务是建立一个新的同一感或自己在别人眼中的形象，以及他在社会集体中所占的情感位置。这里的角色同一性是有关自我形象的一种组织，包括有关自我的能力、信念、性格等一贯经验和概念。如果个体在这个时期把这些方面很好地整合起来，他所想的和所做的与他的角色概念相符合，个体便获得了较好的角色同一性。这一阶段的危机是角色混乱。

埃里克森把同一性危机理论用于解释青少年对社会不满和犯罪等社会问题上，他说：如果一个儿童感到他所处于的环境剥夺了他在未来发展中获得自我同一性的种种可能性，他就将以令人吃惊的力量抵抗社会环境。在人类社会的丛林中，没有同一性的感觉，就没有自身的存在，所以，他宁做一个坏人，或干脆行尸走肉般地活着，也不愿做不伦不类的人，他自由地选择这一切。

随着自我同一性的发展，个体形成了“忠诚”的品质。埃里克森把“忠诚”定义为：“不顾价值系统的必然矛盾，而坚持自己确认的同一性的能力。”这一阶段个体体验着忠诚的实现。

（六）成年早期（18～30岁）：亲密对孤独的冲突

这一时期相当于成年早期，此时个体如能在人际交往中建立正常的人与人之间的友好关系，可形成一种亲密感。这种意义上的亲密感，是指个体愿意与他人进行深层次的交往，并保持一种长期的友好关系，学会与他人分享而不计回报。如果害怕被他人占有和不愿与人分享便会陷入孤独中。只有具有牢固的自我同一性的青年人，才敢于冒与他人发生亲密关系的风险。因为与他人发生爱的关系，就是把自己的同一性与他人的同一性融合为一体。这里有自我牺牲或损失，只有这样才能在恋爱中建立真正亲密无间的关系，从而获得亲密感，否则将产生孤独感。埃里克森把“爱”定义为：“压制异性间遗传的对立性而永远相互奉献。”这一阶段个体体验着爱情的实现。

（七）成年中期（30～60岁）：生育对自我专注的冲突

这一时期相当于成年中期，这里指的是广义上的繁殖，不仅包括繁衍后代，而且包括人的生产能力和创造能力等基本能力和特征。当一个人顺利地度过了自我同一性阶段，则在以后的岁月中将过上幸福充实的生活，他将生儿育女，关心后代的繁殖和养育。埃里克森认为，生育感有生和育两层含义，一个人即使没生孩子，只要能关心孩子、教育指导孩子也可以具有生育感。发展顺利的个体表现为家庭美满，富有创造力；反之，没有生育感的人，其人格贫乏和停滞，是一个自我关注的人，他们只考虑自己的需要和利益，不关心他人（包括儿童）的需要和利益，陷入自我专注则只关心自己的需要与舒适，对他人及后代感情冷漠以至于颓废消极。在这一时期，人们不仅要生育孩子，同时要承担社会工作，这是一个人对下一代的关心和创造力最旺盛的时期，人们将获得关心和创造力的品质。这一阶段个体体验着关怀的实现。

（八）成年晚期（60岁以上）：自我调整与绝望期的冲突

本阶段相当于成年晚期，这一阶段个体的发展受前几阶段发展的影响极大。当老年人回顾过去时，可能怀着充实的感情与世告别，也可能怀着绝望走向死亡。自我调整是一种接受自我、承认现实的感受，是一种超脱的智慧之感。如果个体在前几个阶段发展顺利，则在这一时期巩固自己的自我感觉并完全接受自我，接受自己不可替代的角色，个体获得了自我完满感；相反，没有获得完满感的个体将陷入绝望，并因而害怕死亡。如果一个人的自我调整大于绝望，他将获得智慧的品质。埃里克森把“智慧”定义为：“以超然的态度对待生活和死亡。”这一阶段个体体验着智慧的实现。

人格发展的上述各个阶段是互相依存的，后一阶段发展任务的完成依赖于早期冲突的解决程度，而后期阶段仍有可能产生先前已解决的冲突。个体解决每一阶段危机的方式对个体的自我概念和社会观有着深远的影响。早期阶段中问题的不当解决所造成的损失，可能会在后期的阶段中得到修正，但却往往会对个体一生的发展造成间接而深远的影响。由于衰老过程中人的体力、心力和健康每况愈下，对此他们必须做出相应的调整和适应，所以这一过程被称为自我调整对绝望感的心理冲突。

老年人对死亡的态度直接影响下一代儿童期时信任感的形成。因此，第八阶段和第一阶段首尾相连，构成一个循环或生命的周期。

拓展阅读

埃里克森与弗洛伊德的比较

埃里克森同意弗洛伊德的许多观点，但二人之间有两点最大的不同。

第一，埃里克森强调，儿童是主动的、好奇的探索者，他们努力适应周围的环境，而不是生物欲望的奴隶，被他们的父母塑造。埃里克森被人们说成是一位“自我”心理学家，因为他相信，人在其生活的每一阶段都必须（通过自我的机能）应对生活现实，以顺利地适应现实，从而表现出正常的发展方式。所以在埃里克森的理论中，自我远不止是本我和超我需求的仲裁人。

埃里克森与弗洛伊德的第二点根本不同是，埃里克森很少提到性的本能欲望，但比弗洛伊德更多地强调文化的影响力。显然，埃里克森的思想受他自己曲折人生的影响。他祖籍丹麦，在德国长大，青少年时期有很长时间在欧洲游荡。在接受了职业训练之后，埃里克森来到美国，他曾经研究了大学生、作战的士兵、南方的公民权利工作者和美国印第安人。埃里克森在形形色色的社会群体中发现了发展的相似性和差异，因此，他强调社会文化对发展的影响，并提出自己的心理社会理论就毫不为奇了。

（资料来源：Shaffer. 发展心理学：儿童与青少年［M］. 邹泓，等，译. 北京：中国轻工业出版社，2016.）

三、人格发展与学生学习的关系

弗洛伊德的人格发展理论和埃里克森的社会性发展阶段理论都强调了早期教育的重要性，强调了发展健康的人格的重要性，这对学生学习有着积极的参考价值。

（一）人格发展要求把握好不同时期的学习

弗洛伊德和埃里克森都认为每个发展阶段都有其发展任务，只有完成该阶段的任务才能顺利进入下一个发展阶段。人格发展理论认为，在口唇期，婴儿发展的主要任务是建立信任感，避免怀疑感和不信任感。在肛门期，儿童的主要任务是建立自主感，避免羞耻和怀疑感，学会表达诸如生气、敌意等消极情绪。在性器期，儿童发展的主要任务有两个方面：一是获得性别角色的认同和发展超我（即良心道德）；二是发展主动感，避免内疚感。在性潜伏期，儿童的主要任务是发展勤奋感，避免自卑感。生殖期的发展任务是建立亲密感，避免孤独感，建立自我同一感，实现忠诚的品质。儿童的训练和学习应根据各阶段的发展任务而选择合适的时间，过早、过晚都不利于儿童的发展。过早训练或学习容易让孩子产生受挫的心理。再者，若父母若对孩子进行处罚，孩子还会在内心产生对父母的憎恨和恐惧。过晚训练或学习则会错过教育的最佳时机，使孩子停留在原来的发展阶段，严重的会发生固着或者倒退危机。

1. 学前教育阶段

结合弗洛伊德的人格发展理论和埃里克森的人格发展理论，对于学前期的儿童，家庭教育占主导作用。首先，作为父母，尤其是母亲对于儿童的影响是巨大的。根据埃里克森的观点，要求母亲与儿童建立和谐的亲子关系，满足儿童的需要，满足婴儿期儿童的饥饿感，让其感到安全，对世界充满信心。其次，帮助儿童树立自信心。父母要尊重孩子的自主意识，要在安全范围内提供其独立做事的机会，例如自己穿衣服、自己吃饭等。再次，父母要鼓励孩子与人交往，和同龄小伙伴玩耍，培养其积极的社会交往能力。最后，父母要培养孩子的创造力。学前期的儿童喜欢游戏，父母应从游戏入手，提供益智游戏，如魔方、积木等，对于进入幼儿园的儿童，父母应该积极和园方交流沟通，及时了解儿童的情况，帮助儿童形成积极品质。

2. 小学教育阶段

小学教育中，社会教育、学校教育、家庭教育三者交互作用。首先，我们要帮助小学生培养努力导向的价值观，让其正确看待学习过程中的得失，不把成绩作为优秀与否的唯一标准，帮助他们勤奋学习、掌握知识。其次，父母要帮助儿童尽快适应学校生活，特别在心理上给予帮助；教师要帮助这一阶段的儿童尽快融入集体，培养其交际能力，形成责任意识。再次，这一阶段应激发孩子的学习动机，帮助其在学习中找到兴趣。

3. 中学教育阶段

中学教育中，学校教育占据主要部分，其中教师发挥着主导作用。首先，教师要为学生树立积极的榜样，明确“自己要成为什么样的人”，言传身教，影响学生形成积极的、悦纳自己的人生观、价值观。其次，教师要引导那些暂时还没有形成自我同一性即仍处于心理延缓偿付期的青少年，帮助他们认识自己，找到自己的角色定位。

（二）教育与学习是儿童健康人格培养的保证

人格发展理论呈现给我们的是人格发展的阶段性和重要性，但是健全人格的培养离不开教育。

1. 营造和谐的学习氛围

学校和家庭氛围对孩子的成长起着潜移默化的影响。首先，爱是教育中不可缺少的元素，父母和老师应用心去爱学生，用心照顾，给儿童一个充满爱的世界。其次，相互尊重，遇事多沟通。人人都需要尊重，孩子也不例外。亲子之间和师生之间的相互尊重是关系和谐的基础。沟通是营造和谐、融洽关系的方法之一。最后，民主型的教养方式更利于儿童人格的培养。教育者应努力放下架子，把孩子看成朋友平等对待，经常与他们交谈沟通，认真倾听他们的意见，给予孩子积极正确的指导，尊重孩子处理自身事物的方式和结果，满足他们的合理需求，使孩子感到父母和老师的可敬、可信、可亲和可爱。

2. 抓住人格养成的关键时期

根据弗洛伊德的人格发展理论，我们可以发现，有意识地在日常生活中发现、捕捉、选择、利用好教育时机对孩子实施教育，能最大限度地取得事半功倍的效果。因此，应在各个发展阶段对儿童进行相应的学习和训练，把握好机会。如在1～3岁时注重培养儿童的独立能力，让他学会表达消极情绪，如生气、敌意。

3. 注重显性教育与隐性教育相结合

教育者不仅要通过有意识、直接的、外显的教育活动教育儿童，还要把教育内容融入儿童的环境、文化、娱乐、管理等日常生活中，引导他们去感受和领会，通过营造良好的教育环境，感染儿童，引导儿童。特别注意隐性教育在儿童人格成长中的重要作用，如把人格教育的内容融入游戏中，让儿童在玩乐中体会。

第三节　道德发展理论

一、品德与道德

品德，即一个人的思想道德品质，它是作为活动主体的人在依据一定的社会规范（道德行为规则）做出某种社会行为时所表现出来的相对稳定的心理特征和倾向，是社会道德在个体身上的反映。

品德与道德紧密相连，但它们又不是一回事。两者区别如下：①从性质上而言，道德是在集体生活中，人们为了集体的利益、协调彼此的关系而产生的调节社会行为的各种规范，是由舆论力量与人们的良心所支持的行为规范的总和，是一种社会现象。不同的社会、不同的时代会有不同的道德；品德是社会道德在具体的人身上的体现，是个体对社会道德内化的结果，是一种个体心理现象。②从形成和发展的条件上来看，道德的形成和发展受社会发展规律的制约，具有社会历史性和阶级性；品德的形成不仅受到社会发展规律的制约，还受到个体生理、心理活动规律的制约。③就研究范畴而言，道德主要是伦理学和社会学研究的对象，而品德主要是教育学和心理学研究的对象。品德与道德紧密联系，主要表现在两方面：①品德离不开道德，个体的品德是社会道德的具体表现，道德对品德有制约作用。②品德是道德的组成部分，许多人的品德综合起来就构成或影响着整个社会道德的面貌和风气。

二、品德的结构

品德包含道德认识、道德情感、道德意志和道德行为四种心理成分。

道德认识是指个体对道德规范及其执行意义的认识，通常表现为人对道德现象或道德行为的是非、善恶及其意义的认识。它包括对一定道德知识（如道德概念和道德行为准则等）的掌握，也包括以这些知识作为自己的行动指南，变为信念，并且以此来评价自己和他人的道德行为。因此，道德认知是个体品德的核心，是品德形成的基础。道德观念、道德信念的形成有赖丁道德认识。

道德情感是在道德认知的基础上，对现实生活中的举止、行为、思想、意图（包括他人和自己）是否符合道德标准和道德需要而产生的内心体验。通常情况下，现实生活中的多种事件或是自己和他人的思想言行，凡是符合自己的道德认知或能满足自己的道德需要的，都会产生积极的、肯定的情感体验，否则就会产生消极的、否定的情感体验。就形式而言，道德情感大致有三种类型。

（1）直觉的道德感

直觉的道德感是由对某种具体情境的感知而引起的。因为是直觉，所以一旦感知到某种情境就会迅速产生一种积极的或消极的情绪体验，并对道德行为进行迅速的定向。例如，学生由于突如其来的荣辱感迅速制止了自己某种不当的需要与行为或做出大胆而果断的举动。

（2）形象的道德感

形象的道德感是通过想象和联想某些道德形象而产生的情感体验。通过主体的联想和想象，引起情感共鸣，并领会其中的深刻含义。例如，想起英雄人物的崇高形象，就会受到强烈感染，引起情感上的共鸣，对英雄人物产生敬仰之情。

（3）伦理的道德感

伦理的道德感是一种以道德的理性认识为基础，清晰地意识到道德伦理的情感；它具有很大的自觉性、概括性与深刻性，是道德情感的最高形式，例如爱国主义情感、责任感等。道德情感与道德信念紧密联系着，而且道德情感与道德认知往往结合在一起，构成了人的道德动机的基础，也可以说是道德行为产生的内部动力。

道德意志是指在一定道德观的指导下，个体自觉地克服困难去完成预定的道德目标，以实现一定道德动机的过程，道德意志也要受到道德认知的支配，是人们利用自己意识的控制和理智的权衡作用来解决社会生活中内心矛盾的过程。可见，道德意志是道德观念的能动作用。在个体为实现道德目标所进行的行动中，这种能动作用常常表现为积极进取或坚韧自制这两种行为方式。

道德行为是人的道德认知、道德情感、道德意志的具体表现和外部标志，是人在一定的道德意识支配下所进行的各种具体行动，是实现道德需要、道德动机的手段。它是衡量个体是否具有良好道德素质的重要标志。

道德行为有两种表现形式：一种道德行为是不稳定的、有条件的，这种行为尚未成为个人道德品质的一部分；另一种道德行为是稳定的、无条件的，这就是一种道德习惯。道德习惯是一种协调一致的、近乎自动化的行为方式，一定的道德情境往往会引起连锁的道德行为反应。因此，形成良好的道德习惯是培养道德行为的关键。

这四种心理成分紧密联系在一起，它们共同构成个体的品德。这四种成分中，道德认识是道德情感产生的基础，而道德情感又影响着道德认识的形成。它们两者共同诱发道德动机，并引发一定的道德行为。道德意志则调节和控制一个人的道德行为，使之贯彻始终，最后成为道德习惯；持久的道德行为反过来也会磨炼个体的道德意志。所以，道德认知与道德行为并不总是一致的。

道德行为和道德认识相互作用，相互影响。儿童的道德认识是道德行为的先导，道德认识的发展往往先于道德行为的发展。没有正确的认识，就不可能有正确的行为，有了正确的认识，不一定就有正确的行为，因为它与道德主体对认识的内化程度有关。道德信念、道德情感、道德意志也对道德行为的形成有重大的影响，要使道德认识最终形成道德行为、养成道德行为习惯，除了道德认识外，还必须有道德情感、道德意志及道德信念的参与。

三、道德发展理论

心理学家和教育工作者对品德发展都有大量的研究，形成了丰富的理论，这方面最具代表性的理论是来自瑞士儿童心理学家皮亚杰和美国心理学家科尔伯格的理论。

（一）皮亚杰的道德认知发展理论

一般认为皮亚杰是第一个系统研究儿童道德认知的心理学家，他用认知发展的观点来解释道德发展。他的道德发展研究建立在思维发展的基础上。他认为儿童的道德发展是认知发展的一部分，儿童的道德判断能力受到儿童逻辑思维能力的制约，因此，儿童的道德判断发展与儿童认知发展的阶段相平行。

皮亚杰认为，道德认知是个体对现实道德关系和道德规范的认识，他采用“对偶故事法”进行了大量研究，概括出一条儿童道德认知发展的规律：儿童的道德发展经历了从他律道德阶段到自律道德阶段的转化。

所谓他律，是指早期儿童的道德判断只注意行为的客观效果，不关心主观动机，是受自身以外的价值标准所支配的道德判断，具有客观性。所谓自律，则是指由儿童自己的主观价值标准所支配的道德判断，具有主观性。他律水平与自律水平是儿童道德判断的两级水平。儿童的道德判断从他律到自律的发展贯穿在皮亚杰关于儿童道德发展理论中的一条思想主线上。皮亚杰在此基础上进一步提出儿童道德发展的年龄阶段理论，将儿童道德发展的过程分为四个阶段。

1. 自我中心阶段（前道德阶段，2～5岁）

大约从2岁起，儿童开始模仿别人接受规则，但由于跟成人或同伴之间还没有相互合作关系，儿童总是按照自己的想象去接受规则，以自我为中心，不会主动遵守规则。在他们的头脑中还不存在道德的意识，他们的行为也没有道德方面的意义。儿童处于感觉运动时期，行为多与生理本能的满足有关，无任何规则意识，因而谈不上任何道德观念发展。

2. 权威阶段（他律道德阶段，6～8岁）

这一阶段的儿童认为规则是不可变的、是必须遵守的。他们不理解规则是由人制定的，是可以变化的。他们强调的是只要存在规则，就应该绝对按规则办事，而不顾个体的意愿，对行为的评价只看行为的结果，不管动机。处于该阶段的儿童会认为打碎一盘玻璃杯的孩子比打碎一只玻璃杯的孩子更坏，因为前者打碎了更多的玻璃杯。

3. 可逆阶段（自律道德阶段，9～10岁）

儿童开始认识到道德规范的相对性，即规则是经过人们之间的协商形成的，只要大家都同意，规则是可以改变的，它只是用来协调相互之间的行动。儿童已经意识到一种同伴间的社会关系，即同伴间应当相互尊重。准则对他们来说，已具有一种保证他们相互行动、彼此互惠的可逆特征，同伴间的可逆关系的出现，标志着品德由他律开始进入自律阶段。当然这个时期的道德判断还不成熟，要到十一二岁后才能进行独立判断。

4. 公正阶段（公正道德阶段，11～12岁）

在这个阶段，儿童具有了公正观念，该观念是从可逆的道德认识发展而来的。公正观念不是一种判断是或非的单纯的规则关系，而是一种出于关心与同情人的真正的道德关系。儿童不再刻板地按固定的规则去判断，而是按是否公正来作出判断，公正的就是好的，不公正的就是坏的。他自己认识到在依据规则判断时，应考虑到同伴的一些具体情况，从关心和同情出发去判断。

皮亚杰认为，品德发展的阶段不是绝对孤立的，而是连续发展的。儿童品德的发展是一个连续的统一体，应用时加以解说只是为了研究的方便，并不表明发展的连续统一体的中断。

拓展阅读

对偶故事

情境一：一个叫约翰的小男孩，听到有人叫他吃饭，就去开餐厅的门。他不知道门外有一张椅子，椅子上放着一只盘子，盘内有15只茶杯，结果撞倒了盘子，打碎了15只杯子。

情境二：有个男孩名叫亨利，一天，他妈妈外出，他想拿碗橱里的果酱吃，在拿果酱时碰倒了一只杯子，杯子掉在地上碎了。

一段谈话过程：

"这个故事你懂吗？"

"懂。"

"第一个孩子干了什么'坏事'？"

"他敲碎了15只杯子。"

"第二个孩子呢？"

"他敲碎了一只杯子。"

"第二个孩子怎么会打碎杯子的呢？"

"因为他笨手笨脚，拿果酱的时候杯子倒了下来。"

"这两个孩子哪个更调皮？"

"第一个，因为他敲碎了15只杯子。"

"如果你是父亲，你对哪个惩罚得更厉害些？"

"打碎15只杯子的那个。"

"为什么他会打碎15只杯子呢？"

"门关得太紧，被撞倒的。他不是有意打碎的。"

"那么第二个男孩呢？"

"他想拿果酱，手伸得太远，杯子敲坏了。"

"他为什么要拿果酱呢？"

"因为他只有一个人，他妈妈不在那儿。"

（皮亚杰，1932）

（二）科尔伯格的道德发展阶段理论

科尔伯格（L. Kohlberg，1927—1987）是美国儿童发展心理学家，出生于美国纽约州的一个富商家庭，他高中毕业后不顾家庭反对加入国家商船队，从事协助第二次世界大战后欧洲犹太难民通过英国海防偷渡到以色列的工作。这次经历让科尔伯格对一个问题产生了终生的兴趣，即：在什么时候，一个人虽不服从法律和法定权威但从道德上是有道理的，这为他日后研究道德发展奠定了基础。

返回美国后，科尔伯格进入芝加哥大学深造，他看到行为主义和精神分析分别主宰了实验和临床两大领域，成为美国的主流心理学，而对认知、社会性和人格的研究包括皮亚杰的“儿童的道德判断”却不被重视。科尔伯格敏锐地意识到同时代学者忽略了西方科学理智传统中的一个最根本的问题，即了解儿童（幼稚人）或野蛮人是怎样变为有道德的人的。这恰恰就是科尔伯格意欲研究的个体道德的发展和形成的问题。

科尔伯格是皮亚杰道德认知发展理论的追随者，并在这一基础上做了进一步发展。科尔伯格1958年的博士论文《10～16岁时期思维与选择方式的发展》建构了他的道德认知发展理论的雏形。在研究方法上，科尔伯格不赞同用编成对偶的故事与儿童谈话来研究儿童道德认识的发展，他认为对偶故事法不能很好地揭示儿童道德推理过程，于是采用了另一种方法——道德两难故事法。下面是科尔伯格所用的一个两难故事。

欧洲有个妇女患了癌症，生命垂危。医生认为只有本城一位药剂师新研制的药能治好她。配制这种药的成本为200元，但销售价却要2000元。病妇的丈夫海因茨到处借钱，可最终只凑得了1000元。海因茨恳求药剂师，他的妻子快要死了，能否将药便宜点卖给他，或者允许他分期付款。药剂师不仅没答应，还说：“我研制这种药，就是为了赚钱。”

海因茨别无他法，只好在晚上撬开药剂师的仓库门，把药偷走了。

这是一个虚构的故事，当这样一个道德两难故事呈现给孩子们后，科尔伯格围绕这个故事提出了一系列问题让儿童讨论，这些问题没有标准答案，要考察的是儿童陈述的理由中所包含的道德思维，即他们是如何进行道德推理和道德判断的，从而来研究儿童道德判断的依据及其道德发展水平。

海因茨应该偷药吗？为什么？

他偷药是对的还是错的？为什么？

海因茨有责任或义务去偷药吗？为什么？

人们竭尽所能去挽救另一个人的生命是不是很重要？为什么？

海因茨偷药是违法的。他偷药在道义上是否错误？为什么？

仔细回想故事中的困境，你认为海因茨最负责任的行为应该是做什么？为什么？

在对不同年龄阶段的儿童进行大量研究后，科尔伯格提出了三水平六阶段的道德发展阶段论。

1．前习俗水平（9岁以前）

这一道德水平的儿童主要关心个体行为的结果和自身的利害关系。它包括两个阶段：

第一阶段：惩罚与服从取向阶段。

这一阶段的儿童道德判断的根据是是否受到惩罚，认为凡是免受惩罚的行为都是好的，遭到批评、指责的行为都是坏的，他们对成人或规则的服从主要是为了避免惩罚，缺乏是非善恶的观念。

第二阶段：相对功利取向阶段。

这一阶段的儿童对行为好坏的评价首先是看能否满足自己的需要，只要个体能从其行动中获得需要的满足，这样的行动就是对的，认为有利益的就是好的。他们不再认为规则是绝对、固定不变的，而是相对的。

2．习俗水平（9～16岁）

这一道德水平的儿童，社会规则已被其内化，能了解、认识社会行为规范，意识到人的行为要符合社会舆论的希望和规范的要求，并遵守、执行这些规范。它包括以下两个阶段：

第三阶段：寻求认可取向阶段（“好孩子”取向阶段）。

这一阶段的儿童以人际关系的和谐为导向，对道德行为的评价标准是看是否被人喜欢、是否对别人有帮助、是否会受到赞扬。为了赢得别人的赞同、当个好孩子，就应当遵守规则。

第四阶段：遵守法规取向阶段。

这一阶段的儿童以服从权威为导向，认为每个人应当承担社会的义务和职责，服从社会规范，遵守公共秩序，尊重法律的权威，以法制观念判断是非，知法守法。判断某一行为的好坏，要看他是否符合维护社会秩序的准则。

3．后习俗水平（16岁以后）

这一水平的儿童道德判断超出世俗的法律与权威的标准，而以普遍的道德原则和良心为行为的基本依据。包括以下两个阶段：

第五阶段：社会契约取向阶段。

这一阶段的儿童认识到法律、社会道德准则仅仅是一种社会契约，是大家商定的，如果法律、规则不合理，也可以修改。他们一般不违反法律和道德准则，但不用单一的规则去评价人的行为，表现出一定的灵活性。

第六阶段：普遍的道德原则或良心取向阶段。

这一阶段个体判断是非不受外在的法律和规则的限制，而是以不成文的、带有普遍意义的道德原则，如正义、公正、平等、个人的尊严、良知、良心、生命的价值、自由等为依据。例如，认为为了救人于危难而甘愿蒙受屈辱和惩罚的行为是高尚的。

科尔伯格认为只有少数人在20岁后能达到这一水平。在他眼里，道德发展的顺序是固定的，可是并不是所有的人都在同样的年龄达到同样的发展水平，事实上有许多人永远无法达到道德判断的最高水平。

对于怎样才能促进儿童道德水平发展，科尔伯格从其“道德两难故事”的研究中获得启发，认为“认知冲突法”对促进儿童道德发展有积极的作用。这种方法的操作程序主要分两步：第一步是选择讨论主题——道德两难问题，它的目的是为了引起儿童道德认知上的冲突；第二步是让两个道德发展水平相邻阶段的儿童就道德两难问题开展讨论。通过讨论中必然出现的矛盾，激起儿童找到解决矛盾的办法，促使儿童道德水平向更高的阶段发展。

四、道德发展与学生学习的关系

“国无德不兴，人无德不立”，一个功能良好的社会需要将其道德标准传递给儿童，因此，立德树人是教育事业的根本宗旨。如果说知识和能力的学习是学会“做事”，那么品德学习则是学会“做人”，因此懂得在学校教育中如何提升学生品德是一名合格教师必备的职业能力。儿童的品德不是先天生成的，而是靠后天的教育来养成的。在儿童品德的培养中，我们应做到“晓之以理、动之以情、导之以行、持之以恒”，坚持多管齐下，综合利用各种有利的条件来促进儿童品德的形成。

1. 应帮助儿童掌握正确的道德规则

儿童在实际的生活中出现“有错不知错”的现象，究其原因，主要是他们没能掌握正确的道德规则。对于年龄较小的儿童，我们应该先给他们提供行动的正确规则，告诉他们行动的要求，并督促其践行。然后逐步利用各种机会通过摆事实、讲道理、讲故事等方式向他们说明遵守这些规则的重要性、必要性，以提高儿童的道德认知能力。

2．给儿童提供正面的榜样

俗话说“身教重于言教”，榜样的力量是无穷的。心理学的实验研究发现，儿童在观察到帮助别人的行为后，其自身也会有更多的助人行为。尤其是在儿童身边的父母、老师的言行，会给他们留下更深刻的印象，直接引导其行为。在提供正面榜样时，应考虑到榜样的年龄、性别、兴趣爱好、社会背景等特点，应尽量与学生相似，这样可以使学生产生可接近感。另外，给学生呈现受人尊敬、地位较高、能力较强且具有吸引力的榜样，这样的榜样具有感染力和可信性，使学生产生情感共鸣，榜样本身也容易成为学生向往和追随的对象，激发学生产生“见贤思齐”的上进心。学生希望通过学习这样的榜样来发展自我、完善自我。

由于观察学习受到多种因素的影响，因此即使呈现最引人注目的榜样，也不一定能使观察者产生相同的行为。为了使学生能够最大限度地做出与榜样的示范行为相匹配的反应，教师需要反复示范榜样行为，并给予指导。当学生表现出符合要求的行为时，应给予及时的鼓励。

3．恰当地使用奖励和惩罚

儿童的道德认知能力比较低，有时候父母、老师讲的道理他并不能完全领会，这会导致在指导儿童执行道德行为时，讲道理的作用下降，甚至无效。因此结合儿童道德心理发展的特点，对其道德的行为及时给予表扬、不道德的行为给予批评是必要的，这一方面会提高儿童对规则的认识，另一方面会增强儿童的正确的道德体验。

奖励有物质的（如奖品），也有精神的（如言语鼓励）；有内部的（如自豪、满足感），也有外部的。给予奖励时，首先，要选择确定可以得到奖励的道德行为。一般来讲，应奖励诸如爱护公物、拾金不昧、尊老爱幼等一些具体的道德行为，而不是奖励一些概括性的行为。其次，应选择给予恰当的奖励物。同一种奖励物，其效用可能因人而异，应考虑个体的实际情况，选用最有效的奖励物。再次，应强调内部奖励。外部的物质奖励只是权宜之计，不可过多使用，应引导学生进行自我强化，让学生亲身体验做出道德行为后的愉快感、自豪感，以此转化为产生道德行为的持久的内部动力。

在对不道德行为进行批评或惩罚时应严格避免体罚或变相体罚，否则将损害学生的自尊，或导致更严重的不良行为。惩罚不是最终目的，给予惩罚时，教师应让学生认识到惩罚与错误行为的关系，使学生从心理上能接受，口服心服，同时还要给学生指明改正的方向或提供正确的、可替代的行为。

4．积极引导儿童开展道德实践

当前，德育工作的实效性相对较差，有时候一些儿童讲起道德规范来头头是道，一旦遇到别人需要帮助、需要其挺身而出时，他却退缩了。这与我们在实施品德教育时重道德认知的发展、轻道德行为习惯的养成有关。我们应该在儿童的学习、生活当中，严格按照社会的道德要求规范儿童的行为，要求他们从一点一滴做起，持之以恒，以形成良好的道德习惯。

课后练习题

一、单项选择题

1. 皮亚杰认为知识来源于（　　）。

A. 成熟　　B. 教育　　C. 动作　　D. 平衡

2. 上学路上，徐燕看到一个同学正艰难地推着一位坐轮椅的老人上斜坡，她非常感动。这种道德情感属于（　　）。

A. 动作性道德情感体验　　B. 形象性道德情感体验

C. 想象性道德情感体验　　D. 伦理性道德情感体验

3. “我走月亮走，我停月亮停”，这种儿童在特定阶段所表现出的思维特点是（　　）。

A. 永久客体性　　B. 不恒常性　　C. 自我中心　　D. 不可逆性

4. 弗洛伊德人格理论中超我所奉行的是（　　）。

A. 快乐原则　　B. 现实原则　　C. 至善原则　　D. 利己原则

5. 恋母情结出现在哪个阶段？（　　）

A. 肛门期　　B. 性器期　　C. 青春期　　D. 性潜伏期

6. 根据埃里克森的心理学理论，小学一年级的学生处于个人发展的（　　）阶段。

A. 获得基本信任感和克服基本不信任感

B. 获得自主感而避免怀疑感与羞耻感

C. 获得主动感而克服内疚感

D. 获得勤奋感而避免自卑感

7. 埃里克森认为青少年时期（12～18岁）的主要发展任务是（　　）。

A. 获得自主感，克服羞耻感　　B. 获得亲密感，避免孤独感

C. 获得勤奋感，避免自卑感　　D. 形成角色同一性，防止角色混乱

8．中学生常常开始思考自己的人生角色定位，此时教育者需要做的是（　　）。

A．放手锻炼其独立生活的能力

B．把其当作成人来对待并且帮助其完成角色认同

C．既要对其活动提出要求又要注意不能打压其积极性

D．以上说法都不对

9．维果斯基的工具说中，精神生产工具指的是（　　）。

A．心理语言　　B．语言符号系统　　C．物质工具　　D．教育

10．高级心理机能是根据（　　）形成的。

A．动物进化　　B．文化历史发展　　C．教育　　D．劳动

11．根据科尔伯格的道德发展阶段论，小学中低年级的学生处于前习俗水平。下列不属于这一阶段儿童的特点的是（　　）。

A．缺乏是非善恶的观念

B．认为符合自己需要的行为就是正确的

C．进行道德评价时，总是考虑到社会对“好孩子”的期望和要求

D．道德价值来自对外力的屈从，或对惩罚的逃避

12．方雨认为社会法制应符合社会大众权益，当它不符合时就应该修改。根据科尔伯格理论，他处于道德发展的哪个阶段？（　　）

A．服从与惩罚　　B．社会契约　　C．维护或秩序　　D．普遍伦理

13．小星判断道德问题时，不仅能依据规则，而且能出于同情和关心做出判断，根据皮亚杰道德认知发展理论，小星的道德认知发展处于（　　）。

A．自我中心阶段　B．权威阶段　　C．可逆阶段　　D．公正阶段

14．衡量学生思想水平高低的根本标准是（　　）。

A．道德认识　　B．道德意志　　C．道德情感　　D．道德行为

15．王军写了保证书，决心遵守《中学生守则》，上课不再迟到。但是，冬天时王军迟迟不肯钻出被窝，以至于再次迟到。对王军进行思想品德教育的重点在于提高其（　　）。

A．道德认识水平　B．道德情感水平　　C．道德意志水平　D．道德行为水平

16．在小组讨论中，关于什么是道德行为培养的关键，下列四种不同的看法中正确的是（　　）。

A．形成良好的道德意志　　B．形成良好的道德环境

C．形成良好的道德情感　　D．形成良好的道德习惯

17．小华认为法律或道德是一种社会契约。根据科尔伯格的道德发展理论，其道德判断属于（　　）。

A．前习俗水平　B．习俗水平　C．后习俗水平　D．超习俗水平

18．中学生小辉因害怕被教师批评而遵守上课纪律。根据科尔伯格的道德认知发展阶段理论，小辉的道德发展处于哪个阶段？（　　）

A．相对功利取向阶段　　B．避罚服从取向阶段

C．寻求认可取向阶段　　D．遵守法规取向阶段

19．小菁常在课堂上玩手机，小娜提醒小菁学校规定课堂上不能玩手机，可小菁不听，因此小娜认为小菁不是好学生。根据科尔伯格道德发展理论，小娜的道德发展属于（　　）阶段。

A．惩罚和服从　B．相对功利　C．遵守法规　D．道德伦理

二、辨析题

1．根据科尔伯格的观点，道德发展的阶段性是固定的，相同年龄段的人都能达到同样的发展水平。

2．儿童已经具有明显的符号性和逻辑性，能进行简单的逻辑推理，克服了思维的自我中心性，这在皮亚杰儿童智力发展阶段中属于前运算阶段。

3．维果斯基的最近发展区是指儿童可能达到的水平。

4．根据皮亚杰的理论，在良好的外界环境作用下，学生的认知发展从前运算阶段直接跨越至形式运算阶段。

5．有什么样的道德认识，就一定有什么样的道德行为。

三、简答题

1．简述维果斯基的心理发展理论。

2．简述弗洛伊德的人格发展阶段理论。

3．皮亚杰把儿童的品德发展划分为哪几个阶段？

4．简述皮亚杰的认知发展阶段理论。

5．简述品德的心理结构。

四、材料分析题

最近一段时间，初三年级某班班主任孙老师愁坏了，她发现学习成绩一直不错的梁

丽同学整天愁眉不展，临近中考了，上课时她注意力不集中，成绩也有些下降，几次模拟考试也没有发挥出应有的水平。孙老师与她谈心时，梁丽说她最近无心学习，不知道该学什么，也不知道为谁而学，觉得自己没有能力和信心考上重点高中，对接下来的学习和生活很迷茫。

另外，孙老师还发现“插班生”王磊同学行为孤僻，和同学很少有交流，无法融入新的学习生活环境，其认为同伴们不跟他玩耍是因为看不起他，因为他是从别的学校转学来的。他觉得大家对他充满了敌意。

问题：

（1）根据埃里克森的人格发展理论，这一时期的学生具有什么特点？有哪些表现？

（2）如果你是孙老师，对案例中这些情况应采取何种应对措施？

第三章

学习理论及其在教育教学中的应用

学习目标

1．理解行为主义、认知主义、建构主义和人本主义的学习理论，能够通过理论对学生的学习行为进行解释。

2．掌握行为主义中的经典条件作用、操作性条件作用和观察学习理论，综合运用强化和惩罚的方法，增加学生的良好行为、减少学生的不良行为。

3．掌握认知学派中认知结构理论、认知同化理论和信息加工理论，综合运用认知学习理论，提出有利于学生记忆、知识建构和问题解决的教学方法。

4．掌握知识的分类和获得的过程，能综合运用各种学习策略。

5．理解建构主义教学的知识观、学习观和教学观，能够利用建构主义的教学方法进行教学设计。

6．理解人本主义学习理论的基本观点，能综合运用人本主义学习理论分析教学实践中遇到的现实问题。

案例引入

假如你是一名刚教初二数学的老师，第一次月考后，你发现学生的知识基础差别很大。一部分学生能够很好地理解和掌握相关的概念和计算方法，这一部分同学平时学习很积极，经常找你讨论问题，考完试还觉得考试题目太简单了。而另一部分学生虽然上课也很认真，好像也能掌握相关的概念，但是做题时却不能举一反三，以致考试题目一变化就不知道怎么做了。还有一小部分学生，对学习没有兴趣，上课不认真听讲，经常做小动作，不按时完成作业，导致考试成绩很不理想。

思考：

1．为什么学生会出现不同的学习表现？

2．作为老师，你有什么好的方法来帮助学习成绩不理想的同学提高学习能力？

3．对于基础特别好的学生，你觉得还可以采用什么教学方法满足他们更高的学习需求？

第一节　学习概述

一、学习的含义

一说到“学习”，相信大家都不会陌生，当你打开本书进行阅读时，就已经开始了学习。然而，你也可能会对学习产生一些误解，把学习限定在学校学习范围内。一般来说，学习具有广义和狭义之分。学校学习属于狭义的学习，广义的学习（learning）是指由经验（或实践）引起的个体知识或行为的相对持久的变化。

学习是一个极其复杂的过程，在讨论学习及其规律之前，我们需要对什么是学习进行界定和辨别。第一，行为的变化不等同于由学习所导致的变化。学习所产生的变化是由经验反复作用引起的，而非由本能、疲劳、适应和成熟等其他原因引起的。由学习引起的行为变化比较持久，并且会使行为水平提高；而由疲劳、创伤、药物、适应所引起的行为变化都比较短暂，并使得行为水平降低；而由成熟所带来的变化要比学习所带来的变化要慢得多。成熟往往与学习相互作用，引起行为的变化。第二，学习导致的变化不一定能够立即反映在外显的行为上，有时也需要经过长时间才能表现出来，因此，学习导致的变化不仅包括行为变化，还包括行为潜能的变化。第三，学习所带来的行为变化往往要通过行为表现出来，但学习与表现不能等同。表现容易受情境性和个体差异性影响，不能只依靠个体的表现判断学习与否。第四，学习包含的范围广泛，它不仅是人类普遍具有的，也是动物所具有的。学习不仅指有组织的知识、技能、策略等学习，也包括态度、行为准则等的学习，既有学校的学习，也包括从出生以来就出现并一直持续终生的日常生活中的学习。

二、学习的种类

由于学习范围广泛，为了更好地对学习规律进行研究和讨论，研究者们从不同的角度对学习进行了分类。

第一，根据学习主体不同，可分为动物学习、人类学习和机器学习。动物学习属于消极被动适应环境变化的学习。人类学习则更具有主动性和积极性，不仅为了适应环境，也包括主动认识世界和改造世界。机器学习是随着人工智能技术发展新兴起来的一种学习类型。机器学习模拟人类神经系统的分层结构和功能，借助算法使系统能够不断对环境进行特征提取，获得对环境的识别并做出反应。对于教师教育领域，我们重点关注人类学习的规律。但是，随着人工智能技术应用领域的扩展，机器学习将对人类未来的学习和教育模式产生深远影响。

第二，认知心理学家加涅（Robert M. Gagné）1965 年根据学习由简单到复杂、由低级到高级把学习分为信号学习、刺激—反应学习、连锁学习、言语联想学习、辨别学习、概念学习、规则学习和问题解决学习八个层次。这一划分可以帮助教师分析教学内容的难易程度，并据此制订不同的教学计划。

20 世纪 70 年代，加涅在此基础上提出一个系统分类，根据学习内容和学习结果将学习分为言语信息、智慧技能、动作技能、认知策略和态度学习五种类别，其中前四项属于能力的习得，第五项属于学习倾向。言语信息学习是对事物“是什么”的学习，包括事物的定义、属性等相关描述性、事实性信息的学习。智慧技能学习是指对问题解决技能，即“怎么做”的学习。动作技能的学习是指个体对动作模式的学习。认知策略学习是指学习者对如何调控注意、记忆和思维等自身内部认知能力，以保证学习顺利进行的相关策略的学习。态度学习是指使学习者对人、事和物产生某种情感、态度或价值评价的学习，如德育教育以及学习兴趣的培养等。根据教育心理学家的研究，不同的学习内容和学习规律有着不同的特点，教师在教学时要遵循这些学习规律，才能够实现学习目标。

第三，认知心理学家奥苏贝尔（David Ausubel）根据两个维度对学习进行划分。一个维度是学习的形式，分为接受的学习和发现的学习；另一个维度是学习的性质，即学习材料与学习者原有知识的关系，可分为机械的学习和有意义的学习。这两个维度互不依赖，彼此独立。每一个维度都存在许多过渡形式，其具体的组合可见图 3 - 1。学习性质不同，学习方法也存在差异，学生在学习中所扮演的角色也不同。在学习新知识时，意义学习需要将新知识与旧知识进行联系，而机械学习则是简单地对新知识进行机械复述。而从接受学习向自主发现学习的过渡中，教师和学生的主体地位也在发生变化。在接受学习中，教师是学习的主体，学生只能被动地接收教师传授的知识。而在发现学习中，学生成为学习的主体，通过问题引导，学生经过自己的观察和研究，发现事物内在的联系或规律，获得新知识。意义学习使学生对知识的掌握更加牢固，发现学习能够使学生对知识的理解更加深刻。之后的学习理论介绍中，我们还会对这些学习类型和对应的学习方法进行详细阐述。

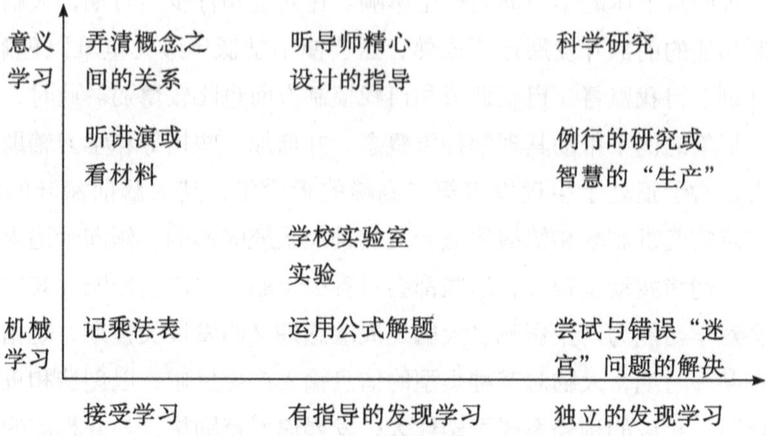

图 3－1　奥苏贝尔的学习分类及其示例

第四，根据规划程度可分为正式学习与非正式学习。正式学习指在学校的学历教育和工作后的继续教育中发生的学习，是通过课程、教学、实习以及研讨等形式进行的。非正式学习指由学习者在自主的、在非正式的学习时间和场合，通过非教学性质的社会交往而进行的学习，如家庭中父母说教、旅游观光、网络通信和聊天、观看电视与电影等。非正式学习可随处进行，不需要专门的教室，不存在鲜明的组织性和制度性，可以发生在工作场所、博物馆、科技馆、动物园、植物园、水族馆、社区中心以及运动场等。

三、学习与发展的关系

学习是有机体赖以生存的重要能力。一方面，个体的发展离不开学习。学习不仅能够帮助个体获得对环境的认识，趋利避害，还能够促进个体生理和心理的发展。大量的研究发现，在人或动物初生时，神经元如果得不到使用，其功能和相关联结通路就会消退。相比于处在贫乏环境中的老鼠，在丰富刺激环境中的老鼠的大脑神经发育更健全。如果对初生的动物剥夺某方面的刺激作用，其相应的感觉器官的发育和成熟就会受到影响。这些研究结果证明，没有环境的刺激作用及学习活动，正常的成熟和发展是难以进行的。学习激发神经系统的发展，进而促进个体感知觉、注意、记忆、思维和语言等认知能力的发展。

另一方面，个体的学习能力也受限于个体的发展水平。个体的生理结构和机能为学习提供了可能性。首先，脑发育水平对个体的认知能力、情绪调节能力及执行和控制能力产生影响，进而对个体的学习能力产生影响。在儿童和青少年时期，大脑负责高级认知和执行控制功能的前额叶发展还不成熟，这会使小学低年级儿童难以理解抽象概念，并且在执行计划、自我监督、自我调节和自我控制方面也比较薄弱。此时，教师需要采用更多具体、形象的例子帮助其理解抽象概念，并增加一些指导和学习辅助工具帮助其完成学习任务。对于正处于生理发育第二高峰的青少年，其大脑前额叶的发展仍不成熟，又受大脑感官奖赏刺激和情绪体验相关的神经系统的影响，倾向于追求感官刺激和体验冒险活动，情绪波动也较大，这些都会对青少年的学习产生影响。其次，大脑发育的敏感期也会对学习能力产生影响。大脑发展敏感期又叫发展关键期，是指在大脑发育过程中，存在某一时期，大脑对某种类型的信息输入产生反应，以创造和巩固某一特定神经网络。此时，相应的神经系统可塑性大，发展速度特别快，与此相应的某种能力就更容易形成和培养。过了这一时期，虽然大脑的塑造作用还在继续，但是个体的学习则比较困难，需要花更多的时间和精力。相关研究发现，人的视觉功能发展的敏感期大约在幼年期；对语言学习来说，音韵学习的敏感期在幼年，而语法学习的敏感期则大约在16岁以前；运动发展的敏感期在6岁以前；数学—逻辑能力的敏感期在1～4岁之间；情绪控制能力的敏感期在3岁以前；器乐演奏能力的敏感期在3到10岁之间。因此，个体发展在哪一阶段学习什么、从何开始都要以学习者相应成熟为条件。再次，生理发展的个体差异也会对个体学习表现差异产生影响。由于每个人的生理发展水平存在快慢差异，因此，每个人的学习表现也会呈现出差异。对于教师而言，对教学目标的制定和教学方法的采用都要遵循发展的规律，考虑学生的发展水平，不可揠苗助长。同时，教师也要正确对待学生的学习反应，认识到个体发展的差异对学习表现差异的影响，能够因材施教，给予学生积极的反馈。

对于我们该如何进行学习，什么是有效的学习，不同的理论将会给出不同的答案，本章接下来将对各种学习理论及其应用进行详细介绍。

第二节　行为主义的学习理论

一、学习的实质

行为主义是心理学的一个重要流派，其思想起源于20世纪初的美国。行为主义主张心理学应该研究可以被观察和直接测量的行为，反对研究“看不见”的意识。行为主义认为人和动物行为的产生皆是由环境中的刺激所产生的反应，环境对人的发展起着重要的作用。因此，受行为主义影响的学习观认为学习的结果是行为的变化，他们对学习的解释聚焦于外部事件。行为主义认为知识是一成不变的，学习的实质是通过刺激—反应建立联结获得对事实、技能和概念的认识。教师在学习中扮演管理者、监督者的角色，负责纠正学生的错误答案；而学生在学习中只需要被动接收信息。

二、行为主义学习理论

（一）经典条件作用论

1. 非条件反射和经典条件反射

在日常生活中，我们有很多无意识的、自动化的反应，比如当针刺痛手指时，手指会缩回来；当有物体快速地接近某人时，某人会躲开；吃东西的时候口腔会分泌唾液；还比如我们都熟知的膝跳反应。这些反应是人天生就有的，是当相关的刺激出现时，自然而然产生的本能反应，这种反应被称为非条件反射（unconditioned response，简称UR）。非条件反射主要包括不随意行为和情绪反应。而这些能够直接引发非条件反射的刺激则被称为非条件刺激（unconditioned stimulus，简称US）。相反地，那些无法直接引发非条件反射的刺激就被称为中性刺激。

到了20世纪20年代，生理学家巴甫洛夫（Ivan Pavlov）在研究狗的消化系统时有了意外的发现。巴甫洛夫在测量“狗在喂食后多长时间会分泌唾液”时，发现狗分泌唾液的间隔时间是不断发生变化的。开始喂食的时候，狗会在预期的时间内分泌唾液；接着，只要它们一看见食物就可以分泌唾液，再后来，只要一听到科学家走进实验室的脚步声，它们就开始分泌唾液。于是，巴甫洛夫决定先放下之前的研究计划，转而研究影响狗唾液分泌时间的因素。在巴甫洛夫的一个实验中：他先敲击音叉，然后记录狗的反应。这种情况下，音叉响声是一个中性刺激，因此并没有观察到狗分泌唾液。紧接着，巴甫洛夫给狗喂食，狗分泌了唾液。食物引起的唾液分泌是自然发生的，二者之间的联系是自然建立的，不需要训练或先前的条件。这时，唾液分泌是无条件反射，食物是无条件刺激。之后，巴甫洛夫希望使用食物、唾液分泌和音叉这三个要素得出这样的结果：狗听到音叉发出的声响后能引起条件作用，分泌唾液。为此，他不断地将声音与食物进行配对，他敲击音叉后很快给狗喂食，如此重复几次后，发现狗在听到声音但尚未得到食物之前就已经开始分泌唾液了。此时，经过条件作用，中性刺激（声音）能够单独引起非条件反射（唾液分泌），这种反射被称为经典条件反射（conditioned response，简称 CR），声音被称为条件刺激（conditioned stimulus，简称 CS），如图 3－2。

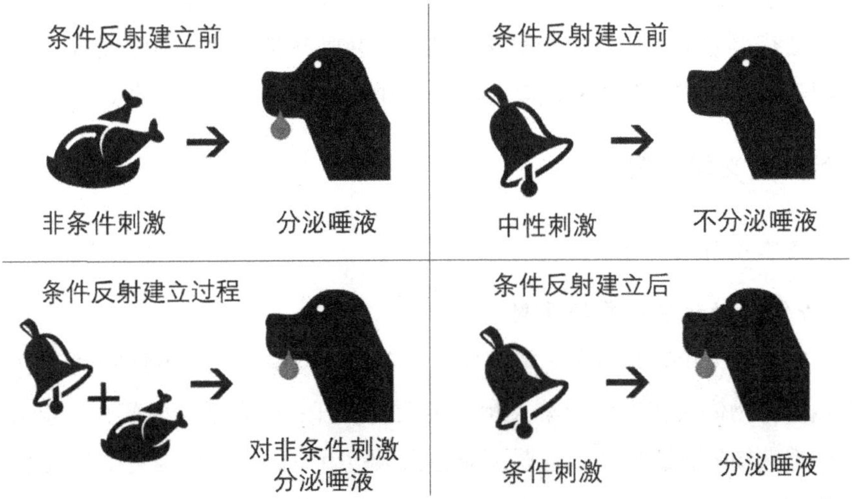

图 3－2　经典条件反射形成过程

2．分化、泛化和消退

在条件作用开始建立时，除条件刺激本身外，那些与该刺激相似的刺激也或多或少具有条件刺激的效应。例如，用 500Hz 的音调与进食相结合来建立唾液分泌条件作用。在实验的初期阶段，许多其他音调同样可以引起唾液分泌条件作用，只不过它们跟 500Hz 的音调差别越大，所引起的条件作用效应就越小。这种现象称为条件作用的泛化（generalization）。泛化是指条件作用形成后，机体对与条件刺激相似的刺激做出条件反应。以后，只对条件刺激（500Hz 的音调）进行强化，而对近似的刺激不给予强化，这样泛化反应就逐渐消失。动物只对经常受到强化的刺激（500Hz的音调）产生唾液分泌条件作用而对其他近似刺激产生抑制效应。这种现象称为条件作用的分化（discrimination）。分化是指只对条件刺激做出条件反应，而对其他相似的刺激不做出条件反应。

条件作用建立之后，如果多次只给条件刺激而不用无条件刺激加以强化，结果是条件反射强度将逐渐减弱，最后将完全不出现。例如，对以铃声为条件刺激而形成唾液分泌条件作用的狗只给铃声，不给食物强化，重复多次以后，则铃声引起的唾液分泌量将逐渐减少，甚至完全不能引起分泌，即出现条件作用的消退（extinction）。消退是指条件作用形成后，由于没有无条件刺激的结合，机体对条件刺激的反应逐渐消失。

3. 第一信号系统和第二信号系统

研究发现，能够引起条件反应的刺激可分为两大类。第一类是能够引起条件反应的物理性的条件刺激，这类刺激叫作第一信号系统（first signal system）的刺激，比如灯光、铃声等。第二类是能够引起条件反应的以语言符号为中介的条件刺激，这类刺激叫作第二信号系统（second signal system）的刺激，比如，谈虎色变中的“虎”。由于谈到虎之后的情绪反应不是因为现实中的虎引发的，而是听到“虎”这一词汇之后联想出的相关观念或语义导致的情绪反应，所以属于第二信号系统的刺激。

经典条件作用理论的提出具有重要的意义，它可以解释我们日常生活中在某些情境下出现的无意识行为或情绪反应。比如有些人具有“白大褂综合征”，即在医生办公室接受检查时，只要看到医生常穿的白大褂，就会血压上升，那是因为他们把白大褂与打针吃药建立联系，一看到白大褂就感到害怕。又比如有些学生可能一遇到考试就会焦虑，这可能是与他们之前某次考试失败产生的不愉快体验建立了联结，从而使他们形成对考试的焦虑和恐惧的条件反射，因而一听到考试就心跳加快、手心冒汗。以此类推，在实际的教育教学中，如果学习环境或某个科目的学习经历与不愉快的情绪反应建立了联结，学生就会产生消极情绪的条件反射，这也解释了为什么有的学生会产生厌学情绪。因此，经典条件作用对教师的教学工作有着重要启示：在教学过程中，可以将快乐事件作为学习任务的无条件刺激，给学生营造舒适、温馨的学习环境，给予学生积极的关注和鼓励，使学习与学生的积极情绪建立联结，使学生产生温馨的感觉，并将这种积极感觉泛化到学习活动中，从而提高学生的学习兴趣和动机。

（二）操作性条件反射

虽然经典条件作用可以解释动物和人类的很多行为和情绪反应，但是行为主义后期代表人物斯金纳（B. F. Skinner）却认为，经典条件作用的原则只能解释人类被动习得的行为。实际上，人们会积极主动地操纵环境，以获得奖赏或避免伤害。研究者们把这些有意识的行为称为操作性行为（operants），把包含了操作性行为的学习过程叫作操作性条件作用（operant conditioning）。我们正是在对环境实施操作的过程中习得了特定方式的行为。行为主义后期代表人物桑代克和斯金纳分别对学习形成的规律和行为强化规律进行研究，他们的研究结果被广泛应用到教育教学中。

1. 桑代克对学习过程的研究

桑代克（E. Thorndike）的理论与早期行为主义学家们的观点是一致的，他们都认为学习的实质在于形成刺激—反应联结（无须观念作媒介）。但是，桑代克在此基础上，通过实验研究还发现了行为之后的结果也能够影响后续的行为反应，并提出三大学习律。

桑代克的实验中最著名的是猫开迷笼的实验。他将一只饿猫关在他专门设计的实验迷笼里，笼门紧闭，笼子外面放着一条鲜鱼，笼内有一个开门的旋钮，碰到这个旋钮，门便会启开，猫可以出笼吃鱼。一开始饿猫无法走出笼子，只是在里面乱碰乱撞，偶然一次碰到旋钮打开门，便得以逃出吃到鱼。经多次尝试错误，猫学会了碰压旋钮打开笼门的行为。据此，桑代克认为，人和动物学习的过程是通过盲目的尝试与错误的渐进过程，并且遵循三条重要的学习律：第一，练习律（law of exercise），重复一个学会了的反应将增强刺激—反应（S－R）之间的联结，有奖励的练习越多，联结就变得越强；反之，联结就变得越弱。第二，效果律（law of effect），在一定情境下，刺激与反应形成可改变的联结。如果行为之后跟随一个满意的结果，那么在类似的情境中，这一行为重复的可能性增加。第三，准备律（law of readiness），个体在学习开始时存在预备定势。个体有准备又有反应就会感到满意，有准备而不反应会感到烦恼，个体无准备而强制反应也会感到烦恼。如果饥饿的猫关进迷笼，就有学习的准备状态，猫会想要逃出去获得食物；而一只吃饱的猫被关进迷笼，则不会想逃出去。桑代克的学习理论指导了大量的教育实践：练习律指导人们通过大量的重复的练习和操练来训练学生；效果律指导人们使用一些具体奖励如小红花、口头表扬等来奖励学生的预期望行为；准备率提醒我们在学生学习之前要增强学生的学习动机，从而促进学习效果。

2. 斯金纳的强化学习理论

强化学习理论由行为主义后期另一代表人物斯金纳提出，他通过研究发现人或动物为达到某种目的，会在所处环境下采取特定的行为，而行为之后的结果会对后续行为产生影响。结果类型不同，行为增强或减弱的频率也不同。斯金纳设计了一个箱子，箱子里有一个复杂的连锁装置。在箱子里面有一个杠杆，在箱子之外有一个食物的传输装置，按下箱子里的杠杆，食物就会通过传输装置落入箱子中（如图3－3）。然后，他将一只老鼠放入箱子中，没多久，老鼠就学会了拉下杠杆获得食物的行为。通过观察老鼠的行为可发现，行为的结果对行为产生了强化作用，老鼠为了获得食物，会一直去按箱子的杠杆。由实验可知，个体行为结果影响了后续行为反应，当行为带来的某种反应或结果对个体有利时，这种行为就会在以后重复出现；当行为的结果对个体不利时，这种行为就会减弱或消失。斯金纳称这些作用为操作性条件作用，并根据行为结果和后继行为的关系，把行为结果分为强化和惩罚两种类型。

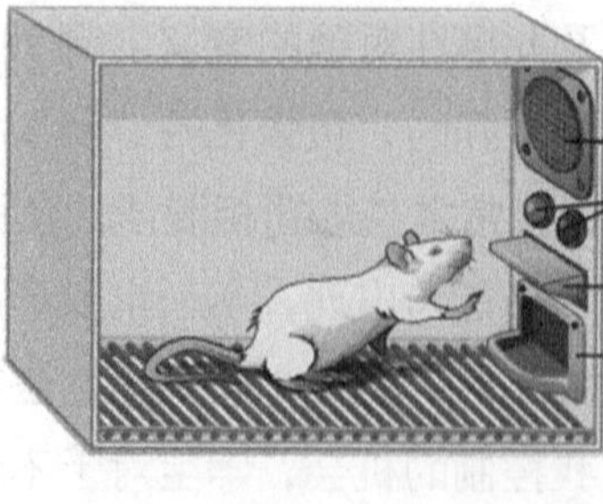

图3－3　斯金纳箱

在强化学习理论中，能够增强后继行为的结果叫作强化物，引起这一行为反应的过程称为强化作用，降低后继行为的结果则叫作惩罚。强化可分为正强化和负强化。正强化是个体采取特定行为之后，出现令其满意的结果，后续该行为出现频率增加的过程。如学生认真完成作业得到教师的奖励之后，学生以后的作业都能认真完成。负强化是个体采取特定行为之后，令其厌恶的结果或情境被撤除，后续该行为出现的频率增加的过程。如乘车时如果不系安全带，车里就会发出刺耳的蜂鸣声，乘客为了不听到蜂鸣声就会系上安全带。正强化和负强化的区别在于，正强化是呈现积极刺激以增加行为发生频率，而负强化是撤除消极刺激以增加行为发生频率。与强化一样，惩罚也有两种形式。第一种被称为Ⅰ型惩罚，也称为呈现性惩罚，即行为后出现令个体厌恶的刺激，从而抑制或减少了行为。如学生上课不专心听讲，被教师批评，之后学生上课不专心听讲的次数就降低了。另一类惩罚称为Ⅱ型惩罚，也称为撤除性惩罚，即在行为出现后撤除令个体满意的刺激，个体为了这些令其愉悦的刺激不被取消，便会降低之前行为出现的频率。如教师或父母在小孩行为不良时，撤销其娱乐活动，运用的就是撤除性惩罚。这两种类型的惩罚是为了减少惩罚的行为。

值得注意的是，正强化并不与积极行为相对应。比如学生上课说话或捣乱会因为受到老师关注而形成正强化，这就是为什么有时候会出现老师越关注，学生在课堂上的不良行为却越多的现象。因此，任何行为结果都是可能起到强化作用的，这取决于个体对事件的认知以及此事件对他的意义。另外，负强化中的“负”也不是意味着得到强化的行为是消极或不好的，负强化的“负”可以理解为撤除、减少的意思。

此外，负强化常常与惩罚相混淆。负强化与惩罚的区别在于：①实施目的不同。惩罚是为了抑制不良行为出现，不一定要形成良好行为；负强化的目的是为了建立良好行为。②实施方式不同。负强化的厌恶刺激在个体行为改变之前是一直存在的，它给了学生一个练习自我控制的机会，学生对于不愉快情境最终是否会出现保有控制权。只要他们表现出适宜的行为，不愉快的情境就会结束。反之，惩罚往往发生在行为反应之后，学生不能很容易地控制或制止不愉快反馈。③实施后果不同。惩罚的后果是不愉快、痛苦和恐惧的，而负强化的效果是愉快的。总之，强化（无论正、负）过程总是与行为的增加有关，而惩罚则涉及减少或抑制行为。研究发现，惩罚并不能促进良好行为的形成，因此在教育实践过程中，应尽量采取负强化代替惩罚。

不同的行为结果会对行为反应产生不同的强化作用，此外，强化程序，即行为受到强化的时机和频次，也会对行为反应产生影响。强化程序可以分为两种，一种是连续强化程序，即在每一次行为出现之后都给予强化，如打开电脑，每次打开开关，电脑就会开机；一种是间隔强化程序，即有选择地对行为反应进行强化。间隔强化程序根据时间和比率、固定和变化两个维度又可以组合出 4 种强化程序：固定时距强化、固定比率强化、变化时距强化和变化比率强化。固定时距强化是指在一段固定的时间后给予强化，如学校的周考、月考。固定比率强化是指在一定的反应数量后给予强化，如计件工作。变化时距强化是指在变化的、不确定的时间间隔后给予强化，如突然测验。变化比率强化是指在变化的、不确定的反应数量后给予强化，如赌博机。不同的强化程序对行为的影响是不同的，可以根据不同的目的采用不同的强化程序。连续强化在学习新联结时最有效，间隔强化比连续强化具有更高的反应率和更低的消退率。行为表现速度依赖于强化的可控性，根据反应数量的强化比根据时间的强化更能激发行为的发生，个体可以通过控制数量控制强化的出现，做得越多，强化也会越多。而行为的持续性则依赖于强化的不可预测性。连续强化和两种类型的固定强化都是可以预测的。固定时距强化可以知道过了多长时间就能得到强化，因此反应会随着时间的邻近而比率增高，强化过后比率降低。固定比率强化可以知道做多少次反应可以得到强化，因此反应速度快，但是强化过后行为便暂停。因此，如果为了行为能够持续，变化强化更为合适。由于变化强化的不可预测性，在强化过后，行为还能够继续，尤其是变化比率强化，即使最后降低强化的比率，人们也能在长时间无强化的情况下坚持该行为。赌博成瘾者就是受到变化比率的强化而无法摆脱赌博行为的。而当强化完全停止时，行为则会消退。

（三）观察学习

20世纪50年代，美国心理学家班杜拉（A. Bandura）指出了传统行为主义学习观的局限性。班杜拉在1965年做了这样一个研究：他给幼儿园孩子观看一部“榜样人物”拳打脚踢充气玩具“波波”的影片。在观看前把这些孩子分成三组，第一组孩子看到榜样人物得到奖励；第二组孩子看到榜样人物受到惩罚；第三组则没有看到奖励或惩罚的结果。之后，让这些孩子独自待在一个有充气玩具“波波”的房间里，观察这些孩子的行为反应。研究发现，看到电影中榜样人物因攻击行为获得奖励的孩子受到了强化，对玩具的攻击性最强；那些看到榜样受惩罚的孩子对玩具的攻击性最弱。研究并没有到此结束，当研究人员告诉孩子谁模仿攻击行为就能获得奖励的时候，发现所有孩子都将他们刚才观察到的行为表现了出来。这个研究结果说明，人们可以通过观察他人的经验习得行为；另外学习和表现是不同的，即使学习已经发生，但情境不合适或没有诱因（如实验中的奖励），也不会表现出来。因此，班杜拉对知识获得（学习）和以知识为基础的可观察的表现（行为）两个过程进行了区分，并提出了直接学习和观察学习的概念。直接学习是指个体通过亲身实践并体验行动的结果进行学习。经典条件反射和操作性条件反射就是个体根据自身直接经验产生的，可以认为属于直接学习的范畴。与之相对应的观察学习，又称为间接学习或替代学习，是指个体可以通过观察其他个体来进行学习。观察学习是班杜拉与传统行为主义学习理论不同的地方。

班杜拉认为从观察榜样到自身习得行为，需要注意、保持、再现、动机和强化四个要素的参与。①注意。为了通过观察进行学习，人们必须集中注意力。在教学中，教师需要通过清晰的呈现以及对重点部分的强调，以保证学生的注意力集中在课程的核心部分。在展示一项技能时（如操作车床），学生需要与教师站在同一方向，认真观察教师的动作操作，这样可以引导学生将注意力关注在正确的情境特征上。②保持。为了模仿榜样的行为，学生需要记住它，学生可以通过言语或表象进行心理演练（想象模仿的行为），或是实际练习而得到提升。在观察学习中的保持阶段，练习能够帮助学生记住目标行为的要素以及步骤的顺序。③再现。即使学生已经知道了一种行为是什么样的，并记住了它的构成要素或步骤，学生可能依然不能熟练地表现出来。有时，在学生能够再现榜样的行为之前，需要大量的练习、反馈和细微的指导。在再现阶段，反复的练习能够使行为变得更加流畅和熟练。④动机和强化。在前面的研究中，我们已经发现学习和行为表现是不同的，我们可能通过观察掌握一个新的技能或行为，但是如果没有动机或刺激物的激发，我们可能不会表现出来。强化在观察学习和维持过程中都发挥着重要作用。如果学生期待通过模仿榜样的行为而受到强化，那么学生可能会更有动力去注意、保持和再现行为。而一个尝试新行为的人如果没有强化，是不可能坚持下去的。

班杜拉认为有三种可以促进观察学习的强化形式。首先是观察者模仿榜样的行为后得到了直接的强化。例如，当一个体操运动员成功地完成一个前翻动作时，教练或是榜样会高呼“太棒了！”其次是替代强化（vicarious reinforcement），观察者可能仅仅看到他人因某个特定行为受到强化，进而激发自己再现这种行为。商业广告中经常运用到替代强化作用，当人们开着某种车或是喝着某种饮料时，会表现得异常兴奋，观众的行为就会因演员们明显的愉悦感而被替代性地强化。惩罚也可以是替代性的，当你在高速公路上行驶时，看到前面有几个人领到了罚单，你有可能会降低速度。最后是自我强化（self－reinforcement），也就是自己控制强化物，如学生通过自我激励提高学习动力，教师通过对职业价值的认同降低职业倦怠。在之后的章节中，我们将会介绍更多通过自我调节提高行为动机的方法。

在观察学习的情境下，个体在行为反应受到强化前，就已经通过注意、记忆、思维等内在认知操作在头脑中进行多次演练，之后在类似的情境下做出反应。这一观点强调了认知因素在学习中的作用，是对只关注行为的行为主义提出了挑战。随着时间的推移，班杜拉又发展出社会认知理论，成为当今教育心理学领域中最具有影响力的理论之一。

三、学习行为观在教育教学中的运用

（一）根据学生发展水平选择强化物

强化可分为一级强化和二级强化。一级强化是指满足人和动物的基本生理需要的强化，如食物、水、安全、温暖、性等。二级强化是指任何一个中性刺激与一级强化反复联合，获得了自身强化效力的强化。二级强化又可分为社会强化（如社会接纳、积极关注、微笑等）、代用券（如钱、级别、奖品等）和活动（如自由地玩、听音乐、旅游等）。

在实际教育中，教师需要根据学生的发展水平确定强化物，这样强化才能奏效。对于幼儿和小学生而言，简单的贴纸、小红花、笑脸、做谜题、帮助教师可能就是有效的强化物，但是对初中生和高中生来说，和朋友聊天、玩电子游戏、看杂志或听音乐则可能是更合适的强化物。教师可以事先让学生填写一个问卷以了解学生的需要，如“在课堂上你最喜爱做的3件事是什么”“如果你去商店，你将买哪3件喜爱的物品（或玩具）”等，这些问题需要针对不同年级加以修改。另外，社会强化如教师的表扬和关注是一个强有力的强化物，但是要注意表扬时不能说一些很笼统的话，而是要认真系统地进行表扬，应该是针对良好行为的真诚认可，清楚具体地说明受到表扬的行为是什么。

（二）根据学生发展水平应用强化程序

不同强化程序对行为影响是不同的，因此，教师需要了解如何调整提供反馈的时间和频率，以获得预期的效果。首先，强化要及时，应该在被强化的行为发生后立即给予反馈。如果在幼儿安静地坐着听故事的隔天再奖励他，那么是无法将奖励与儿童的行为相联结的。其次，强化和惩罚在设置提供结果的频率上是不同的。虽然间隔强化和连续强化一样对儿童和青少年起作用。但是间隔强化程序更加有效，因为它不要求教师抓住每一个积极行为。但是如果要实施有效的惩罚，就可能要抓住每个不规范的行为，让问题行为学生认识到惩罚是不可以避免的。最后，在强化时，可以使用普雷马克原理，即用高频的活动作为低频活动的强化物，或者说用学生喜爱的活动去强化学生参与不喜爱的活动。例如，“你吃完这些青菜，才可以吃鸡腿”。这一原则有时也叫作“祖母的法则”：首先做我要你做的事情，然后才可以做你想做的事情。如果一个儿童喜爱做航空模型而不喜欢阅读，那么教师可以让学生在完成一定的阅读之后再去做模型。注意，低频行为（学生不太喜欢的行为）必须首先发生，才能使普雷马克原理奏效。

（三）利用塑造强化学生的行为

在教学实践中，我们经常可以发现，有些学生会因为做数学题时经常出错而不喜欢学数学；有些学生会因为英语课上难以听懂对话而逐渐对学习英语失去兴趣；有些学生会因为跳远不理想而讨厌上体育课；等等。在这些情境中，学生因为他们努力的最终结果都不够好，所以对该学科产生厌恶、逃避的心理，拒绝学习该学科，甚至讨厌任课老师和学校。

一般为了解决这一类问题或防止该类问题发生，教师在教学时可以采用一种叫塑造的策略，也称连续接近技术。塑造的要点是注重对过程的强化，而不是等待尽善尽美时才进行强化。为了使用塑造策略，教师必须首先熟悉学生将要学习的复杂行为，然后将这个行为分解成许多小步骤。确定小步骤的方法叫任务分析，该方法最早由米勒（R. B. Miller）在1962年提出，用于帮助军队训练士兵。任务分析首先需要确定最后的表现要求，也就是学生在项目或单元结束时必须做到的事情，如教师要求学生基于图书馆的文献研究，写一篇表明自己观点的论文。然后，确定通向最后目标的子步骤，即把技能分解为各种子技能或子目标，如把写一篇论文的过程分解成使用数据库进行文献搜索、进行文献阅读、梳理现有观点、对这些观点进行评价、形成自己的观点、撰写论文等子过程。最后，逐一完成子步骤，达成写作目标。在进行任务分析时，小步骤要具有一定的逻辑顺序，这样才能帮助学生明确他们现在处于哪一阶段、已经拥有哪些技能、如何进行下一步骤，当学生遇到困难时，教师能够指出问题所在。

（四）抑制不良行为

第一，使用负强化．当学生的不良行为发生改变时，停止不愉快的刺激。教师实施负强化时还需要注意方式方法。教师要以积极的方式描述期望出现的良好行为改变；不要有欺骗；确信有能力改变不愉快的情境；要坚持强化学生的行为而不是承诺，如果学生答应了“下次会表现得更好”就终止不愉快情境，那么强化的是学生做出承诺，而不是行为改变。

第二，使用满足策略。满足是通过要求学生反复实行不良行为来降低满足感。例如，要求乱扔纸团的学生整节课都进行做纸团和丢纸团的行为。虽然开始时，其他学生的关注和嘲笑可能强化这种行为。但是，最后做纸团和丢纸团将变得无趣，没有意义，学生就会停止这种行为。当学生表示对这种行为厌烦时，这时不要停止，再保持一段时间。当然，要确保这种行为不危害他人时才可以使用这一策略。

第三，消退。根据条件反射，当不再给予强化时，行为就会消退。消退在处理一些不良行为时十分有效。例如，老师对上课说话的学生采取不关注的态度，不给予正强化，学生上课说话的行为就会减少或者消退。刚开始使用消退时，由于老师减少强化，学生可能为了希望老师屈服，为获得先前的强化，不良行为反而会增加。但是数次之后，学生就意识到不良行为无法得到老师的关注，不良行为就会减少。同样，只有当不恰当行为可以轻易被忽略且不具有危险时才可以使用消退策略。

第四，采用过度矫正。比如，教师不仅要求在教室课桌上涂画的学生清除自己的涂画，还必须清除所有桌子上的涂画，这便是在过度矫正他们的行为。

第五，谴责训斥。谴责训斥是对行为进行言语批评，是一种正惩罚。进行口头批评时，老师应与学生目光接触，要靠近学生，以一种平静而隐秘的方法指出他的不良行为，同时，避免在公众场合批评学生，以免造成反效果。

第六，采用反应成本策略。反应成本策略属于撤除性惩罚，通常是撤走学生想要的东西。对青少年而言，这种成本是指无法与朋友一起活动，如不允许和朋友一起在食堂吃午饭或者是不能参加班级的实地考察旅行等社交孤立惩罚。研究发现，反应成本的介入能有效地减少问题行为并且效果持久。一项关于多动症（ADHD）儿童的研究发现，用失去自由时间作为反应成本将比开处方（如利他林）更能有效地增加儿童的主动行为和学业学习。使用反应成本的关键在于从发展水平和个体水平决定哪些东西是个体渴望得到的，并在发生不良行为之后撤走它。

在抑制不良行为过程中，我们要注意惩罚及其本身不能导致任何积极的行为。惩罚倾向于让学生关注行动对其自身造成的结果，且不会让学生思考行为对他人的影响。惩罚并没有教导学生对他人产生同情与共情。因此，要尽量使用负强化替代惩罚；在实施惩罚时要注意只是针对学生的行为进行惩罚，而不是攻击其人格；不要在情绪激动时惩罚学生；当惩罚不奏效时，应立即停止惩罚。

（五）利用观察学习效应引导学生行为

教师在教学中可以发挥自身的榜样作用。教师可以将所期望的行为、技能、态度和情感以明确外显的方式示范出来，或者树立理想的榜样，让学生观察得到，并对学生的模仿予以强化。在解决问题的过程中，教师可以说出思维过程、好奇心、情绪控制、对他人的尊重和兴趣、良好的倾听和交流习惯等，这些行为可引导学生形成相同的品质。

在示范过程中，教师要注意身体力行。如果一位教师总是要求学生不断学习，而自己从来不学习本学科的新知识，学生们可能会认为这门学科知识已经失去了活力从而没有学习的激情。如果一位教师对学习本身的巨大热情为学生树立了良好的榜样，那么学生将加以模仿，并从中体验到学习的乐趣，获得内在的学习动力。

对于学生的一些不良行为，教师可以利用抑制效应。抑制效应是指个体由于看见榜样得到惩罚的结果而引起的反应倾向减弱。例如，考试作弊行为的学生看到其他学生因作弊受到重罚，可能就不敢考试作弊。

对于学生的一些受到抑制的良好行为，教师可以利用去抑制效应。去抑制效应指个体看到榜样因做出自己原来抑制的行为而受到奖励时，加强这种反应的倾向。例如，有的学生曾经在课堂上积极主动地向教师提问，但受到了教师的嘲讽，之后就不敢在课堂上发言；如果在新的课堂上，当他看到其他同学纷纷主动地向教师提问并受到教师的表扬、同学们的尊敬时，以后就敢在课堂上积极主动地提问了。

在树立榜样的过程中，教师还可以利用社会促进效应，引发学生产生相同行为。社会促进效应是指学习者通过观看榜样行为引发其行为库中已有的反应。例如，教师对学生表示出尊敬，使用礼貌敬语，学生就可能受到激励而表现出这些行为。如使用“你好”“谢谢”和“对不起”等敬语，并非学生从教师那里学到的新行为，而是学生早已学会了的，只是教师带头，引发了学生的相同行为。

第三节 认知主义的学习理论

一、学习的实质

通过上一节的学习，我们知道行为主义者认为，学习是形成刺激—反应的联结，我们只需要关注个体行为的改变，不需要关注行为改变背后认知活动（包括注意、记忆、思维、判断等）的变化。但是，行为主义这一观点受到了主张关注人的认知能力的认知学派的批评。认知学派认为，学习是人们通过使用认知策略对外界信息进行加工而获得关于世界的知识，这一过程是一系列内在、不能被直接观察到的智力活动。认知学派认为教学就是引导学生获得更精确与完整的知识体系。教师的作用是教授和示范有效的策略，纠正学生的错误概念，而学生在学习中扮演积极的信息加工者、策略使用者、信息组织者和记忆者。因此，认知心理学家更关注认知活动，如思维、记忆和问题解决对学习的影响。

二、认知学习理论

（一）早期认知理论

1. 苛勒的顿悟学习理论

认知学派的理论思想可追溯至19世纪末20世纪初在德国出现的格式塔学派。“格式塔”是来自德语“完形”（Gestalt）的音译，格式塔理论认为个体在认知活动中，对事物、情境的各个部分及其相互关系形成整体理解，而不是对各种经验要素进行简单的集合。他们通过动物实验来说明他们对学习中产生变化的实质及其原因的理解。其中的代表人物苛勒（K. Kohler）于1913—1917年用黑猩猩做了一系列实验，证明了黑猩猩的学习是一种顿悟，而不是桑代克认为的尝试错误。其中一个著名的实验是将黑猩猩关在一间屋子里，屋子里放着几个箱子，屋顶用一段绳子挂着一根香蕉，黑猩猩在没有借助工具的情况下是无法够到香蕉的。实验观察到，刚开始时黑猩猩尝试伸手够悬挂的香蕉，在多次失败之后，黑猩猩变得烦躁，在屋里频繁走动和锤墙，但是仍无济于事。之后，黑猩猩坐在箱子上观察屋子的环境，经过一段时间的观察，黑猩猩突然学会用屋子里的箱子作为工具，站在箱子上去取香蕉。苛勒对此解释道，当动物遇到问题时，可能会审视相关的条件，也许还会考虑某种行动成功的可能性，当突然把一件工具看作达到目标的手段，如箱子，即看出站在箱子上可以够着香蕉时，它便产生了顿悟，解决了这个问题。这个学习的过程是缓慢的，但是一旦发现了这一方法，它遇到类似情境就能够运用相同的策略。在格式塔心理学家看来，学习就是知觉的重新组织，把感知到的信息组织成有机的整体，这一过程不是渐进的尝试与错误的过程，而是顿悟，也就是通过对问题情境的观察，理解它的各个部分的构成及相互联系，分析出制约问题解决的各种条件，从而发现通向目标的途径。之所以产生顿悟，格式塔和桑代克之间的明显对立在于顿悟和试误。格式塔学习理论强调学习者知识经验的整体性和知觉经验的组织作用，关注知觉和认知（解决问题）的过程。他们探讨记忆是如何反映知觉组织的，以及解决问题的能力是如何在理解学习任务、重建记忆或把学习原理迁移到新情境等过程中产生的。这对美国流行的 S－R 联结主义来说是一个挑战，具有积极的意义，启发了后来的认知派学习理论家们。

2．托尔曼的符号学习理论

对行为主义理论提出挑战的还有来自新行为主义学派的学者，托尔曼（E. C. Tolman）就是其中著名的代表人物。他受格式塔学派影响，经常用动物的动机、认识、预期、意向和目的来描述动物的行为。他关心行为理论如何同知识、思维、计划、推理、目的意向等概念相联系。他的理论被称为目的行为主义、整体性行为主义、符号—完形说或预期说。他以白鼠学习方位迷宫的实验证明了自己的理论。

托尔曼的迷宫装置如图 3－4 所示，迷宫有一个出发点和 3 条长度不等的从出发点到达食物箱的通道。实验开始时，他将白鼠置于出发点，然后让它们自由地在迷宫内探索，一段时间后检验它们的学习结果。检验时，他再将白鼠置于出发点，并对各通道做一些处理，观察它们的行为。结果发现，若 3 条通道畅通，白鼠会选择最短的通道 A 到达食物箱；若 X 处堵塞，白鼠会选择通道 B；若 Y 处堵塞，白鼠会选择最长的通道 C。

根据这一实验以及许多类似的实验，托尔曼提出了符号学习论（symbol learning theory），这种理论有以下 3 个基本观点：①学习是有目的的行为，而不是盲目的。②学习是对“符号—完形”的认知。白鼠在学习方位迷宫图时，并非学习一连串的刺激与反应，而是在头脑中形成一幅“认知地图”，即“目标—对象—手段”三者联系在一起的认知结构。③在外部刺激（*S*）和行为反应（*R*）之间存在中介变量（*O*）。他主张将行

为主义 *SR* 公式改为 *S* – *O* – *R* 公式，*O* 代表机体的内部变化。

此外，托尔曼还做了一个潜伏学习的实验。他将白鼠分为 3 组走方位迷宫：第一组无食物奖励；第二组有食物奖励；第三组前 10 天无食物，而在第 11 天之后有食物奖励。结果发现，第三组在前 10 天的表现与无食物奖励组相当，但在第 11 天获得食物奖励后其行为表现发生剧变，后来甚至优于经常得奖励组。这一结果表明，外在的强化并不是学习产生的必要因素，动物未获得强化前学习已出现，只不过未表现出来，托尔曼把这种在无强化条件下进行的学习称为潜伏学习（latency learning）。潜伏学习实验也证明学习并不是刺激与反应的直接联结。在未受奖励的学习期间，认知结构也发生了变化。托尔曼通过两个实验证明了白鼠在走迷宫时，在头脑里形成一种预期或者假设。动物的行为受其预期的指导，在多次尝试中，有的预期被证实，有的未被证实。预期的证实形成一种内在强化，即由学习活动本身所带来的强化。托尔曼提出的认知学习理论和内部强化理论对现代认知学习理论的发展有一定的贡献。

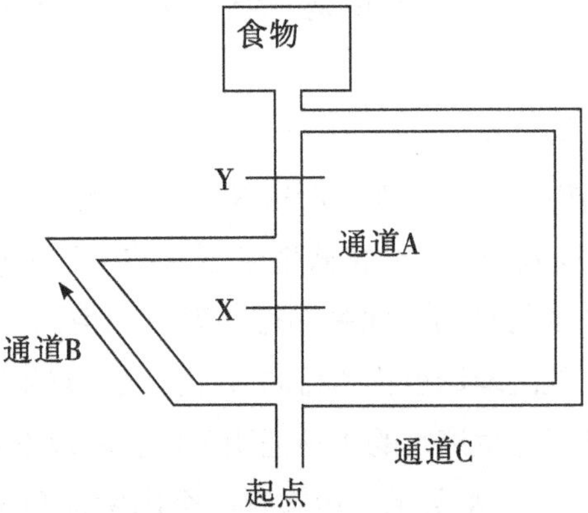

图 3 – 4　托尔曼的迷宫实验图

（二）布鲁纳的认知—结构理论

布鲁纳（J. S. Bruner）是美国著名的教育心理学家，在西方学界和教育界都享有很高的声誉。19 世纪末 20 世纪初，受行为主义思潮的影响，美国教育把关注点放在学生行为的变化上，而忽视了内在知识结构的变化。1957 年，苏联成功发射了第一颗人造地球卫星，对美国社会造成巨大冲击，引起美国社会的反思。美国人把缺乏科技创新归因于教育的落后。1958 年，美国颁布《国防教育法》，美国联邦政府开展了一场指向教育内容现代化的课程改革运动——“学科结构运动”。1959 年，美国科学院召集科学家、学者和教育家在马萨诸塞的伍兹霍尔召开会议，由时任美国科学院科学教育委员会主席的布鲁纳主持，布鲁纳在会议期间提出了认知结构理论，得到了普遍的响应和认同，并对之后美国现代教育的发展产生了深远的影响。

1. 认知结构理论

人类要适应复杂的外部环境，就需要对环境中事物的利害属性进行判断，进而做出反应。认知心理学家认为，人们是通过对各种事物进行归类，然后依据事物归属的类别来推断其属性的。布鲁纳认为，这些相关的类别构成了编码系统（coding system），形成“一组相互关联的、非具体性的类别”。

布鲁纳进一步认为，编码系统对相关的类别做出有层次结构的安排，较高级的类别比较一般，较低级的类别比较具体。这种内在编码系统就是认知结构（cognitive structure）。它是人用以感知外界的分类模型，是新信息借以加工的依据，也是人的推理活动的参照框架。例如，一名儿童已经形成了有关食物的编码系统：食物包括肉类、蔬菜类、主食类、水果类和饮料类，各类下面又存在许多不同的子类。如果有一天他知道火龙果是一种水果，他就可以根据水果类食物的属性推导出火龙果具有水果的一切属性。

编码系统是人们对环境信息进行分组和组合的方式，是在不断变化和重组的。在布鲁纳看来，学习就是认知结构的形成或改变。在上面的例子中，儿童不仅通过水果推断火龙果所具有的属性，在他头脑中有关食物的编码系统也发生了改变。在新的编码系统中，水果类食物中多了一个新成员。可见，学习不是简单地接受眼前的信息，而是要将新信息与头脑中同类的事物联系起来，形成新的编码系统或改变原来的编码系统，推导出更多有意义的联系。这对教学具有深刻的启示意义。学生获得信息本身并不是学习的目的，学习应该超越所给的信息，形成一套知识网络。

2. 发现学习

布鲁纳认为，让学生学习一般的原理固然重要，但更为重要的是发展学生解决新问题、探索新情境、发现新事物的态度和能力。布鲁纳极力倡导发现学习（discovery learning）。所谓发现学习，是指学习者用自己的头脑亲自获得知识的一切形式，包括人类现有和尚未知晓的知识。教育工作者的任务是把结论性知识转换成形成性知识的过程，通过设计学习活动，让学生亲自经历对知识的发现过程。在发现学习过程中，知识按照表征系统的发展顺序，从动作表征到映像表征，最后形成符号表征。例如，布鲁纳根据儿童踩跷跷板的经验设计了一个天平，让儿童调节砝码的数量和砝码离支点的距离，以此让儿童发现、学习乘法的交换律，如“$3 \times 6 = 6 \times 3$”。他先让儿童动手操作天平，然后使用想象，最后用数字符号来表示这一数学规律。

一般来说，发现学习的教学包括4个阶段：①提出问题。教师创设问题情境，使学生在这种情境中发现其中的矛盾，提出问题。②做出假设。教师促使学生利用提供的某些材料，针对所提出的问题，提出解答的假设。③验证假设。学生用理论或者通过实验数据检验自己的假设。④形成结论。学生根据实验获得的一些材料或结果，在仔细评价的基础上引出结论。

以下是发现学习应用于单摆规律学习的例子：

步骤一，教师向学生演示一个单摆，系在一根绳子上的重物被推动一下后会有规律地前后摆动。教师介绍单摆频率的概念（在一定时间内摆动的次数），要求学生探索单摆的频率与什么因素有关系。

步骤二，学生个人或小组根据教师提供的不同长度的绳子、不同质量的重物提出自己的假设。例如，摆动的频率依赖于绳子的长度、物体的质量或推力的大小。学生应当在教师的指导下提出假设（教师千万不要先告诉学生这一规律“单摆的频率取决于绳子的长度”），然后让学生进行检验。

步骤三，学生利用单摆的支架、绳子、剪刀、一些重物进行变量控制实验，探索绳长、物体质量以及推力大小与单摆频率之间的关系；观察每次改变之后单摆的频率，并记录实验数据，然后对数据进行分析、总结，看看是否验证了自己的假设。

步骤四，学生总结不同变量控制的数据，形成一个综合结论：单摆的频率取决于绳长，而不取决于物体的质量和推力的大小。教师在整个过程中给学生提供一些提示和指导，如一次只变化一个变量的实验控制方法、如何制作数据记录表格等。教师在最后也可以继续让学生利用所发现的规律解决一些问题。例如，试着做一个每分钟摆动15次的单摆，或者试着用两个不同的绳长做两个频率一样的单摆。

3. 评价

布鲁纳是推动美国以认知—结构学习理论为指导进行改革教学运动的极为重要的人物，在心理学为教育教学服务方面做出了显著的贡献。他把教育的关注点放在学生获得知识的内部认知过程和教师如何组织课堂以促进学生“发现”知识上。该理论强调学生学习的主动性，强调学习的认知过程，重视认知结构的形成，注重学习者的知识结构、内在动机、独立性与积极性在学习中的作用。

然而，布鲁纳的学习与教学理论也存在一些偏颇的地方。第一，他的学习与教学理论完全放弃知识的系统讲授，而以发现法教学来代替，夸大了学生的学习能力，忽视了知识学习活动的特殊性，忽视了知识的学习（知识的再生产过程）与知识的生产过程的差异。第二，布鲁纳认为，“任何科目都可以按某种适当的方式教给任何年龄的任何儿童”，然而实践证明这是无法实现的。第三，发现学习在当时虽然有积极作用，然而人们指出，发现法运用范围有限，从学习主体来看，真正能够用发现法学习的只是极少数学生；从学科领域来看，发现法只适合自然科学邻域某些知识的教学，对于文学、艺术等以情感为基础的学科不是完全适用的；从执教人员来看，发现法教学没有现成方案，过于灵活，对教师知识素养和教学机智、技巧、耐心等要求很高，一般教师很难掌握，反而容易弄巧成拙；从效率上看，发现法耗时过多，不经济，不适用于在短时间内向学生传授一定数量的知识和技能的集体教学活动。

（三）奥苏贝尔的认知—同化学习理论

1. 有意义学习

奥苏贝尔（D. P. Ausubel）注意到发现学习在实践中的局限性，提出了有意义学习的概念，并对机械学习与有意义学习之间的关系进行仔细区分。奥苏贝尔认为，有意义学习（meaningful learning）过程的实质是符号所代表的新知识与学习者认知结构中已有的适当观念建立非任意的和实质性的联系。实质性联系和非任意性联系是有意义学习区别于机械学习的两条标准。所谓实质性联系，是指新的符号或观念与学习者认知结构中已有的表象、符号、概念或命题的联系。非任意性联系是指新知识与认知结构中有关观念存在某种合理的或逻辑上的联系。例如，学习者原有认知结构中已有命题“三角形内角之和等于180°”，现在学习新命题“四边形的内角之和等于360°”，可以通过推导出任何四边形都可以分成两个三角形，来记住“四边形的内角和为360°”这一定理，这种联系就是合理的而非任意的联系。与之相反，机械学习只是记住字面意义，不仅记忆效果不好，而且知识很难进行迁移，只要问题情境稍微产生变化，学生就无法找到答案，很难做到举一反三。奥苏贝尔有意义学习的提出，为教学提供了新的启示。我们不一定仅是通过发现学习获得认知结构的变化，也可以通过新旧知识的联系更新认知结构。

2. 认知同化过程

奥苏贝尔认为，新信息与认知结构中已有的有关观念相互作用是一种认知同化的过程。根据新旧观念的概括水平及其联系方式的不同，奥苏贝尔提出了3种认知同化的过程。

第一，下位学习（subordinate learning）。下位学习又称为类属学习，是指将概括程度或包容范围较低的新概念或命题，归属到认知结构中原有的概括程度或包容面较广的适当概念或命题之下，从而获得新概念或新命题的意义。比如，学生学习了“杠杆”的概念，知道了杠杆的力臂原理，而后他们学习定滑轮的知识，把“定滑轮”同化到“杠杆”的概念下，理解了定滑轮实质上属于等臂杠杆，就能很容易地理解定滑轮为什么不省力。随着对定滑轮概念的同化理解，学生对杠杆的理解也会有一定变化：杠杆并不一定是一根细长的杆，也可以是一个圆轮子。下位学习分为两种类型：一种是派生类属，即新的学习内容仅仅是学生已有的、包容面较广的命题的一个例证，或是能从已有命题中直接派生出来的。例如，如果儿童已知道“猫会爬树”这一命题，那么他就能理解“邻居家的猫正在爬门前那棵树”这一新命题。另一种是相关类属，即当新内容扩展、修饰或限定学生已有的概念、命题并使其精确化时，表现出来的就是相关类属。例如，儿童已知“平行四边形”这一概念的意义，那么我们可以通过“菱形是四条边一样长的平行四边形”这一命题来界定菱形。在这种情况下，我们通过对“平行四边形”加以限定，产生了“菱形”这一概念。

第二，上位学习（super-ordinate learning）。上位学习是指新概念、新命题具有较广的包容面或较高的概括水平，这时，新知识通过把系列已有的观念包含于其下而获得意义，新学习的内容便与学生认知结构中已有观念产生了一种上位关系。例如，儿童往往是在熟悉了“胡萝卜”“豌豆”和“菠菜”这类下位概念之后，再学习“蔬菜”这一上位概念的。

第三，组合学习（coordinate learning）。当新概念或新命题与认知结构中已有的观念既不产生下位关系又不产生上位关系时，它们之间可能存在组合关系。这种只能凭借组合关系来理解意义的学习就是组合学习。学生在各门自然学科、数学、社会学科和人文学科中学习的许多新概念，如质量与能量、热与体积、遗传与变异、需求与价格之间的关系，都属于组合学习。这类关系的学习虽然既不类属于学生已掌握的有关观念，也不能总括原有的观念，但它们之间仍然具有某些共同的关键特征。在这种学习中，实际学习者头脑中没有可以直接加以利用的观念，学习者只能在更一般的知识背景中为新知识寻找适当的固定点。这种学习通常会更为困难。

3. 接受学习

根据认知同化理论，奥苏贝尔倡导接受学习的方法。接受学习是一种由教师引导学生接受事物意义的学习，有时也称为讲授教学，是指以有组织、有意义的方式将知识讲授给学生的教学。这种教学主要适用于有意义的言语信息的学习。

奥苏贝尔认为接受学习需要遵循逐渐分化原则和整合协调原则，并利用先行组织者技术进行教学。逐渐分化原则是指先传授最一般的、包摄性最广的观念，然后根据具体细节对它们逐渐加以分化。整合协调的原则是指要求学生对认知结构中的现有要素重新加以组合。奥苏贝尔认为，所有导致整合协调的学习同样也会导致学生现有知识的进一步分化。此外，奥苏贝尔还提出了另外两条原则：①序列组织原则，强调前面出现的知识应为后面出现的知识提供基础；②巩固原则，强调在学习新内容之前必须掌握刚学过的内容，确保学生为新的学习做好准备，为新学习的成功奠定基础。

奥苏贝尔就如何贯彻"逐渐分化"和"整合协调"的原则提出了一项具体应用的技术：设计先行组织者（advance organizers）。先行组织者是指先于学习任务本身呈现的一种引导性材料，它要比学习任务本身具有更高的抽象、概括和综合水平，并且能清晰地与认知结构中原有的观念和新的学习任务关联。先行组织者可以是一个概念定义、一个新材料与已知例子共属的类别、一个概括、一个类比或者一个故事。设计组织者的目的是为新的学习任务提供观念上的固定点，增加新旧知识之间的可辨别性，以促进类属性的学习。教师通过呈现组织者，为学习者已知的东西与需要知道的东西之间架设一道知识之桥使他更有效地学习新材料。具体而言，先行组织者起到 3 个作用：①把学习者的注意引向即将学习的材料中最重要的内容；②集中概括即将呈现的概念之间的关系；③提示学习者已有知识和即将遇到的新材料之间的关系。

（四）加涅的学习的信息加工理论

认知主义学习理论受信息加工理论的影响，把学习过程类比计算机的工作机制，把学习看作是对信息的编码、保存和提取的过程。信息加工的代表人物加涅（R. Gagne）认为，学习过程是人类学习者内部的功能结构所完成的各种信息加工过程。这些过程把环境刺激转换成多种形式的信息，逐渐形成长时记忆的某种状态，这种状态构成了能力倾向的基础。不同能力倾向的变化需要不同的内部和外部条件。教学就是要合理安排可靠的外部条件来支持、激活、促进学习的内部条件和过程。

在信息加工模式中，环境中的刺激作用于学习者的感受器，通过感觉登记器进入神经系统。最初的刺激以映像的形式保持在感觉登记器中，保留 0. 25 ~ 2 秒。当信息通过注意进入短时记忆后，被以语义的形式进行更精确的编码。短时记忆一般只保持 2. 5 ~ 20 秒，但是经过复述、精细加工和组织等编码，信息从短时记忆转移到长时记忆中进行储存。长时记忆可以保持很久，甚至一生。保存在长时记忆中的信息构成了学习者的知识系统，当新的学习部分地依赖于对学生原先学过的东西的回忆时，这些原先学习过的东西就从长时记忆中检索出来并重新进入短时记忆，这时短时记忆也被称为工作记忆。从短时记忆或长时记忆中检索出来的信息要通过反应发生器，从反应发生器中传来的神经传导信息使效应器（肌肉）活动起来，产生一个影响学习者环境的操作行为。这种操作使外部的观察者了解原先的刺激发生了作用——信息得到了加工，也就是说学习者确实学了点什么。

加涅认为，在这个信息加工过程中，一组很重要的结构就是“执行控制”和“预期”两个部分。“执行控制”，即已有的经验对现在学习过程的影响；“预期”，即动机系统对学习过程的影响。整个学习过程都是在这两个结构的作用下进行的。学习过程是一个从不知到知的活动过程，分成 8 个阶段：①动机阶段，学习者被告知学习目标，形成对学习结果的期望，激起学习兴趣；②领会阶段，依据其动机和预期对外在信息进行选择，只注意那些与学习目标有关的刺激；③习得阶段，对信息进行编码和储存；④保持阶段，将已编码的信息存入长时记忆；⑤回忆阶段，根据线索对信息进行检索和回忆；⑥概括阶段，在变化的情境或最现实的生活中利用所学知识，对知识进行概括，将知识迁移到新的情境中；⑦操作阶段，利用所学知识，对各种形式的作业进行反应；⑧反馈阶段，通过操作活动的结果认识到学习是否达到了预定目标，从而在内心得到强化，使学习活动告一段落。

三、认知教学法

（一）利用有指导的探索进行发现学习

发现性学习鼓励学生对要学习的信息进行非结构化探索，从而主动地发现概念、规则或者原理。然而，没有来自教师的任何指导，缺乏预备知识或者激活了不恰当的知识，学生可能无法将需要学习的原理整合到自己的记忆系统中；也可能因为发现过程中的可能性太多，学生根本无法发现原理。因此，在发现学习中，可以采用指导性探索的方法。在这种方法中，教师提供足够的指导以确保学生发现要学习的规则或者原理。对于寻求发现物理原理的高中生，教师要提供一般的实验指南，指导他们的实验，并对他们的进展进行监控，在必要的时候将他们的活动引导到正确的方向上。有指导的探索能有效地促进小学至高中的学生对新知识的学习和迁移，但是，教师在决定提供多少以及何种类型的指导时还是需要考虑学生的个别能力和需要。

（二）提供以有意义学习为目的的讲解式教学

讲解式教学的目标不是让学生独立地发现要学习的内容，而是要确保学习者以一种有意义的方式把新信息整合进记忆。讲解式教学对科学、数学、社会学或健康等科目，尤其是对小学高年级到高中的学生都是很有效的。

在讲解式教学中，教师介绍新知识时要强调它与学生已知知识、现实生活中的事例和情境的关联。教师可以使用先行组织者技术，在教学前呈现一般信息，提供给学习者以整合新信息的框架。如花一些时间回顾本部分开头的本章大纲，还可以视觉呈现流程图，介绍一个过程或一个类比。例如，用相机类比人类的眼睛来教小学生人类的眼睛是如何工作的。在激活学生的相关知识后，教师可以以一种高度组织的方式呈现学习内容，即先呈现整体的或前提性知识，然后再到其分化部分的、更具体的学习内容，为学生整合新知识提供可靠的基础和框架。此外，教师可以给学生提供在多种不同的情境中练习新知识的机会，以达到对新内容的完全理解。

（三）根据学生的注意规律设计和实施教学

随着时间的推移，学生获取新信息的能力和分辨重要信息的能力在不断变化，教师应注意根据学生的心理发展水平来设计课程。在课堂上可综合采用多种教学方法使学生集中注意力。一节课前几分钟由老师讲课和演示，之后可以考虑停下来让学生讨论和练习新的概念，或是让他们以小组形式完成一项任务。如果有条件，可以让学生亲身参与角色扮演、演示、做实验以及调查研究。在课堂上，利用重复将学生注意力集中到重要的概念上，让学生做笔记、画概念图或者是图表。提问学生关于材料的问题，来指引他们注意的方向，可以向全班提出问题，也可向某个学生提问，这都可以帮助学生注意并开始思考。在从一个活动转向另一个活动或者转向另一个主题之前，让学生记录刚才讨论过的或学习到的问题或是总结。这种做法鼓励学生在活动、讨论和讲座进行的时候注意它们并在结束前进行信息加工。读懂学生的肢体语言和面部表情，识别他们节奏变化的时机。通过引入变化和新奇的东西，维持学生的好奇心。此外，注意在学生久坐之后提供休息时间。

在课堂管理中，设计出一种信号告诉学生停下手中的事将注意力集中在教师的身上（如以铃声、一种掌声、一种熟悉的口号来开始一堂课）。在课堂环境的设置中，可以合理安排座位，使学生的注意力能集中在老师身上。一般来说，坐在教师身边的学生能更好地集中注意力。要使教室里的注意力分散现象降到最低，这样就不会干扰学习。

关于其他基于信息加工的学习策略将在下一节中做进一步介绍。

第四节　认知理论在知识学习中的应用

一、知识的分类与获得

（一）知识的分类

安德森（Anderson，1983）从信息加工的角度，将知识分为陈述性知识（declarative knowledge）和程序性知识（productive knowledge）。陈述性知识是关于"是什么"的知识，是对事实、定义、规则和原理等的描述。程序性知识则是关于"怎么做"的知识，如怎样进行推理、决策或者解决某类问题等。陈述性知识容易被人意识到，而且人能够明确地用词汇或者其他符号将其系统表述出来。例如，中学生可以说出功的计算公式"$W=FS$"，而程序性知识体现在实际活动中，个体到底有没有程序性知识不是通过他的回忆而是通过他的活动才能判断出来。如同样对知识"功"，学生不仅可以说出功的计算公式，而且可以根据公式对所接受的信息进行加工变换，用公式来解决有关的问题，如果他知道了力的大小为 5 牛顿，物体在力的方向上通过的距离为 10 米，他就可以计算出功的值为 50 焦耳，这就意味着他具有了这方面的程序性知识。程序性知识是与一定的问题相联系的，在一定的问题情境面前，它会被激活，而后被执行，这一过程几乎是自动进行的，不需要太多的意识。

（二）知识的表征

知识的表征（knowledge representation）指知识在头脑中的表示形式和组织结构。个体一旦获得知识，就会在头脑中用某种形式和方式来代表其意义，把它储存起来。例如，我们用"狗"这个词来代表那样一类擅长跑、嗅觉灵敏的动物，但有时说起狗，我们头脑中就会浮现出狗的形象。不同类型的知识在头脑中以不同方式表征。陈述性知识以概念、命题、命题网络、表象或图式表征，而程序性知识主要以产生式表征，有时也可能以图式表征。

1．概念

概念代表着事物的基本属性和基本特征，是一种简单的表征形式。比如"眼镜"就包含了这样一些特征：有两个圆镜片，有两条眼镜腿，用来矫正近视等。特征本身又分为直觉特征（如颜色）、功能特征（如用于凿洞）、关系特征（如表弟是某人的阿姨的孩子）等。不同概念在头脑中是互相联系的，又具有一定的层次关系，因此它们就构成了概念层次网络组织。

2．命题和命题网络

命题（proposition）是知识的最小单元，用于表述一个事实或描述一个状态，通常由一个关系和一个以上的论题组成，关系限制论题。例如在“小狗吃骨头”这一命题中，“小狗”和“骨头”是两个论题，“吃”是两个论题的关系。

命题用句子来表达，一个句子可以包含一个或多个命题。例如，“妈妈给小花买了一件漂亮的衣服”。这个句子由两个命题组成，分别是“妈妈给小花买了一件衣服”和“这件衣服很漂亮”。虽然命题由句子组成，但命题不等同于句子。句子代表着交流观念的方式，有一定的语法结构、句式，而命题只涉及句子表达的意义，跟具体的句式无关。

共同涉及某些信息的命题能相互联系起来形成命题网络。如“孩子们正在玩过家家的游戏”中包含两个命题，分别是“孩子们正在玩游戏”和“这个游戏叫过家家”。这两个命题共享“游戏”这个信息，就构成了一个简单的命题网络。长时记忆中的大部分陈述性知识就是以相互联系的概念和关系构成的命题网络的形式存在的。与命题一样，命题网络储存的也是事件的意义，当人们要回忆一些信息时，可以将事件的意义转化为熟悉的短语、句子或心理图像。命题网络能够保持大量的相关信息，从而使人们在回忆一些信息时可以引发对另一些信息的回忆。因此，网络式的信息表征有利于信息的记忆和有效提取。

3．表象和表象系统

表象（mental image）是个体对当前不存在的物体或事件的外观、结构或其他物理特性的心理表征（Katz，1980）。表象可以在多种感觉通道（如视觉、听觉、嗅觉、味觉和触觉）中产生。例如，想象中的鸟的形象是视觉表象，想象中的火车的汽笛声是听觉表象。

表象具有直观性、概括性和可操作性。表象具有直观性，它是以过去知觉过的内容为基础的。但表象较之知觉可能是不完全的、不稳定的。表象具有概括性，它是对某一类对象的表面感性形象的概括性反映。表象还具有可操作性，它可以被分析综合，被放大缩小，也可以被旋转嫁接。表象是感知与思维之间的过渡形式，让形象思维和创造性思维成为可能。

表象作为一种特殊的信息表征方式在词汇学习、阅读理解、问题解决、推理以及创造性活动中均有重要作用。例如，科学家凯库勒发现的苯的环形化学结构、沃森和克里克建立的DNA（脱氧核糖核酸）双螺旋分子结构模型，都是利用了表象来实现创造。教学中借助表象训练还能够提高教学质量，并有助于学生发展思维能力（张霞、刘鸣，2010）。例如，在学习立体几何时，教师要训练学生运用表象做心理旋转；在语文课上，教师也可以鼓励学生想象课文中描绘的情景。教师还可为学生提供一些视觉辅助，如图片、概念图或实物教具等以促进学生形成更好的视觉表象，提高记忆质量。

4. **图式**

图式（schema）是指有关某一主题的有组织的知识结构。它是在个体记忆中有关一个物体、事件、概念或者技能的重复发生的经验模式，是用来组织相关概念的认知框架。例如，一想到教室，我们就会马上想到与它有关的概念要素，如教师、学生、讲台、课桌等，会想到一节课的典型模式。图式具有下列一些特征。

（1）图式内含有变量。例如，在“猴子”的图式中有毛、眼睛、爪子和尾巴等变量，这些变量的值是可以改变的，不同的猴子猴毛有长有短，眼睛的颜色也不尽相同。

（2）图式具有层次。图式可以是一个很小、单一的观念，也可以是足够大并且内部有关联的观念（Marshall，1995）。例如，你可能对自己的宠物小猫有一个图式，你也可能对猫科动物，如老虎、狮子等有一个较为综合的图式。

（3）一个图式可以成为另一个图式的一部分，并且图式之间能够内部关联（Schallert，1982）。例如，随着一个教师学习了越来越多的教学知识，其教案的图式可能包含教师管理、对学生学习情况的评价，或者与之关联起来。

（4）图式可以不断丰富和发展。随着我们对同一事件有越来越多的经验，我们对这个事件的图式会变得越来越丰富和具体（Schallert，1982）。

（5）图式是灵活的、可以推论的。图式存储了事件的一般特征，并且能够被应用到理解这种事件的不同例子中（Marshall，1995）。如果我们建立起快餐用餐的图式，我们就知道在任何一家快餐店如何用餐。

（6）图式具有不同的分类，如物体图式（如房子的图式）、事件图式（脚本）、动作图式（如洗衣服的图式）等。事件图式（event schema）（或“脚本”，script）是指行动的顺序或存储在记忆中的行动计划（Schraw，2006）。我们都有关于事件的脚本，例如乘坐交通工具出行，由于交通工具不同（比如飞机或者火车），这些脚本并不完全相同。我们在餐馆吃饭也符合某个脚本：找到合适的位子—看菜谱—点菜—服务员上菜—

买单等。脚本会影响我们的预期，并引领我们在各种情境中的行动。

教师可以教授一些有关学习的事件图式来提高学生的学习效率，如解应用题、做实验和阅读测验的程序等。

教师还可以利用有关文本或故事结构的图式——故事语法（story grammar）帮助学生理解和记忆故事（Gagne et al.，1993），故事语法存储了出现在故事中的不同种类的组织结构。例如，故事七要素（时间、地点、任务、事件、起因、经过和结果）就是一种故事语法。要理解一个故事，我们就要选择一个合适的图式，然后利用这个图式的框架来决定要记住或寻找哪些信息。对故事结构的掌握会提高我们理解和回忆所读故事的能力。

5. 产生式和产生式系统

产生式（production），也称条件—动作序列，是指个体大脑中存储的一系列以“如果这样，则那样做”形式表示的规则。它是表征程序性知识的最小单位。例如，如果体育老师喊“预备，跑”，那么学生开始赛跑；如果走路累了，就坐下来歇一歇；如果你想在雪地上滑得更快，就稍微向后倾斜。当“如果”的这个条件满足时，就要采取行动。

产生式具有自动激活的特点，一旦满足了特定的条件，就会产生相应的行动，经常不太需要个体明确的意识。而且，一个产生式的结果可以作为另一个产生式的条件，从而引发其他行动，这样众多的产生式联系在一起就形成了相对复杂的产生式系统。产生式系统（production system）是指将多个产生式进行整合而形成的条件—动作系列。在这个系统中，个体将依次进行“如果……那么……”的检查，“如果”条件一旦满足，就采取相应的行动，然后看下一个“如果”条件是否满足，一旦满足就采取下一个行动。

（三）知识的获得

1. 陈述性知识的获得

知识的获得主要通过知识直观和知识概括两个环节得以实现。

（1）知识直观

知识直观是主体通过对直接感知到的教学材料的表层意义、表面特征进行加工，形成对相关事物的具体的、特殊的和感性的认识。直观是理解知识的起点，是知识获得的首要环节。

在实际的教学过程中，主要有三种直观方式，即实物直观、模象直观和言语直观。

实物直观是指通过直接感知要学习的实际事物而进行的一种直观方式。例如，观察各种实物、演示各种实验、到工厂或农村进行实地参观访问等。实物直观的优点是给人以真实感、亲切感，所得到的感性知识与实际事物间的联系比较密切，因此有利于激发学生的学习兴趣，调动学习的积极性。其缺点是由于实物直观的本质属性与非本质属性联系在一起，并且由于受时空与感官特性的限制，许多事物的特征与联系难以在实物直观中直接被觉察。

模象直观是指通过对事物的模拟性形象直接感知而进行的一种直观方式。例如，对各种图片、图表、模型、幻灯片和教学电影电视等的观察和演示。模象直观的优点是可以人为地排除一些无关因素，突出本质要素；并且可以根据观察需要，通过大小变化、动静结合、虚实互换、色彩对比等方式扩大直观范围，不受实物直观的局限，提高直观效果，扩大直观范围。因此，它已成为现代化教学的重要手段，是现代教育技术学研究的重要内容。但是，由于模象只是事物的模拟形象，与实际事物之间有一定距离，因此要使通过模象直观获得的知识能在学生的生活实践中发挥更好的定向作用，应注意将模象与学生熟悉的事物进行比较。同时，在可能的情况下，尽量使模象直观与实物直观结合进行。

言语直观是在形象化语言的作用下，通过学生对语言的物质形式（语音、字形）的感知及对语义的理解而进行的一种直观形式。言语直观的优点是不受时间、地点和设备等条件的限制，可以广泛使用。同时也能运用语调和生动形象的事例去激发学生的感情，唤起学生的想象。但是，言语直观所引起的表象，往往不如实物直观和模象直观鲜明、完整、稳定。因此，在可能的情况下，应尽量配合实物直观和模象直观。

（2）知识的概括

知识的概括是指主体通过对感性材料的分析、综合、比较、抽象、概括等深度加工改造，从而获得对一类事物的本质特征与内在联系的抽象的、一般的、理性的认识的活动过程。知识的概括包含感性概括和理性概括两种类型。感性概括即直觉概括，它是在直观的基础上自发进行的一种低级的概括形式。理性概括是在前人认识的指导下，通过对感性知识经验进行自觉的加工改造，来揭示事物的一般的本质的特征与联系的过程。感性概括和理性概括的区别如下：从内容上看，感性概括并没有反映事物的本质特征和内在联系，所概括的一般只是事物的外表特征和外部联系，是一种知觉水平的概括；理性概括是一种高级的概括形式，它所揭示的是事物的一般因素与本质因素，是思维水平的概括。从感性概括中，只能获得概括不充分的日常概念和命题。只有通过理性概括，才能获得揭示事物本质的科学概念和命题。

2. 程序性知识的获得

学生不仅要理解并记忆知识，更要能够运用知识解决问题。例如，学生能够按照指定规则造句、作文，计算平行四边形面积，进行异分母分数的加法运算等，这些都属于程序性知识的学习。程序性知识的学习实质是掌握做事的规则，也就是传统意义上的技能获得，程序性知识的获得包括相互联系的两个部分：模式识别学习和动作序列学习。

程序性知识是在陈述性知识学习的基础上，经过大量的练习和反馈，达到熟练和自动化的程序。根据安德森的理论，程序性知识的获得主要由以下三个阶段构成。

（1）程序性知识的获得阶段

①认知阶段。学生通过学习以命题形式表征的陈述性知识来理解有关事实、命题、概念、原理和行动步骤等，例如学习公式：路程 = 时间 × 速度。在学会运用这个公式之前，学生第一步需要知道这个公式的含义、适用范围，之后才能在此基础上灵活运用。

②联系阶段。学生将以命题形式表征的陈述性知识转变为以产生式形式表征的程序性知识，将原理和行动步骤转变为一系列的条件—动作。如已知路程的公式，已知速度和时间（条件），那么根据“路程 = 速度 × 时间”，就可以求解出路程（动作）。

③自动化阶段。随着进一步的练习，学生无须有意识地控制或付出心理努力就能够自动完成有关活动步骤。这时操作的准确性和速度均得到了很大提高，表现为纯熟的技能，不需要提取有关操作步骤的知识。例如，学生不用想着具体的步骤就能快速而准确地计算圆的面积、半径、直径和周长。

（2）模式识别的学习

模式识别是指学习者将输入刺激（模式）的信息与长时记忆中的有关信息进行匹配，从而辨认出该刺激属于什么范畴的过程。例如学生学习圆形的概念后，就可以根据圆形的概念进行图形判断。圆的模式识别的产生式如下：如果图形是两维的，图形是封闭的，且图形上各点距中心的长度相等，那么判断该图形为圆，并说出这是圆。

（3）动作序列的学习

动作序列（action sequence）是指学习者顺利执行、完成一项活动的一系列操作步骤，涉及对动作进行排序。这一过程涉及两个阶段：程序化和程序组合。

程序化是指将动作步骤从陈述性知识的表征转换成程序性知识表征的过程，程序化之后执行某个动作不再需要提取陈述性知识。

程序组合是指把若干个产生式合成一个产生式，把简单产生式合成复杂的产生式。

程序组合的基本条件是有关联的两个产生式同时进入工作记忆，第一个产生式的行为项成为第二个产生式的条件项，第一个产生式的条件项保留，两个产生式的行为项合起来成为行为项，这就形成了一个新的产生式（皮连生，2004）。例如，学习蛙泳的产生式如下：

P_1：如果双手划水时，那么头抬起来；

P_2：如果头抬起来时，那么要赶快换气；

程序合成为 P：如果双手划水时，那么头就抬起来，并赶快换气。

二、学习的策略

（一）学习策略的界定

学习策略是指学习者为了提高学习的效果和效率，有目的、有意识地制定有关学习过程的复杂方案（陈琦、刘儒德，2007）。这一界定明确了学习策略的四个方面的特征：①学习策略是学习者有意识、主动使用的。学习者为了完成学习目标、提高学习的效率，主动使用学习策略。学习者学习时先要分析学习任务和自己的特点，然后根据这些条件，制订适当的学习计划。②学习策略是有效学习所必需的。学习策略的使用是为了提高学习效率。例如，记忆英语单词，如果反复朗诵，最终也能记住，但是，保持时间不会太长，记忆也不会很牢靠。相反，如果采用分散复习、尝试用背诵或关键词联想的方法，记忆的效果和效率一下子会得到很大的提高。③学习策略不等同于学习方法，它是有关学习过程的方案。它规定学习时做什么不做什么、先做什么后做什么、用什么方式做、做到什么程度等方面的问题。④学习策略是学习者制订的学习计划，由规则和技能构成。严格说来，所有学习活动的计划都是不相同的，每一次学习都有相应的计划。但相对而言，同一种类型的学习存在基本相同的计划，这些基本相同计划就是我们常见的一些学习策略，如阅读策略、组织策略、画线策略等。

许多学者对学习策略的成分和层次进行了理论上的探讨。简单地说，策略是由两种相互作用的成分组成的，一种是基本策略，用来直接操作学习材料，如领会和记忆策略；另一种是辅助性策略，被用来维持合适的学习心理状态，如集中注意策略。迈克尔等（1990）区分了三种学习策略（见图3－5）。

- 学习策略
  - 认知策略
    - 复述策略（如重复、抄写、画线等）
    - 精细加工策略（如想象、口述、总结、做笔记、类比、答疑等）
    - 组织策略（如组块、选择要点、列提纲、画地图等）
  - 元认知策略
    - 计划策略（如设置目标、浏览、设疑等）
    - 监视策略（如自我测查、集中注意、监视领会等）
    - 调节策略（如调查阅读速度、重新阅读、复查、使用应试策略等）
  - 资源管理策略
    - 时间监督（如建立时间表、设置目标等）
    - 学习环境管理（如寻找固定地方、安静地方、有组织地方等）
    - 努力管理（如归因于努力、调整心境、自我谈话、自我强化等）
    - 其他人的支持（如寻求教师或伙伴帮助、小组学习等）

图 3－5　学习策略的分类

（二）学习策略的类型介绍

1. 认知策略

认知策略体现为加工信息的一些方法和技术，这些方法和技术有助于学习者有效地从记忆中提取信息。

（1）复述策略

复述策略（rehearsal strategy）指在工作记忆中为了保持信息，运用内部语言在大脑中重现学习材料或刺激，以便将注意力维持在学习材料之上的策略。在某些简单的任务中，如查找一个电话号码，人们会用到复述策略。为了在长时记忆中建立信息，人们也需要复述策略。

复习是实施复述策略的一种重要形式，它对学习有重要的促进作用。良好的复习策略有及时复习、分散复习、复习形式多样化、尝试背诵、自问自答等。

①及时复习。心理学家艾宾浩斯等发现，遗忘的进程是先快后慢，在识记后的 20 分钟就差不多遗忘了 40% 左右，过几天就忘得差不多了。如果过了很长时间，一直等到考试前才复习，就几乎等于重新学习了。要抵抗遗忘，就要在遗忘大量发生的时候进行复习。复习的黄金 2 分钟，是指在学习后 10 分钟，只用 2 分钟复习就能很好地抵抗遗忘。

②分散复习。分散复习是指每隔一段时间重复学习一次或几次。对于大多数学习，

分散复习更有利于长期保持，学习之后要复习四五次才能将所学内容长期牢固地存储在头脑里。大体复习间隔时间安排为：10 分钟、一天、一周、一个月、两个月、半年之后对同一个材料各复习一次。

③复习形式多样化。将所学的知识用实验来证明、写成报告、做出总结、与人讨论以及向别人讲解等比单调重复更有利于理解和记忆。某一领域的专家之所以能记得住许多专业知识，是他们在反复地应用这些知识。只有善于在不同的情境下反复应用所学的知识，才能加深对知识的理解和保持。

学习金字塔（如图 3－6）是 20 世纪 60 年代美国缅因州贝瑟尔国家培训室提出来的。这个金字塔显示了学生以不同学习方法完成学习 24 小时后对新学内容的保持率。位于塔尖的方式是听老师讲授，一天之后学生只能记住 5%。从塔尖往下走，学生投入学习的程度越来越高，对内容的保持率也越来越高。塔底是向他人讲授或者立即运用所学内容，一天之后能够保持 90%。俗话说：“教一年等于学三年。”让学生记住知识的最好方式不是一味地简单重复而是让学生有机会讨论、讲解和应用所学知识。

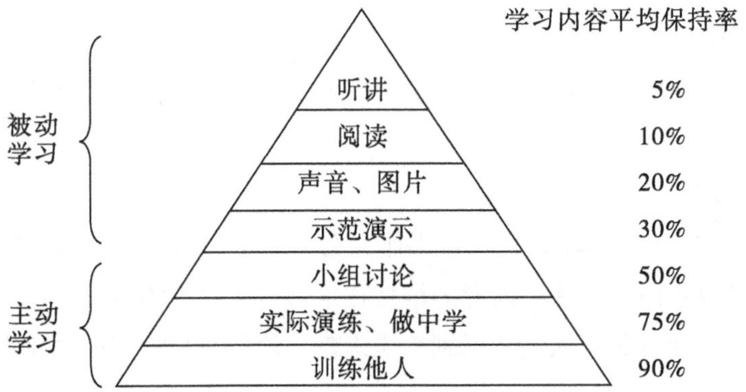

图 3－6　学习金字塔

④尝试背诵。复习时可以采取阅读与回忆相结合的方法。阅读两遍自己觉得记住了，就合上书回忆书中的内容，回忆时用自己的话说出来效果会更好。回忆后再对照书或笔记看哪些地方有错、有难点，就在这些地方多下点功夫，直到能熟练回忆为止。

⑤自问自答。复习时可以一边阅读，一边自己提问题自己回答，然后根据回答或背诵的情况，检查自己的错误和薄弱环节，以便重新分配学习的内容。

（2）精细加工策略

精细加工策略（elaboration strategy）指一种将学习材料与头脑中已有知识联系起来，

从而增加新信息意义的深层加工策略。记忆术就是一种典型的精细加工策略。记忆术（mnemonics）指一种通过给识记材料安排一定的联系以帮助记忆，并提高记忆效果的方法。记忆术的基本原则是通过精细加工和联想使无意义的材料意义化，使抽象的内容形象化，使分散而无内在联系的材料系统化。一个新信息与其他信息的联系越多，能回忆出该信息的原貌的途径就越多，也就是提取线索越多，回忆就越容易。因此，它是一种理解性记忆策略，和复述策略结合使用，可以显著提高记忆效果。

①位置记忆法。位置记忆法（loci method）是一种传统的记忆术。这种技术在古代不用讲稿的讲演中广泛使用，而且沿用至今。使用位置记忆法时，学习者在头脑中创建一幅熟悉的场景，在这个场景中确定一条明确的路线，在这条路线上确定一些特定的点，然后将所要记的项目全都视觉化，并按顺序和这条路线上的各个点联系起来。回忆时，按这条路线上的各个点提取所记的项目。位置记忆法对于记忆有顺序的系列项目特别有用。古罗马元老院的政治家们常常用此法记住自己演说的要点。他们常常在自己的身体上、房间确定出许多特定的点来加以利用。

②缩简和编歌诀。缩简就是将识记材料的每条内容简化成一个关键性的字，然后变成自己熟悉的事物从而将材料与过去经验联系起来。有时，可以将材料缩简成歌诀。歌诀韵律和谐，抑扬顿挫，非常有助于记忆。如《二十四节气歌》：“春雨惊春清谷天，夏满芒夏暑相连，秋处露秋寒霜降，冬雪雪冬小大寒。”

③谐音联想法。谐音联想法是指学习一种新材料时通过谐音，运用联想，借助意义辅助记忆。例如电流强度公式“$I = Q/t$”，可以谐音联想为“爱的丘比特”。

④做笔记。在学习时做笔记，能促进新信息的精细加工和整合。做笔记要求学习者对材料的中心思想进行心理加工，它要求学习者决定记什么。但笔记的种类会影响整合和组织信息的方法。逐字逐句地做笔记是对材料的详细编码，做总结性笔记将增进对材料的再组织和整合。用自己的话做笔记（用不同的词表达中心思想）和为了准备教别人而做笔记是很有效的，它们要求对信息进行高水平的心理加工，具有较高的生成性。在复杂的理论性材料中，用自己的话做笔记能起到很好的学习效果。要求有一定心理加工的笔记比纯粹笔录阅读材料更有效。为了增强学生做笔记的能力，教师在讲课或阅读之前，可以给学生提供一个“梗概”，这等于是给学生一个类目，引导他们做笔记。

有效的笔记需要两个步骤：自己做笔记和复习。只做笔记，不复习和借别人的笔记复习，学习效果都会比较差。

（3）组织策略

组织策略指整合所学新知识之间、新旧知识之间的内在联系，形成新的知识结构的策略。组织策略和精细加工策略是密不可分的，如做笔记和写提要等实际上是两者的结合。下面是一些常用的组织策略。

①列提纲。列提纲（outlining）是以简要的语词写下主要和次要观点，也就是以金字塔的形式呈现材料的要点。列提纲时，先对材料进行系统的分析、归纳和总结，然后用简要的语词，按材料中的逻辑关系，写下主要和次要观点。所列出的提纲要具有概括性和条理性，但其效果取决于学习者是如何使用它的。一种有效的方法是让学生每读完一段后用一句话做概括，另一种方法是让学生准备一个提要来帮助别人学习这些材料，这种活动可以促使学习者认真考虑什么重要、什么不重要。

②形成系统结构图。学完一门学科知识，可对学习材料进行归类整理，将主要信息归纳成不同水平或不同部分，然后形成一个系统结构图。复杂的信息一旦被整理成一个金字塔式的层次结构，进行理解和记忆就容易多了。在金字塔结构里，较具体的概念要放在较抽象概念之下，如图 3－7 所示。

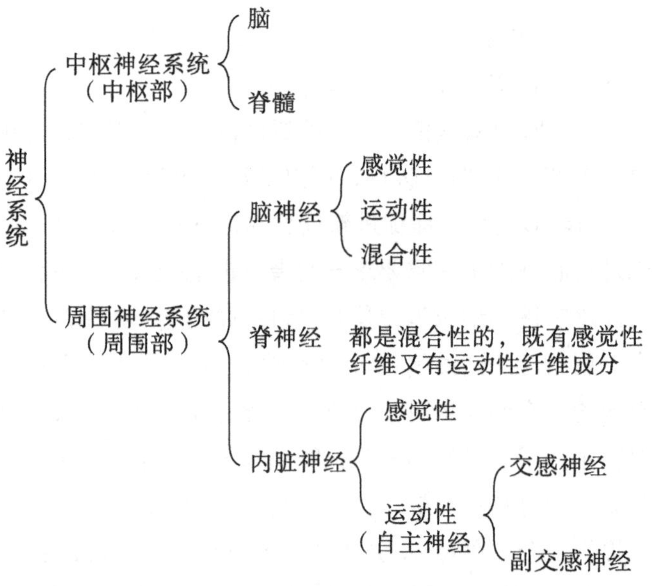

图 3－7 “神经系统”系统结构示意图

③制作表格。首先对材料进行全面的综合分析，然后抽取主要信息，并从某一角度出发，将这些信息全部罗列出来，力求反映材料的整体面貌。例如学习心理学各流派理

论，可以将各理论的主要观点归纳整理在一份表格之中。

2. 元认知策略

元认知是对认知的认知，具体地说，是个体关于自己认知过程的知识和调节这些过程的能力。元认知包含元认知知识和元认知控制两个部分。

（1）元认知知识

元认知知识（metacognition knowledge）是有关认知的知识，即关于个人的认知活动以及影响这种认知活动的各种因素的知识。具体来说，可分为三个方面。

第一，关于个人的知识，即关于自己与他人作为认知思维者的主体的一切特征的知识。具体来说，包括三方面的知识：①关于个体内差异的认识。包括正确地认识自己的兴趣、爱好、学习习惯、能力限度，知道如何克服自己在认知方面存在的不足，并且认识自己的学习观和知识观等。例如，“我擅长图解材料”或“我不擅长理解课本内容”。高年级学生甚至能够知道自己在某一段时间内能够掌握多少信息。②关于个体间差异的认识。包括知道人与人之间在认知方面以及其他方面存在的种种差异。③关于主体认知水平和影响认知活动的各种主体因素的认识。包括知道记忆、理解有不同的水平，知道注意在认知活动中的重要性，知道人的认知能力是可以改变的。

第二，关于任务的知识，即对学习材料、学习要求和学习目的的认知。最重要的任务知识涉及对任务难度的感知。学生往往基于三个方面的因素来判断任务难度：①内容，例如“这是一条有关英语的不规则动词的说明”；②长度，例如“这个单词很长”；③任务类型，例如“在考试中，选择题需要对材料信息进行再认，而简答题和论述题则需要对信息进行回忆”。

第三，关于策略的知识，即个体意识到自己对学习策略的选取、调节和控制有所认识。一般来说，年幼儿童不擅长使用策略知识。3 岁幼儿可以在一个特定的任务上学会一种策略，但不会自发地将这种策略应用到类似任务上（Flavell et al，2002）；到 8 岁时，儿童不用他人推动就能自发地使用策略（Beal，1987）；小学高年级学生已开始认识到在某种情境下使用某种策略效果更好（Flavell et al.，2002）。

（2）元认知控制

元认知控制（metacognition control）是学习者努力控制自己的认知、信念、情感和价值观的一种目的性行为，它是指学习者在进行认知活动的过程中，对自身认知活动所进行的积极的、自觉的监视、调节与控制。它包括认知活动前制订计划，认知活动中实行监控、评价和不断反馈，认知活动后对结果不断检查、调节和修正。

①计划策略。计划策略（planning strategy）指根据认知活动的特定目标，在一项认知活动之前计划各种活动，预计结果、选择策略，想出各种解决问题的方法，并预估其有效性。计划策略包括设置学习目标、浏览阅读材料、产生待回答的问题以及分析如何完成学习任务。给学习做计划就好比足球教练在比赛前针对对方球队的特点与出场情况提出对策。不论是完成作业，还是为了应付测验，学生在每一节课都应当有一个一般的“对策”。优秀的学生并不只是听课、做笔记和等待教师布置测查的材料。他们会预测完成作业需要多长时间，在写作前获取相关信息，在考试前复习笔记，在必要时组织学习小组，以及使用其他各种方法。换句话说，优秀的学生是一个积极的而不是被动的学习者。

②监控策略。监控策略（monitoring strategy）指在认知活动的实际过程中，根据认知目标及时评价、反馈自己认知活动的结果与不足，正确估计自己达到的认知目标的程度、水平并且根据有效性标准评价各种认知行动与策略的效果。监控策略包括阅读时对注意进行跟踪、对材料进行自我提问，考试时监视自己的速度和时间。这些策略使学习者警觉自己在注意和理解方面可能出现的问题，以便把它们找出来并加以修改。例如，学习者为了应考而学习时，会向自己提出问题，并且会意识到某些章节自己并不懂、自己的阅读和记笔记方法对这些章节不适用，需要尝试其他的学习策略。

③调节策略。调节策略（regulation strategy）指根据对认知活动结果的检查，如发现问题，则采取相应的补救措施，根据对认知策略效果的检查，及时修正、调整认知策略。元认知调节策略与监控策略有关。例如，当学习者意识到他不理解课文的某一部分时，他就会退回去重读理解有困难的段落；在阅读困难或不熟悉的材料时放慢速度；复习他不懂的课程材料；测验时跳过某个难题先做简单的题目；等等。调节策略能帮助学生矫正学习行为，补救理解上的不足。

元认知策略的几个方面总是相互联系在一起运作的。在学习过程中，学习者一般先认识自己的当前任务，使用一些标准来评价自己的理解、预计学习时间、选择有效的计划来学习或解决问题，然后执行学习计划并同时监视自己的进展情况，根据监视的结果采取补救措施。

3. 资源管理策略

资源管理策略（resource management strategy）是辅助学生管理可用环境和资源的策略。它有助于学生适应环境并调节环境以适应自己的需要，对学生的动机具有重要的作用。它包括学习时间管理策略、学习环境的设置策略、学习努力和心境管理策略以及学习求助策略等。其中，学习环境的设置策略主要表现为善于选择安静、干扰较小的地点开展学习，充分利用学习情境的相似性，等等。学习努力和心境管理策略主要指掌握一些方法来排除学习干扰，使自己的精力有效地集中在学习任务上。这里重点阐述学习时间管理策略和学业求助策略。

（1）学习时间管理策略

时间是极其重要的学习资源，有效的时间管理可以促进学习，并增强自我效能感；无效的时间管理则削弱信心，降低学习效率。齐默尔曼（2002）把学习时间管理视为一种有效的自我调节学习策略。他认为，自我监察是时间管理中的重要因素，学生没有意识到自己的时间使用情况，就不可能计划和合理使用自己的时间。

以下列出的是一些有效的时间管理策略：

①确立有规律的学习时段。每天只要预留固定的几个小时来学习，那么学习就不用每天重新计划，而会成为一种习惯化的活动。

②确立切合实际的目标。很多学生倾向于低估完成一个学习任务所需的时间，因此他们应该稍微高估所需的时间，直到有比较精确的估计能力为止。

③使用固定的学习区域。当学生在一个采光良好、远离噪声、没有分心因素、能够集中注意力的地方学习时，他们的时间利用会更高效。有些学生发现图书馆是学习的好地方，而有些学生则在家里营造一个高效读书空间。

④分清任务的轻重缓急。当学生有很多事情需要做时，应分清事情的轻重缓急，先完成相对重要的事情。通常来说，先解决困难的科目，然后完成相对容易的科目。因为人们的注意力往往是在开始的时候更为专注，可以运用“重要”和“紧急”两个维度进行自我判断，要学会将重要的事情先完成。

⑤学会对分心的事物说“不”。在学习中，经常会出现许多分心刺激，如朋友邀约、电子游戏、手机等，如果不能抵抗诱惑，就会浪费掉许多宝贵的时间。当学习中断后，学生往往需要花费很多时间将学习状态调整到最佳状态，由此容易造成时间浪费。

⑥自我奖励学习上的成功。学生可以把完成学习任务后就可做自己喜欢的其他活动作为条件，来提高自己的注意力。各种奖励是在学习目标实现之后才可以得到的。

（2）学业求助策略

在学习的过程中，学生总会碰到各种各样的困难，其中，有些困难是自己无法解决的，在这种情况下，学习者需要向他人寻求帮助。学业求助策略（help-seeking strategy）指学生在学习上遇到困难时，向他人请求帮助的行为。它是一种重要的社会支持管理策略。奈尔森-黎高（1985）按照求助者的目的将学业求助分为两大类。一种是执行性求助，它是指学习者面临自己不能解决的学习困难时，请求他人“替”自己解决困难。这种求助类型的学生只想要答案或者希望尽快完成任务，自己不做任何尝试就放弃了获得成就的能力，选择了依赖而非独立掌握。另一种是工具性求助，也称为适应性求助，它是学习者遇到学习困难时，借助他人的力量达到自己解决问题或者实现目标的目的。适应性学业求助的目的是独立地学习，而不是仅仅获得正确答案。因此使用工具性求助策略的学生，在自己能够解决问题的时候会拒绝他人的帮助；在需要帮助时，又能够主动寻求他人的帮助。除了这两种求助类型的学生，也有一些学生在遇到无法独立解决的困难时选择了回避求助，因为他们担心别人会认为他们很笨。

第五节　建构主义的学习理论

一、建构主义理论的基本观点

建构主义的思想可以通过一个故事来阐述。这个故事叫“鱼牛的故事”。故事内容如下：在一个小池塘里住着一条鱼和一只青蛙，它们俩是好朋友，都想出去看看外面的世界。但因为鱼不能离开水，所以只能由青蛙独自去完成这项任务。有一天青蛙回来了。青蛙告诉鱼，外面有好多新奇有趣的东西。“比如说牛吧，”青蛙说，“它的身体很大，头上长着两只弯弯的犄角，吃青草为生，身上有黑白相间的斑块，长着四只粗壮的大腿。”青蛙已经描述得很清楚了，在鱼的脑海里，出现的“牛”的形象是什么样的呢？原来是这个样子的牛——鱼牛（如图3-8）——也就是在鱼的身体上，加上了鱼所听到的牛的特征。鱼牛的故事体现了建构主义的基本思想，个体对知识的建构是基于经验的。

图3-8　鱼牛

（一）建构主义理论的知识观

传统的知识观认为知识是对客观事物的表征，因此，知识是客观的，对所有人是统一的，这是客观主义的观点。而建构主义则是与客观主义相对立的，它强调，意义不是独立于我们而存在的，个体的知识是由人建构起来的，对事物的理解不仅取决于事物本身。事物的感觉刺激（信息）本身并没有意义，意义是由人建构起来的，它同时取决于我们原来的知识经验背景。不同的人由于原有的经验不同，对同一种事物会有不同的理解，也就是说，知识不可能以实体的形式存在于具体个体之外，尽管我们通过语言符号赋予了知识一定的外在形式，甚至这些命题还得到了较普遍的认可，但这并不意味着学习者会对这些命题有同样的理解，因为这些理解只能由个体学习者基于自己丰富和独特的经验背景而建构起来，这取决于特定情境下的学习历程。建构主义在某种程度上对知识的客观性、可靠性和确定性提出了怀疑，强调知识的相对性、主观性和情境性。

（二）建构主义理论的学习观

学习不是简单的知识由外到内的转移和传递，而是学习者主动地建构自己的知识经验的过程，通过新经验与原有知识经验的双向相互作用，来充实、丰富和改造自己的知识经验。

学习不是知识由教师向学生的传递过程，而是学生建构自己知识的过程，学习者不是被动的信息吸收者，相反，他要主动地建构信息的意义，这种建构不可能由其他人代替。学习者的这种知识建构过程具有以下三个重要的特征。

1. 主动建构性

面对新信息、新概念、新现象或新问题，学习者必须充分激活头脑中先前的知识经验，通过高层次思维活动，即需要付出高度心理努力，有目的、有意识、连贯性地对知识进行分析、综合、应用、反思和评价。学习者要不断地思考，对各种信息和观念进行加工转换，基于新、旧知识进行综合和概括，解释有关的现象，形成新的假设和推论，并对自己的想法进行反思性的推敲和检验，学习者作为学习活动的主人，承担着学习的责任，需要对学习活动进行积极自主的自我管理和调节。

2. 社会互动性

学习是通过对某种社会文化的参与而内化相关的知识和技能、掌握有关工具的过程，这一过程常需要通过一个学习共同体的合作互动来完成。所谓学习共同体（或称为学习的社会群体，learning community），即由学习者及其助学者（包括教师、专家、辅导者等）共同构成的团体，他们彼此之间经常在学习过程中进行沟通交流，分享各种学习资源，共同完成一定的学习任务，因而在成员之间形成了相互影响、相互促进的人际联系，形成了一定的规范和文化（张建伟、孙燕青，2005）。学习共同体的协商、互动和协作对于知识建构有重要的意义。

3. 情境性

传统教学观念认为，概括化的知识是学习的核心内容，这些知识可以从具体情境中抽象出来，让学生脱离具体物理情境和社会实践情境进行学习，而所习得的概括化知识可以自然地迁移到各种具体情境中。但是，情境总是具体的、千变万化的，抽象概念和规则的学习无法灵活适应具体情境的变化，因此，学生常常难以灵活应用在学校中获得的知识来解决现实世界中的真实问题，难以有效地参与社会实践活动。因而，建构主义者提出，知识是生存在具体的、情境性的、可感知的活动之中的。它不是一套独立于情境的知识符号（如名词术语等），不可能脱离活动情境而抽象地存在。它只有通过实际情境中的应用活动才能真正被人所理解，学习应该与情境化的社会实践活动结合起来（Brown，Collins & Duguid，1989）。

（三）建构主义理论的教学观

由于知识的动态性和相对性以及学习的建构过程，教学不再是传递客观而确定的现成知识，而是激发出学生原有的相关知识经验，促进知识经验的“生长”，促进学生的知识建构活动，以促成知识经验的重新组织、转换和改造。教学要为学生创设理想的学习情境，激发学生的推理、分析、鉴别等高级的思维活动，同时给学生提供丰富的信息资源、处理信息的工具以及适当的帮助和支持，促进他们自身建构意义以及解决问题的活动。

综上所述，当今的建构主义者对学习和教学做了新的解释，强调知识的动态性，强调学生的经验世界的丰富性和差异性，强调学习的主动建构性、社会互动性和情境性。学生是自己的知识的建构者，教学需要创设理想的学习环境，促进学生的自主建构活动。

二、建构主义理念下的教学方法

建构主义理论的出现给教育心理学的发展注入了新鲜的血液，对现代教育产生了重大的影响，受到各国教育界的重视。在不断强调素质教育的今天，这种理论更是适应了时代发展的要求，适合于我们的教育改革。我们应重视建构主义理论在实际教育中的应用，不断提高学生的能力，使我们的教育体系更加完善。

在建构主义理论的指导下，我们的教学原则应该做到：以学生为中心，强调综合能力的培养而不只是对书本知识的理解；在课堂教学中使用真实的任务和日常的活动或实践来整合多重的内容或技能。学生的学习应该是合作协商的而不是孤立完成或老师强加的；学习评估的标准应是灵活的而不是同一的；同时在学习中要鼓励学生有不同的观点和想法，让他们进行积极的思考和自我反思评价。在这样的教学原则指导下建构主义已形成了一些行之有效的教学设计模式，主要有以下几种。

（一）认知学徒式教学

认知学徒式教学被许多研究者视为建构主义教学的一个重要模式，这种教学方式侧重概念知识与认知技能在不断变化的真实情境中的应用，而这些变化的情境既有助于深化对概念或认知技能的理解，又有助于构建反映概念、认知与问题解决情境之间重要联系的网络。在此教学活动中，强调学习共同体，学习者通过参与共同体的活动和社会交互，进行某一领域的学习。教师（专家）像“师傅”一样会根据每个学生的不同特点给予指导，学生根据不断变化的问题情境进行探索，寻求解决问题的方法，在情境中反复地观察、演练和实践。教师（专家）和学生的关系类似于传统作坊中的“师徒”关系，学习者像手工业中徒弟跟随师傅那样在实际情境中进行学习，因此称为“认知学徒式教学”。认知学徒式教学的重点有：向学习者提供可应用的知识，让学生创造出可以用来整合学习经验的整体框架，反复变化观察的角度等。

（二）合作学习

合作学习也是建构主义十分重视的一种学习模式，每种教学设计中也都离不开合作学习。学习活动在小组成员之间展开，学习者自己发现完成总任务所需要完成的各自任务，自己解决所必需的各种知识技能，然后通过合作讨论来完成学习，此种学习模式强调成员之间的交流协作，小组成员间相互依赖、相互沟通，共同完成知识经验的建构，从而达到共同的目标。学习者之间的交流、争议有助于对知识更深层次的理解，有利于学习者更好地认知自己的思维过程，建立完整的经验表征。在建构主义看来，学生要在真正意义上掌握知识，就必须主动建立自己的知识体系，在学习中主动发现问题，讨论和分析有关信息，交流合作，建立起对知识的理解；在合作中自主监控，学会反思，修正学习策略，优化学习过程。

（三）支架式教学

支架式教学设计源于建构主义关于概念框架的观点，利用概念框架作为学习过程中的“脚手架”（scaffolding），这种教学是通过“支架”（教师的帮助）的作用把管理调控学习的任务逐渐由教师转移给学生自己，最后撤去“支架”。这是以维果斯基的“辅助学习”（assisted learning）和“最近发展区”（zone of proximal development）理论为基础的，在教学之初为学生提供一种概念框架来充当学生学习的“支架”，利用此种“支架”，学生在教师的引导下不断取得进步，不断进行更高水平的认知活动，同时教师指导的作用变得越来越小；最后撤掉“支架”，学生独自完成对所学知识的意义建构。这种教学不断地把学生的智力从一个水平提升到另一个更高的水平，真正做到使教学走在发展的前面。支架式教学的基本环节包括：搭“脚手架”、进入情境、独立探索、协作学习和效果评价。

（四）抛锚式教学

抛锚式教学也称“情境性教学”“实例式教学”或“基于问题的教学”。这种教学要求以与现实情境相类似的情景为基础，以现实生活中遇到的问题为目标来完成意义建构，这类真实事件或问题被比喻为“锚”，整个教学内容和教学进程以此为中心。在这种教学设计中，教学情境与真实情景类似，教师呈现真实性任务或问题给学生即“抛锚”，让学生通过亲身体验和感受，主动识别、探索、发现和解决问题。同时，此种教学设计主张弱化学科界限；教师不将提前已准备好的内容教给学生，而是在真实情境中提供解决问题的探索过程，并指导学生进行探索。最后，不需要独立于教学过程的测验，而是实行与学习过程一致的情境化的评估（context - driven evaluation）。比起简化了的课堂环境教学，抛锚式教学更有利于培养学生解决问题的能力。它的多样性又可以培养学生的探索精神并且在完成任务的过程中表达自己的知识，具有一定的适用性。

在实际教学中，不一定只采用其中的一种方法，可以将几种方法结合在一起灵活地加以运用。

第六节　人本主义的学习理论

人本主义心理学的学习理论从全人教育的视角阐释了学习者整个人的成长历程，重视如何为学习者创造一个良好的环境，让其从自己的角度感知世界，发展出对世界的理解，达到自我实现的最高境界。

一、马斯洛的学习理论

（一）自我实现的人格观

人本主义心理学家认为人的成长源于个体自我实现的需要，自我实现的需要是人格形成、发展、扩充和成熟的驱动力。马斯洛认为自我实现的需要就是“人对于自我发挥和完善的欲望，也就是一种使他的潜力得以实现的倾向”。通俗地说，自我实现的需要就是“一个人能够成为什么，他就必须成为什么，他必须忠于自己的本性”。正是由于人有自我实现的需要，才使得有机体的潜能得以实现保持和增强。人格的形成就是源于人性的这种自我压力，人格发展的关键就在于形成和发展正确的自我概念。而自我的正常发展必须具备两个基本条件：无条件尊重和自尊。其中，无条件的尊重是自尊产生的基础，因为只有别人有好感（尊重），自己才会对自己有好感（自尊）。如果自我正常发展的条件得到满足，那么个体就能依据真实的自我行动，真正实现自我的潜能，成为自我实现者或功能完善者、心理健康者。人本主义心理学家认为，自我实现者以开放的态度对待经验，他的自我概念与整个经验结构是和谐一致的，他能体验到一种无条件的自尊，并能与他人和谐相处。

马斯洛同时还认为，人的潜能是自我实现的，而不是教育的作用。因此，在环境与教育的作用问题上，他认为“文化、环境、教育只是阳光、食物和水，但不是种子”，自我潜能才是人性的种子。他还认为，教育的作用只在于提供一个安全、自由、充满人情味的心理环境，使人类固有的优异潜能自动地得以实现。

（二）内在学习论

马斯洛批判传统的学习是一种外在学习，他认为外在学习（external learning）是单纯依赖强化和条件作用的学习。其着眼点在于灌输而不在于理解，属于一种被动的、机械的、传统教育的模式。学习活动不是由学生决定的，是由教师强制的。学生只是对个别刺激做出零碎的反应而已，学生所学的知识缺少个人意义，“学生学到的，顶多不过像是在他的口袋里装了几把钥匙或几个铜钱而已，学生所学的一切，对他个人的心智成长，毫无意义”（Maslow，1968）。在他看来，目前学生们浸透着外在学习的态度，并且像黑猩猩对训练员的技巧做出反应那样对分数和考试做出反应，读一本书的唯一理由可能是它可能带来的外部奖赏，为了获得“一纸文凭”或“赚取学位”可概括为这一外在教育的弊端。

马斯洛认为，理想学校应反对外在学习，倡导内在学习。所谓内在学习（internal learning）就是依靠学生内在驱动，充分开发潜能，达到自我实现的学习。这是一种自觉的、主动的、创造性的学习模式。这种内在教育的模式会促使学生自发地学习，打破各种束缚人发展的清规戒律，自由地学他想学的任何课程，充分发挥想象力和创造力。

二、罗杰斯的学习理论

在人本主义心理学对教育产生的最直接而重要的影响中，罗杰斯当推首位。20 世纪 60 年代，罗杰斯将他的“来访者中心疗法”移植到教育领域，创立了“以学生为中心”的教育和教学理论，成为 20 世纪最重要的教育理论之一。

（一）知情统一的教学目标

罗杰斯认为，情感和认知是人类精神世界中两个不可分割的有机组成部分，两者为一体。罗杰斯的教育理想就是要培养“躯体、心智、情感、精神、心力融汇一体”的人，也就是既用情感的方式、也用认知的方式行事的知情合一的人。他称这种知情融为一体的人为“全人”（whole person）或“功能完善者”（fully functioning person）。罗杰斯说：“只有学会如何学习和如何适应变化的人，只有意识到没有任何可靠的知识，唯有寻求知识的过程的人才是可靠的人，才是有教养的人。现代世界中，变化是唯一可以作为确立教育目标的依据。这种变化取决于过程而不取决于静止的知识。”

教育的目标在于促进学生的发展，使他们成为能够适应变化、知道如何学习的“自由人”（即功能完备的人）。在这里，自由是指能使人敢于涉猎未知的、不确定的领域，自己做出抉择的勇气。

（二）意义学习与自由学习

罗杰斯认为，学习可以分为两类，分别处于意义连续体的两端。一类学习类似于心理学上的无意义音节。学生在课堂里学习的许多内容对于他们来说就具有这种无意义的性质。这种内容学起来困难，且容易遗忘。因此学校教育只是促使学生学习没有个人意义的材料。这类学习只涉及心智，是一种发生“在颈部以上”（from the neck up）的学习，不涉及感情或个人意义，与完整的人无关。罗杰斯认为，这种独尊认知学习的做法是现代教育的悲剧之一。另一类学习是意义学习。意义学习（significant learning）是一种使个体的行为、态度及个性发生重大变化的学习。例如，学生学习“烫”字，明白了在生活中避开开水、火源伤害。这不仅是一种增长知识的学习，而且是一种与每个人各部分生活经验都融合在一起的学习。这种学习，对学习者本身具有意义并存在联系。在这里，我们需要注意罗杰斯的意义学习和奥苏贝尔的有意义学习（meaningful learning）的区别。前者关注的是学习内容与个人之间的关系，而后者则强调新旧知识之间的联系，它只涉及理智，而不涉及个人意义。

从意义学习的观点出发，罗杰斯认为，凡是可以教给别人的知识相对来说都是无用的，而那些能够影响个体行为的知识只能靠个体自己发现并加以同化。教师的任务不是教学生学习知识（这是行为主义者所强调的），也不是教学生如何学习（这是认知理论所重视的），而是为学生提供各种学习的资源，提供一种促进学习的气氛，让学生自己决定如何学习。罗杰斯倡导的学习原则的核心就是让学生自由学习，只要教师信任学生，信任学生的学习潜能，并愿意让学生自由学习，就会在与学生的交往中形成适应自己风格的、促进学习的最佳方法。

（三）以学生为中心的教学

罗杰斯对传统教育的师生关系进行了猛烈的批判。他认为在传统教育中，“教师是知识的拥有者，而学生只是被动的接受者；教师可以通过讲演、考试甚至嘲弄等方式来支配学生的学习，而学生无所适从；教师是权力的拥有者，而学生只是服从者”。从教育政治的角度来看，这是一种壶与杯（jug and mug）的教育理论。教师（壶）拥有理智的、事实性的知识，学生（杯）是消极的容器，知识可以灌入其中。罗杰斯主张废除教师这一角色，代之以学习的促进者。学生自身具有学习的潜能，促进者只需为他们设置良好的学习环境，提供各种学习资源，使他们知道如何学习，他们就能学到所需要的一切。

罗杰斯认为，促进学生学习的关键不在于教师的教学技巧、专业知识、课程计划、视听辅导材料、演示和讲解、丰富的书籍等（虽然这中间的每一个因素有时候均可作为重要的教学资料），而在于特定的心理气氛因素，这些因素存在于“促进者”与“学习者”的人际关系之中。那么，促进学习的心理气氛因素有哪些呢？罗杰斯认为，这和心理咨询领域中咨询师对来访者的心理气氛因素是一致的，这就是以学生为中心的三条原则。①真诚一致。学习的促进者是一个表里如一、真诚、完整而真实的人，没有任何矫饰、虚伪和防御。②无条件积极关注。学习的促进者关心学习者的方方面面，尊重其情感和意见，接纳其价值观念和情感表现，而且这种感受并不以对方的某个特点、某个品质或者整体的价值为取舍、为依据。③同理心。学习的促进者能了解学习者的内在反应，了解其学习过程，为其设身处地，感同身受。在这样一种心理气氛下，教师就真的只是学习的促进者、协作者或者说伙伴、朋友，学习者才是学习的关键，学习的过程就是学习的目的。

（四）非指导教学模式

非指导教学模式强调个体形成独特自我的历程，尤其重视情绪生活。这种模式认为，教育是要帮助个人发展自我与环境的关系，形成自我的独特看法，发展良好的人际关系，以及更高效的信息处理能力。学习环境应该鼓励学生学习而不是控制学生学习，教学旨在发展个人人格与长期的学习方式，而不是仅仅只为了短期教学目标。因此，教学应注重如何增进学生学习。下面列举能增进学习效果的几种最有效的教学方法：

①以生活中所遇到的问题作为学习内容。

②提供完善和丰富的资料来源。

③运用学习合同或契约，来促使学生设定自己的目标与计划。

④运用团体决策来订立学习目标与内容。

⑤帮助学生学习如何对自己问问题。

⑥利用启发式活动，使学生获得经验性的学习。

⑦利用程序教学，依据学生的学习速度，多给予正强化，使学生获得经验性的学习。

⑧采用基本的会心团体（basic encounter group）以及敏感性训练。

⑨采用自我评价。

总之，整个教学过程以学生为中心，教师要从学生的观点里了解其世界，要形成移情沟通（empathetic communication）的气氛，以培养和发展学生的自我导向（self-direction）。

马斯洛和罗杰斯倡导以学生经验为中心的有意义的学习、内在学习和自由学习，对传统的教育理论造成了冲击，推动了教育改革运动的发展。人本主义的观点和主张从理论上说方向无疑方向是正确的，值得我们思考和借鉴，但是，在教育实践中实施起来却是相当不易的，即使在人本主义思潮鼎盛的时期，他们自身的教学主张，如“开放学校”“开放课堂”等也没有得到真正实现。

课后练习题

一、选择题

1．一名调皮的学生屡次扰乱课堂，教师请其站到教室后面。教师运用了（　　）。

A．正强化　　B．负强化　　C．惩罚　　D．消退

2．在心理学实验中，为了使小狗能够区分圆形光圈和椭圆形光圈，研究者只在圆形光圈出现时才给予食物强化，而在椭圆形光圈出现时不给予强化，那么小狗便可以学会只对圆形光圈做出反应而不理会椭圆形光圈。该过程称为（　　）。

A．刺激分化　　B．刺激泛化　　C．刺激获得　　D．刺激消退

3．小马上课时总是害怕回答问题，他发现自己坐在教室后排时可减少被老师提问的次数，于是他总坐在教室后排。下列哪种强化方式导致了小马愿意坐在教室的后排？（　　）

A．正强化　　B．负强化　　C．延退强化　　D．替代强化

4．陈东看到自己最好的朋友因为学习成绩优异而受到校长的亲自嘉奖后，也加倍努力学习，力争取得优异成绩。这种强化属于（　　）。

A．直接强化　　B．替代强化　　C．自我强化　　D．内部强化

5．如果学生要学习的知识内容比较复杂、结构化程度很高，又必须在较短时间内加以掌握，他们最宜采用的学习形式是（　　）。

A．发现学习　　B．接受学习　　C．合作学习　　D．互动学习

6．晓春上课时把老师的讲解内容用自己的语言写在课本上，以促进对知识的理解。他采取的学习策略是（　　）。

A．复述策略　　B．组织策略　　C．计划策略　　D．精细加工策略

7．美国学者罗杰斯认为，人皆具有先天的优良潜能，教育的作用在于使之实现。由此，他提出了“以学生为中心”“让学生自发学习”的教学模式。该模式称为（　　）。

A．指导性学习　　B．情境教学　　C．非指导性教学　　D．程序教学

8．地理老师教学生记忆“乞力马扎罗山”时，为方便学生记忆，将之戏称为“骑着马打着锣”。这种学习策略属于（　　）。

A．复述策略　　B．精加工策略　　C．组织策略　　D．元认知策略

9．学习游泳之前，小兰通过阅读书籍记住了一些与游泳相关的知识。小兰对游泳知识的记忆是（　　）。

A．陈述性记忆　　B．程序性记忆　　C．瞬时记忆　　D．短时记忆

二、辨析题

1．行为改变都是学习的结果。

2．学习所引起行为或行为潜能的变化是短暂的。

3．负强化和惩罚本质上是相同的。

4．教学的任务就是向学生传授知识。

5．学生掌握的知识越多，说明学生能力越强。

6．短时记忆向长时记忆转化的条件是想象。

7．信息进入工作记忆就会持久保存。

8．强调学生的主体地位必然削弱教师的主导作用。

三、简答题

1．加涅将学习结果分为哪几类？

2．简述促进知识获得和保持的方法。

3．简述传授知识和发展智力之间的辩证关系。

4．简述建构主义学习理论的知识观、学习观、学生观。

5．简述元认知策略的种类。

四、材料分析题

1．张老师在生物课上讲解植物吸水的知识时，首先要求同学动手做个实验：将两块萝卜分别浸泡在一个装有浓盐水和一个装着清水的烧杯里，浸泡后取出并观察萝卜的变化。结果发现泡过浓盐水的萝卜变蔫了，而泡过清水的萝卜变水灵了。张老师用示意图显示实验结果：泡过浓盐水的萝卜失去水分，泡过清水的萝卜吸收水分。

张老师接着进一步提问：谁能概括出萝卜在什么状态下失水？在什么状态下吸水？

根据同学们的回答，张老师总结说明植物吸水的原理：当植物细胞液浓度小于外界溶液浓度时，细胞失水；反之，细胞吸水。接着，张老师布置小组讨论：为什么盐碱地

一般种不好庄稼？如果你种的植物出现“烧根”现象，你需要追肥还是浇水，为什么？

最后张老师请各小组汇报讨论结果。

（1）张老师采用了哪些教学方法？请结合材料加以分析。

（2）张老师贯彻了哪些教学原则？请结合材料加以分析。

2. 在一次讨论课上，老师问学生：“雪融化后变成什么？”

张红抢先回答：“雪融化后变成水。”

黄阳想了想说：“雪融化后变成泥土。”

柳丽慢条斯理地回答：“雪融化后变成春天。”

老师评价道：“张红反应敏捷，回答准确，可以得满分。黄阳和柳丽，真不知道你们是怎么想的，要是给分，只能得零分。”

（1）运用心理学知识评价这位老师的教学行为。

（2）这个案例对教师教学有何启示？

3. 晓宁平时没有复习的习惯。还有一周就要期末考试了，他开始着急起来，并暗自发誓要考出好成绩。他觉得只要自己努力，反复背诵就一定能取得好成绩，所以只要有时间他就去背一背外语单词，背课文，背语法，背数学公式、物理公式和化学方程式等。晓宁也不会合理安排时间，连课间休息的时间也不放过，从傍晚背到深夜，凌晨四五点钟就又起床接着背，以致到了头昏脑胀的地步。他从没有哪次考试像这次考试一样下这么大的功夫，原本以为一定能考出好成绩。然而，结果完全出乎他的意料，各门功课成绩都很不理想。晓宁很失望，百思不得其解：到底是什么地方出了问题呢？

（1）简述学生应该如何有效进行复习。

（2）请指出晓宁复习中存在的主要问题。

第四章

学习迁移及其在教学中的应用

学习目标

1. 了解迁移现象，理解学习迁移的含义。

2. 掌握并能举例说明不同类型的学习迁移。

3. 理解早期迁移理论和现代迁移理论的基本观点。

4. 结合实例分析相似性、原有认知结构、定势等因素对迁移的影响；分析如何应用有效的教学措施促进学习迁移。

5. 通过对迁移理论的学习，形成对不同现象或过程进行科学分析、理论概括的态度和行为。

案例引入

一个年轻人来到一座寺庙，在路上，他看到了一件有趣的事，想以此事来考考庙里的老和尚。他冷不防地问老和尚："为何团团转？""皆因绳未断。"老和尚随口答道。

年轻人听了目瞪口呆："您是怎么知道的？"年轻人接着说："我在路上看到一头牛被绳子穿了鼻子拴在树上，牛想离开这棵树到草地上去吃草，但它转过来转过去都不得脱身。我以为师父您没看见，肯定答不出来，哪知道师父出口就答对了。"

老和尚微笑着说："你问的是事，我答的是理。你问的是牛被绳缚不得解脱，我答的是心被俗务纠缠而不得超脱，一理通百事啊！"

思考：

故事中老和尚掌握了学习过程中的何种能力？教师如何在教学中提高学生的这种能力？

人类绝大部分活动是通过学习获得的，但人类并不是在完成了一生所要经历的所有事件的学习才开始自己的生活的。那么，有限的学习为什么能使人类拥有一种以不变应万变的智慧呢？这是因为在学习的过程中已经做好了迁移的准备。当人们遇到与学习相近或相关的情境时，就能将其已经习得的知识、技能以及行为方式等运用自如，解决面对的问题，这种现象就是学习的迁移。

第一节 学习迁移概述

在生活或学习活动中我们常常会发现，会骑自行车的人学习骑摩托车比较容易、数学学得好的学生学习物理知识容易一些、因喜欢语文老师而喜欢学习语文等，这些都是我们所说的迁移现象。这种现象无论在知识学习还是在技能学习中均有发生。学习中的迁移现象早在两千多年前就被我国古代的学者们注意到，并在学习和教学中得以应用。中国古代很多学者都知道“举一反三”“触类旁通”的道理。学习迁移作为现代教育追求的重要目标之一，在强调培养学生实践能力的今天显得尤其重要。

一、学习迁移的含义

学习迁移是指一种学习对另一种学习的影响，即学生获得的知识经验、认知结构、动作技能、学习策略和方法等与新知识、新技能之间所产生的影响。

只要人类学习就会产生学习的迁移。由于学习既包括知识、技能、能力的学习，也包括情感、态度、行为方式的学习，因此，迁移广泛存在于各种知识、技能、行为规范与态度的学习中。例如：①认知方面的迁移。学生利用所学加减法以及四则运算的知识去学习代数或解决实际生活中的运算问题；学习了数学的基本知识，有助于对物理学和化学中的一些数量关系和方程式的理解。②技能学习领域的迁移。学会拉二胡的人，学拉小提琴就比较容易；棒球选手打高尔夫球容易打出高水平；一个掌握解数学中因式分解技巧的学生，解任何因式分解题都显得游刃有余。③态度与行为规范方面的迁移。这种迁移在日常生活中也是普遍存在的，如在家爱好劳动的学生，在学校里一般也比较勤快；在学习中养成了爱整洁的习惯，有助于在生活中形成爱整洁的习惯；在学校人缘好的学生到社会中人际关系一般也不错，都属于态度与行为规范方面的迁移现象。

二、学习迁移的种类

迁移现象是普遍存在、多种多样的，根据不同的标准可以对学习迁移做多种分类。

（一）正迁移和负迁移

根据迁移产生的效果，把迁移分为正迁移和负迁移。正迁移，又称积极迁移，是指一种学习对另一种学习产生的积极影响和促进作用。如会骑自行车，就容易学会摩托车；会写铅笔字，就容易学会写钢笔字；先学加法，就容易学会乘法；数学知识的学习保证了物理中有关计算问题的解决；阅读技能的掌握有助于写作技能的形成；学习素描会对以后学习油画产生积极的影响等。已有的知识，在学习新知识和解决新问题的过程中，能够很好地得到利用，产生“举一反三”“触类旁通”的学习效果时，正迁移就出现了。在教育工作中所说的“为迁移而教”，就是指正迁移在教学中的应用。如孔子要求自己的学生要做到“由此以知彼”，就是要求学生在学习中要多利用正迁移。

负迁移，又称为消极迁移，是指一种学习对另一种学习产生的消极影响、阻碍或干扰作用。如学会汉语拼音对学习英文国际音标的干扰现象；在立体几何中搬用平面几何的“同垂直于一条直线的两直线相互平行”的定律，可能会干扰学生的学习效果；掌握了汉语语法的学生，在初学英语语法时，总会因汉语的语法习惯影响对英语语法的学习，度过这个困难时期，英语学习才能柳暗花明，而有部分学生要花费很长的时间、很大的精力才能摆脱这种消极干扰，严重影响了学习效率，甚至影响了自信心。

（二）顺向迁移和逆向迁移

根据迁移的影响方向，把迁移分为顺向迁移和逆向迁移。顺向迁移是指先前学习对后继学习的影响；反之，后继学习对先前学习的影响则称为逆向迁移。

当学习者面临新的学习情境和问题时，如果利用了原来的知识和技能获得了新知识和解决了新问题，这种迁移就是顺向迁移。如果用认知学派的观点来看，顺向迁移是一种“同化”作用，它是把已有的知识经验运用到同类事物中去，以揭示新事物的意义和作用，从而把新事物纳入到已有的认知结构中去。相反，学习者通过后面的学习，对原有的知识进行补充、改组或修正，这种迁移就是逆向迁移。用认知学派的观点来看，逆向迁移是一种“顺应”作用，它是要把已有知识经验应用到新的异类事物中，对已有的知识经验进行重新改组，以形成能包含新事物的新认知结构的过程。如学会自行车，更容易学会摩托车，属于顺向迁移；而学生掌握英语语法之后，又可能反过来对掌握汉语语法起干扰或抑制作用，则属于逆向迁移。无论是顺向迁移还是逆向迁移，其影响都有量的大小之分以及正、负迁移之别。如在物理中学习了“平衡”概念，就会对以后学习化学平衡、生态平衡、经济平衡产生影响。再如，先对普通心理学的学习，对发展心理学和教育心理学的学习会产生影响，这就是顺向迁移；如发展心理学和教育心理学的学习对先前普通心理学的理解产生影响，这就是逆向迁移。

在学习过程中，顺向迁移与逆向迁移是相互联系、密切进行的。顺向迁移有助于新知识的理解和掌握，逆向迁移有助于已有知识的巩固和完善，因而在教育教学实践中要充分利用这两种迁移，促进学生的学习主动性，增强其学习效果。

（三）横向迁移和纵向迁移

从迁移产生的层次来划分，可将迁移分为横向迁移和纵向迁移。横向迁移又称水平迁移，是指在内容和程度上相似的两种学习之间的迁移。例如，数学课上学习了三角方程式后能够促进物理课上斜面上的下滑物体的加速度的计算方法的学习；有关写钢笔字的经验可以向写毛笔字迁移；婴儿学会称呼邻居家的男性为“叔叔”后，他可能会对所遇到的任何陌生男性均称呼为“叔叔”；学习了乘法交换律“$A \times B = B \times A$”，会应用于“$3 \times 5 = 5 \times 3$”的情境中等。由于这些学习内容之间的关系是并列的，都处于同一抽象和概括层次，所以都属于横向迁移。

纵向迁移也称垂直迁移，是指不同难度、不同概括性的学习之间的相互影响。包括较容易、较具体化的学习对难度较高、较抽象的学习的影响，和较高层次的学习原则对较低层次的、具体学习情境的影响。认知心理学家认为，学习者原有认知结构中的经验是按照抽象、概括的不同水平而有层次地组织在一起的。从学习内容的逻辑关系来说，有的学习内容的抽象性和概括性较高，这种学习内容在其形成的认知结构中是一种上位结构；有些学习内容的抽象性与概括性较低，其形成的认知结构属于下位结构。以“角”和“直角”这两个概念来讲，其抽象性与概括性就不同，前者抽象性与概括性较高，属于上位概念；后者抽象性与概括性较低，属于下位概念。这两个概念在认知结构中形成两个不同的层次。纵向迁移也就是指上位的较高层次的经验与下位的较低层次的经验之间的相互影响。这类迁移又可分为两种：一是自上而下的迁移，即上位结构向下位结构的迁移，例如已掌握的“心理学”原理有助于向“教育心理学”知识迁移。二是自下而上的迁移，即下位结构向上位结构的迁移，例如在原有知识经验中的番茄、土豆、萝卜、芹菜等会有助于上位概念“蔬菜”的学习。在学习中，我们常有这样的经历：遇到一部分较难的内容，怎么学都觉得没有学透，但由于时间的原因，只能往下学习新的更难的内容，出人意料的是，学完了更难的内容回头一看，豁然开朗，原来没学透的内容现在变得一点都不难了。这就是难度较高的学习对难度较低的学习所产生的一种纵向迁移。

（四）特殊迁移和一般迁移

从迁移发生的适应范围，可以将迁移分为特殊迁移和一般迁移（非特殊迁移）。特殊迁移是指某种学习的内容只向特定内容发生迁移。也就是说，特殊迁移是指内容相关的两种知识、技能学习之间的迁移。在这种迁移过程中，学习者原有经验的组成要素及其结构没有发生变化，即抽象的结构没有变化，只是将一种学习中习得经验的组成要素重新组合并移用至另一种学习之中。例如，在跳水比赛的各个项目中，其基本动作都是一样的：弹跳、空翻、入水等，如果运动员在某一项目中将这些基本动作熟练掌握了，那么他在学习新的跳水项目时，就可以把这些基本动作加以不同组合，新的学习内容就能迅速掌握。这仅是把旧的动作经验成分组合至新的动作序列中，原有经验成分并没有发生变化。新手与老手在学习同一个项目时的差别，在于他们对各个基本动作的熟练掌握程度以及组合的程度。再如小学生在学完加减乘除以后，在四则混合运算的学习中，就可以把已有经验加以重新组合来解决问题，在后者的学习中并没有增加新的心智动作。

一般迁移，又称非特殊迁移，是指某种学习的内容向广泛范围内容的迁移。也就是说，一般迁移是指与具体内容无关的领域的学习之间的迁移。常常表现为原则的迁移或者态度的迁移等。一般迁移适用于表面特征不同但结构特征相同的多种情境。如学生对数学的基本概念、基本原理的掌握，有利于学习物理、化学、工程学、建筑学、计算机等学科知识。这种迁移可能由学习的动机、注意的因素引起，也可能由学习的其他准备活动和方法、学习策略引起。布鲁纳非常强调这种迁移，他认为，学生对学科的基本结构的掌握和对基本原理、基本概念的领会属于一般迁移，一般迁移是教育过程的核心，具有广泛的适应性。因此，一般迁移具有重要的作用。

（五）同化性迁移、顺应性迁移与重组性迁移

这是根据迁移过程中所需的内在心理机制的不同而进行的划分。同化性迁移是指不改变原有的认知结构，直接将原有的认知经验应用到本质特征相同的一类事物中去。原有认知结构在迁移过程中不发生实质性的改变，只是得到某种充实。平时我们所讲的“举一反三”“闻一知十”等都属于同化性迁移。

顺应性迁移指将原有认知经验应用于新情境中时，需调整原有的经验或对新旧经验

加以概括，形成一种能包容新旧经验的更高一级的认知结构，以适应外界的变化。此时，原有认知结构发生了质的变化。比如，学生头脑中有一些日常概念，当这些前科学的日常概念不能解释所遇到的事例时，就要建立一个概括性更高的科学概念来标识某一现象或事物，新的科学概念的建立过程也是一种顺应的过程。

重组性迁移指重新组合原有认知系统中某些构成要素或成分，调整各成分间的关系或建立新的联系，从而应用于新情境。在重组过程中，基本经验成分不变，但各成分间的结合关系发生了变化，即进行了调整或重新组合。比如，将已掌握的字母进行重新组合，形成新的单词；在操作技能形成过程中，许多不同成分的动作被结合成连续的整体动作，其中不涉及新动作的增加，只是各动作成分的重新结合、重新排列。通过重组性迁移，可以提高经验的增值性，扩大了基本经验的适用范围。

（六）低路迁移与高路迁移

依据迁移的自动化程度，分为低路迁移和高路迁移。低路迁移是指经过充分练习的技能自动迁移，不需要反省性思维。例如，开惯了自家车的人可以很轻松地开从朋友那里借来的车。这种迁移的关键是原先的技能有充分的练习，而且练习是在变化的情境中进行的。高路迁移涉及有意识地应用先前习得的抽象知识至新的情境。这种应用可分为两种情形：第一，在当前的学习中想到教学实践中的应用。例如，你在学习教育心理学原理时，想到这些原理将在你的教育和教学实践中的应用。第二，在面对新的问题时，回头思考先前习得的知识在新情境中的应用。例如，在学习物理时考虑在代数中学过的数学原理在物理学中的应用。高路迁移的关键是有意识地进行抽象概括，或精心地鉴别出不限于特殊情境、能普遍应用的原理、主要观点、策略或步骤。这样的抽象成了学生反省认知知识的一部分，可以用来指导将来的学习与问题的解决。低路迁移与高路迁移的比较如表 4－1 所示。

表 4－1 低路迁移与高路迁移的比较

类别	低路迁移	高路迁移
定义	高度练习过的技能自动迁移	有意识地运用抽象知识到新的情境中
关键事件	充分练习；练习或学习情境的变化；过度学习，技能达到自动化	精心思考可以普遍应用的抽象原理、主要观点和步骤
例子	开不同类型的轿车	利用做笔记策略进行阅读文章

除了上述几种划分外，还可以从迁移发生的领域把迁移划分成知识的迁移、动作技能的迁移、习惯的迁移、态度的迁移等。如掌握了加减法的学生，容易学好乘法运算，这就是一种知识的迁移；学会在走路中掌握身体平衡的孩子，会将这种保持身体平衡的技能运用到跑步中去，这就是一种技能的迁移；而一个受到了老师不公正对待的孩子，一提到学习就很厌烦，甚至连游戏也不想参加，这就是一种情感和态度的迁移。

通过从不同的角度来分析迁移的种类，可以帮助我们拓宽对迁移的认识，从整体上把握迁移。在具体的活动中，一种迁移可能既是正迁移又是顺向迁移和一般迁移，同时也可能是横向迁移。迁移的种类不同，其教学要求的条件也不一样，因此了解迁移的分类也有利于促进对不同类型迁移规律的研究。这样，才能在教育工作中充分认识并灵活应用迁移规律，以提高教学成效。

三、学习迁移的作用

学习迁移的意义不仅在于它能给学习者带来事半功倍的学习效率，而且能够充分地发挥教学的有效作用。在当今时代，学生希望通过学校的学习对以后工作中的学习产生积极的影响，教师们也希望通过自己的有效教学使学生们在以后的工作和学习中发挥出更大的学习潜力。显然，学会学习或进行有效的学习是适应未来社会生活的必要条件。而要真正学会并有效地学习，其中最主要的条件就是要能够主动而有效地迁移。所以，迁移在个体的心理发展及其社会适应中具有非常重要的作用。从教学实践看，学习迁移对教育目的的实现有重大意义。具体来讲，学习迁移的作用主要有以下几个方面。

1. 迁移是一种重要的学习能力

迁移的发生和效果直接影响着学习的进程与效率。学习者不可能在有限的时间内把所有的学习内容都学习到，这种有限性促使学习者学会在不同情境中运用和实现学习迁移。学会迁移是学习者快速学习新知识的一个必要条件。应用有效的迁移原则，学习者可以在有限的时间内学得更快、更好，并在适当的情境中主动、准确地应用原有的经验，防止原有经验的惰性化。同时，迁移使新旧学习内容之间融通，从而加快学习的进程，提高学习的效率。从这个意义上来说，迁移就是一种重要的学习能力。能否形成多种学习间的积极迁移，决定了学生学习的效率，甚至成败。只有通过积极迁移，学生才能使已有知识、技能和经验得到进一步检验、充实与熟练；只有通过积极迁移，学生才能在已有知识、技能概括的基础上形成能力。

2．迁移是习得的经验得以概括化、系统化的有效途径，是能力和品德形成的关键环节

对于学习者来说，学习的最终目的是把从学习中积累起来的经验迁移到对新知识的理解和应用上来，把学到的知识、技能等运用到各种不同的实际情境中解决现实中的各种问题，从而形成解决问题的能力。能否准确、有效地提取有关经验来理解新知识、解决新问题，这实际上就是个迁移的问题。能力和品德都是通过对所掌握的经验加以概括，然后广泛地迁移，并进一步系统化和概括化而形成的。广泛的迁移使原有经验得以改造，是概括化、系统化的重要环节。通过迁移，零散经验才能整合成稳定的心理系统。所以说迁移是习得的知识、技能与社会规范向能力与品德转化的关键环节。

3．迁移规律对教育工作者具有重要的指导作用

对教师来说，掌握迁移规律可以提高教育、教学工作的效率。在教学中，教师不仅要教给学生各种知识，更重要的是教会学生各种学习方法，提高学习能力，能将学到的知识迁移到广泛知识的学习中去。同时，教师还要自觉利用迁移规律进行教学设计，改进教学方法，合理组织与安排教学活动，以促进学习的迁移，提高教学工作的效率。

4．学习迁移是教育的最终目的所在

学校教育教学的最终目的和本质是为了“不教”，“不教”的状态是学习者有了自学能力的状态，即面对新问题和新情景时，学习者可以举一反三或无师自通，并创造性地解决新问题。这首先需要培养学习者学习迁移的能力，即学习者在学习新的知识和技能或者解决实际问题时能够恰当运用和迁移自身原有的知识和技能，从而能够更快地适应新的环境，更好地发展自己。

第二节　学习迁移理论

学习迁移的现象一直为人们所关注，从理论上对迁移进行系统的解释和研究开始于18世纪中叶。此后，不同的研究者从不同的理论基础出发，对迁移发生的原因、过程以及影响因素等方面进行研究，形成了众多的有关迁移的理论和解释。

一、早期的学习迁移理论

（一）形式训练说

形式训练说是最早的一种迁移理论，至今在欧美盛行了200多年。形式训练说是以官能心理学为理论基础的。官能心理学认为，人的心智是由许多不同的官能组成的，这些官能包括注意、意志、记忆、知觉、想象、推断、判断等，每一种官能都是一个独立的实体，分别从事不同的活动。如利用记忆官能进行记忆和回忆，利用思维官能从事思维活动。由于对各种官能施加的训练不同，各种官能及其组成的活动会有不同的强弱，也就是各种官能可以像训练肌肉一样通过练习增加力量（能力），记忆的官能通过记忆的训练而得到增强，推理和想象的官能可通过推理和想象的训练得以增强。

在此基础上，形式训练说认为，迁移就是官能得到训练而发展的结果，也就是说，迁移是要经过一个“形式训练”的过程才能产生的。这一理论认为，若两种学习涉及相同的官能，则前次学习会使该官能的能力得到增强，并对后来也涉及该官能的学习产生促进作用，从而表现出迁移效果。不仅如此，由于心智是由许多不同的官能组成的整体，一种成分的改进会加强其他的各种官能。可见，从形式的观点来看，迁移是通过对组成心智的各种官能的训练，以提高各种能力如注意力、记忆力、推理力、想象力等而实现的，而且迁移的产生将是自动的。

形式训练说把训练和改进心智的各种官能作为教学的最重要目标。它认为，学习的内容不甚重要，重要的是学习的东西的难度和训练价值，学习要收到最大的迁移效果，就应该经历一个“痛苦的”过程。在它看来，某些学科可能具有训练某一或某些官能的价值，如难记的古典语法（如拉丁语等）、深奥的数学及自然科学中的难题，这些内容能够训练记忆、推理和判断等心智官能，一旦新的官能在这些学习中得到训练，就可以迁移到其他类似问题的解决中。如感觉是越用越敏锐，记忆能力因记忆而增强，推理能力、想象能力则因推理和想象而长进。这些能力如果不用、不训练，便会变弱。官能训练说注重训练的形式而不注重内容，因为学习的具体内容是会忘记的，其作用是暂时的，而只有通过这种形式的训练而达到的官能发展才是永久的，才能迁移到其他的知识学习上去，会终生受用。

一些受官能心理学影响的教育学家认为，学校教材的选择不必重视其实用价值，只应重视它们在心理官能训练上所具备的形式。如果某种教材所代表的学校活动属于记忆形式，则不管它的内容如何，它就具备训练记忆官能的价值。同样，如果某种教材具有推理活动的形式，那它就有助于训练推理的官能。以此类推，所有的官能都可以通过某种形式的学科而加以训练。

形式训练说的观点曾在欧美盛行了两百多年之久，至今在国内外仍有一定的影响。但是“心智”的各种官能是否可以分别训练，使之提高，从而自动地迁移到一切活动中去呢？教学的主要目标是不是训练心智的各种官能呢？形式训练说对这些问题的回答虽然十分肯定，但它的信奉者并没有拿出经得起科学检验的证据。早期以及近现代的心理实验研究都对这一学说提出了挑战。这些早期的关于迁移的实验研究虽然略显粗糙，不能作为定论，但为此后的严密实验研究开辟了道路。形式训练学说关于迁移的解释是从唯心主义的观点出发的，缺乏足够的实验依据，因而必将被更进步的学说所代替。但形式训练学说对学校教学课程的确立、教材选择的影响直到目前仍未完全消除。

（二）共同要素说

形式训练学说受到许多心理学家的实验的挑战。许多心理学家纷纷设计更为严密的实验，从各种不同角度向形式训练说提出挑战，其中桑代克的影响力最大。1903 年，美国杰出的教育心理学家桑代克以大学生为被试，首先训练大学生对平行四边形的面积进行估计，然后对他们进行两种测验。结果表明，被试对矩形面积的判断成绩提高了，但对三角形、圆形和不规则图形的判断成绩并没有提高。据此他认为，学习中训练某一官能未必能使它的所有方面都得到改善。他认为两种学习之间只有具有相同因素时才会发生迁移。例如，由于骑自行车与骑摩托车在协调和操作方式上有相同因素，所以迁移就容易发生。后来，桑代克等人还通过对知觉、注意、记忆和运动动作等方面所进行的一系列迁移实验来检验形式训练说。结果发现，经过训练的某一官能并不能自动地迁移到其他方面，再次证实了只有当两种情境中有相同要素时才能产生迁移。相同要素即相同的刺激（S）与反应（R）的联结，刺激相似而且反应也相似时，两情境的迁移才能发生。相同联结越多，迁移越大。在这些实验的基础上，桑代克提出了迁移的相同要素说。他认为，只有当两种训练机能具有相同的要素时，一种机能的变化才能改变另一种机能的习得。也就是说，只有当两种学习在某些方面有相同之处时，才有可能进行迁移。并且，两种情境相同的因素越多，迁移的可能性就越大。后来，伍德沃斯又将桑代克的相同要素说发展成为共同成分说。这种理论认为前后两次学习只有在内容上有共同元素或共同成分时，迁移才能发生，否则，无论它们所涉及的官能如何相同，也是不能发生迁移的。

桑代克的相同要素说解释了迁移现象中的一些事实，指出迁移是具体而有条件的，只存在于含有相同要素的领域，对迁移理论做出了重要贡献。并且，对当时的教育界也起过积极的作用，使学校脱离了形式训练说的影响，在课程设置上开始重视应用学科，教学内容也开始与实际应用相结合。但是，相同要素说事实上是从联结主义的观点出发的，所谓相同要素也就是相同联结，学习的迁移不过是相同联结的转移而已，这种未能充分考虑学习者的内在训练的观点，仍然具有一定的局限性。其用来解释动物学习和人的机械学习有一定的正确性，但用来解释有意义学习就很困难了。

（三）概括说

心理学家贾德（Judd）经过实验，强调原理、原则的概括对迁移的作用。贾德并不否认两种学习活动之间存在的共同成分对迁移的影响，但不同意像共同要素说那样将共同成分看作是迁移产生的决定性条件。他认为，两种活动之间存在共同成分只是产生迁移的必要前提，而迁移产生的关键在于学习者能够概括出两组活动之间的共同原理。而且，概括化的知识是迁移的本质，知识的概括化水平越高，迁移的范围和可能性越大。概括说又称概括原理说。

贾德在1908年所做的“水下击靶”实验是概括说的经典实验。该实验以小学五、六年级的学生为被试，根据教师的评定把他们分为能力相等的甲、乙两组，训练他们射击水中的靶子。其中甲组在练习射击之前学习了光学折射原理，乙组则不学习该原理。在射击潜于水下1.2英寸的靶子时，这两组的成绩基本相同。这说明在开始的测验中，理论对于练习似乎没有起作用，因为所有的学生必须学会运用标枪，理论的说明并不能代替实地的练习。但当情景改变，把靶子置于水下4英寸位置时，学习过折射原理的甲组同学不论在速度上还是在准确度上，都大大超过了没有学过光学折射原理的乙组同学。贾德认为这是由于甲组被试在第一次射击中将折射原理概括化，并运用到特殊情境中去了。他在解释实验结果时说：“理论曾把有关的全部经验——水外的、深水的和浅水的经验，组成整个的思想体系，学生在理论知识的背景上，理解了实际情况以后，就能利用概括了的经验去迅速地解决需要按实际情况做出分析和调整的新问题了。”

后来，亨得瑞克森等人（1941）在贾德“水下击靶”实验的基础上，进行了更为严格的控制实验，其实验进一步证明了概括化理论的正确性，并指出概括化不是一个自动化的过程，它的发生与教学方法有密切的关系。

概括说这一理论解释了原理、原则等概念化知识在迁移中的作用，已涉及较高级认知领域中的迁移问题，为迁移理论的发展做出了重要的贡献。但概括化经验只是影响迁移成功与否的条件之一，并不是迁移的全部。

根据概括化理论，在课堂中讲授教材时，最主要的是鼓励学生对基本概念、基本原理进行概括，而同样的教材内容，由于教学方法不同，会使教学结果大相径庭，学生的迁移效果也不尽相同。但应看到，原则的概括有着较大的年龄差异，年幼的学生要形成原则的概括就不容易，因为通过概括化产生迁移的前提是学会原理原则，这与学习材料的性质以及学生的能力等因素密切相关。原则概括化的能力会随着年龄的增长而提高，但在每一年龄阶段上，有意识地培养概括能力的教学，会有助于学生概括能力的提高和积极迁移的发生。同时，应注意到在对知识进行概括时常会出现两种错误，一种是过度概括化，即夸大了两种学习情境之间的相同的原则，忽略了差异，在学习中表现为把已学到的原则生搬硬套到新知识的学习中；一种是错误的概括化造成对学习的机械定势，从而导致负迁移的产生。

（四）关系说

格式塔心理学家从理解事物关系的角度对经验类化的迁移理论进行了重新解释，并通过实验证明迁移产生的实质是个体对事物间关系的理解。他们认为，迁移的发生不在于有多少共同因素或掌握了多少原则，而在于学习者能否突然发现两种学习情境中的关系，这才是实现迁移的根本条件。也就是说，迁移的产生主要是对两次学习情境中原理、原则之间关系的“顿悟”，所迁移的不是两个情境的共同成分，而是两个情境中共同的关系。在他们看来，水下击靶实验中迁移的原因不在于了解光的折射的概括化原理，而在于了解靶的位置、水的深度、射击的方法以及光的折射原理之间的关系。因此关系说强调个体的作用，认为只有学习者发现两个事物之间的关系，才能产生迁移，个体对关系的“顿悟”是获得迁移的真正本质。

格式塔心理学家苛勒于1929年做的“小鸡（或幼儿）觅食”实验是关系说的经典实验。他用小鸡和一个三岁小孩为被试，训练他们在两张颜色深浅不同的纸上找食物吃。这两张纸一张是浅灰色，另一张是深灰色，食物总是放在深灰色的纸上。先让被试对深灰色纸和浅灰色纸形成分化性条件反射，即对深灰色纸产生食物条件反射，对浅灰色纸不产生食物条件反射，小孩需45次练习、小鸡需400～600次练习形成这种条件反射。然后，用一张比原来的两张纸颜色都深的黑灰色纸来代替那张浅灰色纸，以此来观察被试是到过去总放着食物的那张深灰色纸上觅食，还是到新放的黑灰色纸上觅食。如果被试到过去总放着食物的那张深灰色纸上觅食，就证明迁移是因两种情境中存在相同要素而产生的；如果被试到两张纸中颜色较深的一张纸上觅食，那就证明迁移的产生不是由于相同要素的存在，而是因为事物间相同关系的存在。结果，小鸡对新纸的反应为

70%，对原来深灰色纸的反应为30%；而小孩100%对两张纸中颜色较深的那张纸产生反应。这表明，被试的反应并不是根据刺激物的绝对性质做出的，即迁移的产生并不是因为相同要素的存在，而是因为他们顿悟了事物之间的关系。也就是说，在第一个情境中获得了选择颜色较深的地方觅食的经验的被试，在第二个情境中迁移的是颜色相对关系的经验。苛勒认为，个体越能发现事物之间的关系，则越能加以概括和推广，迁移的产生也就越普遍，而对事物间关系的发现是建立在对事物理解后的顿悟基础上的，对事物的理解力越强，概括的可能性越大，越容易顿悟事物间的关系。据此，格式塔心理学家们提出了迁移的“关系说”。

关系说又被称为转换说。斯彭斯（Spence，1936）把辨别一对新刺激（如不同颜色的图片）的迁移称为转换，他进一步解释说，辨别或转移是由于原来阳性和阴性刺激引起的兴奋或抑制泛化的结果。这种转换理论已得到其他一些实验者的实验支持。但这些实验同时发现了转换的一些特点或条件，如训练时的刺激与测验时的刺激差别越大，转换越不容易发生；用语言来表达刺激之间关系的能力越高则越易发生转换，即语言对转移有调节作用；此外，智力年龄较高的儿童在转换方面要超过那些智力年龄较低的儿童。

苛勒提出的迁移的关系理论与斯彭斯的转换理论类似，常被合称为“关系—转换理论”。这一理论与相同要素说等其他迁移理论并非全然矛盾、毫不相容。如果把苛勒实验中的“两个图片中颜色较深的一个”作为两个实验任务中的相同要素的话，则两种理论对实验的解释并不矛盾。

（五）奥斯古德的三维迁移模型

奥斯古德（Osgood，1949）在总结了大量迁移实验资料的基础上提出了迁移的三维模型（图4－1），又称迁移逆向曲面（transfer surface）模型。这一模型表明了迁移与两个学习情境的刺激或学习材料的相似程度和反应的相似程度的关系。

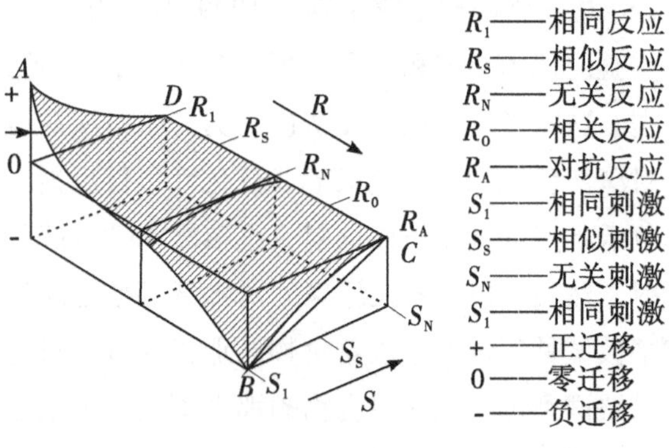

图4－1　奥斯古德的三维迁移模型

图中S代表刺激系列，箭头表示两个学习情景中的刺激从完全相同到无关的相似性的变化。*R* 代表反应系列，箭头表示从反应完全相同到无关直至相反和对抗的变化。从加号（+）到减号（-）表明迁移的情况由正到零再到负。以粗线勾画的曲面则表示迁移发生的方向与数量，即迁移的逆向曲面。图中 *A* 点表明在先后两个学习的材料刺激相同（S_1）而反应也相同（R_1）的情况下，会产生最大的正迁移；*B* 点则表示当刺激相同（S_1）而反应为对抗（R_A）时，产生最大的负迁移；如果先后两个材料刺激相同（S_1），而反应却由相似（R_S）到不同（R_N）以至对抗（R_A）时，则迁移由正到负，以至达到最大的负迁移，*AB* 曲线表明了这种变化。*C* 点为无关刺激（S_N）与对抗反应（R_A）产生零迁移；如果先后两个材料刺激由相同到相似到无关，反应为对抗，则负迁移由最大到零，如曲线 *BC* 所示；如果先后两个材料刺激无关，反应无论是相同或不同，以至对抗，迁移效果都是零，如线 *CD* 所示；线 *AD* 则表明随着刺激相似程度减少以至无关，反应相同，其迁移效果可从最大到零。总之，在这一曲面中，正负迁移的数量是刺激条件和所需反应两者相似性之间变化的函数。

奥斯古德的迁移曲面表明，迁移量与迁移的性质是由刺激与反应的相似程度决定的。但由于这一模式只是对配对联想学习的迁移规律的总结，具有一定的局限性，难以理解较复杂的学习迁移现象，只适用于解决那种机械学习的迁移，能够对类似的技能学习的迁移做出解释。

从以上几种理论的分析可看出，从桑代克开始通过实验提出的各种迁移理论的差异只是表面上的冲突，只是因为各自研究或强调的方面不同。如桑代克提出的相同要素说侧重的是学习的刺激物或学习材料方面的特性；而贾德的概括化理论强调的则是学习主体对学习材料的加工，是学习者对学习材料中知识经验的概括，以及对两种学习情境中类似的原理、原则的概括；关系一转换理论所强调的对两种学习情境中关系的顿悟，也可视为学习者从两种学习材料中概括出了两者的关系这一复杂的“要素”或“原理”，从一定意义上，可认为是对概括化理论的发展。此外，桑代克在 1934 年的一项实验表明，被试的智力越高，学习中的迁移越大，这一结论与贾德的概括化理论相符合，因为学生对原理原则的概括能力本身就是智力的一部分，这与格式塔心理学的关系一转换理论也有不谋而合之处，因为对情境之间的关系的顿悟和理解与学习者的智力高低是密切相关的。

二、现代的学习迁移理论

20 世纪 60 年代以来，随着现代认知心理学的兴起和发展，认知心理学家开始从知识获得和运用的角度去探讨迁移发生的条件和机制，提出了许多新的学习迁移理论。

（一）认知结构迁移理论

认知结构迁移理论是现代认知学派用来解释学习迁移的理论。该理论的主要代表人物是美国认知教育心理学家奥苏贝尔。奥苏贝尔对认知结构及其影响新的学习迁移的主要变量，以及如何操作认知结构变量来影响新的学习技术，进行过长期的理论和实践方面的研究，在其有意义接受学习理论（同化理论）的基础上提出了下列关于学习迁移的观点。

1. 迁移的产生

奥苏贝尔认为，所谓认知结构就是学生头脑内的知识结构。广义地说，它是学生已有观念的全部内容及其组织；狭义地说，它是学生在某一学科的特殊知识领域内的观念的全部内容及其组织。奥苏贝尔认为，学生原有的认知结构是实现学习迁移的最关键因素。当学生已有的认知结构对新知识的学习产生影响时，迁移就产生了。

对于有意义学习与迁移的关系，奥苏贝尔认为，一切新的有意义学习都是在原有学习的基础上产生的，因此，一切有意义学习必然包括学习迁移，而原有的学习对新知识学习的影响是通过学习者原有认知结构的作用实现的。

奥苏贝尔还对课堂学习中的迁移问题提出了自己的见解。他认为，在一般的课堂学习中，并不存在孤立的课题A和课题B的学习，学习A是学习B的准备和前提，对于B也不是孤立地学习，而是在同A相联系中学习。因此，学校课堂学习中的学习迁移，比实验室条件下的学习迁移所指的范围更加广阔。无论在哪种形式的课堂学习中，凡有已经形成的认知结构影响新的认知功能的地方，都有学习迁移现象存在。而且迁移的效果主要不是指提高了运用一般原理于特殊事例的能力，即所谓派生类属学习能力，而是指提高了相关类属学习、总括学习和并列学习的能力。

2. 影响迁移的因素

认知结构的组织特征和内容方面的特征合起来，被称为认知结构变量。奥苏贝尔提出了影响新的学习的三个认知结构变量，通过操纵与改变这三个认知结构变量可以促进新的学习与迁移。

（1）原有知识的可利用性

原有知识的可利用性是指在学习新的任务前，学习者原有认识结构中是否具有可以用来同化新知识的适当观念。根据有意义接受学习理论，原有知识与新学习的知识具有三种不同的关系，即上位、下位和并列的关系。奥苏贝尔认为，如果原有认知结构中有可以利用的上位的、概括程度高和包容范围广的知识，则新的学习将以下位学习的形式出现。下位学习一般比上位学习和并列结合学习容易进行。因此，学生良好的认知结构的第一个重要特征是他掌握的知识的概括水平和包容范围。概括程度越高和包容范围越广的知识，越有助于同化新的知识，也就越有助于迁移。如果在学习新知识时，学生认知结构中缺乏这样的上位观念，教师可以从外部给学生的认知结构中嵌入一个这样的观念，使之起吸收与同化新知识的作用，这样从外部嵌入的观念就是先行组织者。

（2）原有知识的巩固性

原有知识的巩固性是指同化新知识的、起固定作用的原有知识的稳定性和清晰性。原有知识越巩固，越易促进新的学习。倘若在利用原有知识同化新知识时，原有知识本身不巩固，则不但不会产生积极的作用（正迁移），反而可能会出现干扰（负迁移）。

（3）新旧知识的可辨别性

新旧知识的可辨别性是指在学习新任务前学习者的原有知识与要学习的新知识之间的异同是否能清晰分辨。可辨别性是建立在原有知识的巩固性基础之上的。如果一个学生的原有知识是按一定的结构、分层次严密地组织好的，则他在遇到新的学习任务时，不仅能迅速在原有的认知结构中找到新知识的固定点，而且也易于辨别新旧知识的异同。

（二）产生式迁移理论

产生式迁移理论是由信息加工心理学家辛格莱（M. K. Singley）和安德森（Anderson）于1989年提出来的。一般认为，现代认知学派的认知结构理论能够比较好地解释知识学习中的迁移现象，但却不能解释技能、情感、态度学习中的迁移现象。因此，关于学习迁移问题的研究还须继续深入。产生式迁移理论适用于解释基本技能的迁移。

1. 迁移的产生

产生式迁移理论的基本思想是：先后两项技能学习产生迁移的原因是两项技能之间产生式的交叉或重叠。他们认为两种任务之间的迁移是随其共有的产生式的多少而变化的。所谓产生式，是认知的基本成分，由一个或多个“条件—行动”的配对构成。一个产生式就是一个“条件—行动”规则，即 *C*—*A* 规则。*C* 代表行动产生的条件，它不是外部刺激，而是学习者工作记忆中的认知内容；*A* 代表行动，它不仅是外部反应，也包括学习者头脑中的心理运算。两项任务之间有共同的产生式或产生式的重叠时，迁移就会发生。

产生式迁移理论事实上是桑代克相同要素说的现代解释。在桑代克时代，心理学没有找到适当的形式来表征人的技能，以致错误地用外部的刺激—反应联结来表征人的技能，所以不能反映技能学习的本质。信息加工心理学家用产生式和产生式系统表征人的技能，这样就抓住了迁移的心理实质。所以导致先后两项技能学习产生迁移的原因，不应该用它们共有的刺激—反应联结的数量来解释，而应该用它们之间共有的产生式数量来解释。辛格莱与安德森将产生式作为学习任务之间的共同元素，使产生式迁移理论既能容纳原有的概括化理论，又能容纳认知结构的迁移理论。

2．影响迁移的因素

安德森等设计了许多实验来验证这一迁移理论。结合多项研究的结果，安德森等人对影响迁移的因素总结如下：①迁移量的大小与正负，主要依赖于两任务的共有成分量，而这种共有成分量是以产生式系统来考察的。如果两个情境有共同的产生式，或两情境有产生式的交叉、重叠，就可以产生迁移。②表征和练习程度是迁移产生的主要决定因素。不同领域的迁移各不相同，依其共有的符号成分的数量不同而异。③迁移量也依赖于学习或迁移时注意的指向所在。教学中应该更加注重对标志与已有技能有关的线索的训练。

（三）建构主义迁移理论

关注学生在学校里的学习，使学习更加贴近外部世界的真实情境，已成为当代学习理论的一个潮流。20 世纪 90 年代前，在西方的教育心理学中，以皮亚杰、布鲁纳、奥苏贝尔等为代表的重视认知结构的学习论和以加涅为代表的信息加工学习论一直占据着重要位置。尽管认知主义学习论比行为主义学习论加深了对学习的认识，强调学习的内部心理过程以及内部的心理表征，这是一个巨大的进步，但是，认知主义在研究学习时还是采取了行为主义者的立场（特别是信息加工学习论），强调学习中客观性的一面，而忽略了其主观性；而且他们研究的都是经过简单化的学习，与真实的生活情境存在一定的差距，忽视了学习的复杂性、建构性、社会性和情境性等特征。因此，“在建构主义看来学习迁移实际上就是知识在新条件下的重新建构，这种建构同时涉及知识的意义与应用范围这两个不可分割的方面，而知识的应用范围总是与一定的物体、内容、活动以及社会情境联系在一起的”。

建构主义对学习的过程、知识的表征以及应用等进行了重新理解。对这些问题的理解有两个共同的特征：一是十分重视学习者在学习过程中的主观能动性；二是特别强调情境的作用。在建构主义看来，学习迁移的关键特征有如下方面。

第一，先前的经验对迁移而言是必要的，并要达到相当的熟悉程度（是理解性的学习程度，而非仅靠记忆事实）。学习的迁移可以看作是在原有知识上的建构。这种原有的知识不仅包括学习者在课堂上的个体学习经验、学习者经过各个发展阶段所获得的一般经验，而且还包括学习者作为社会角色（与种族、阶层、性别和文化有关）而习得的知识。因此，学生是带着社会角色和日常生活经验的知识，而不仅仅是先前的学习经验进入课堂的。学生的这一知识既可能促进他的学习，也可能产生阻碍作用。

第二，过度情境化的知识并不利于迁移，不同情境中共同的深层抽象表征有助于促进迁移。在建构主义看来，学习者对知识的理解总是伴随知识使用的范围和条件，如在策略学习中，学习者不只是学到了一个策略，而且还获得了每个策略具体的应用条件，但过度强调情境的知识并不利于迁移的发生。因此，学习与情境之间的关系于迁移而言始终是一对有待解决的矛盾。已有研究表明，学习与情境之间的关系取决于知识是如何获得的。在复合而非单一情境中，学习者通过在深层意义上抽象出共同的概念特征而形成富有弹性的知识表征，可以提高迁移能力。

第三，迁移是个主动的、动态的过程，而不是某一类学习经验的被动产物。学习者在已有知识经验与问题之间生成联系，识别、抽象和匹配源问题与目标问题之间共同或类似的内在联系，都离不开学习者的主动建构；在不同的复合情境中发现其背后所隐含的深层意义上的共同概念特征，并形成富有弹性的知识表征，更离不开学习者的主动建构。

就传统与现代的迁移研究来看，传统的迁移研究是比较宏观的、粗线条的；而现代的迁移研究则是比较微观、细致的，比较重视迁移的认知特性的探讨，对迁移过程的认知成分、迁移得以发生的内在机制进行了较深入的分析，这就促进了迁移研究的深化。可以说，迁移实质上是新旧经验的整合过程，整合是新旧经验的一体化现象，即通过分析、抽象、综合、概括等认知活动使新旧经验相互作用，从而形成在结构上一体化、系统化，在功能上能稳定调节活动的一个完整的心理系统。

第三节　学习迁移在教学中的应用

学习迁移的产生受很多因素的影响，并不是自动的，因而论证其影响因素并依据这些影响来促进学习中正迁移的产生非常重要。

一、影响学习迁移的主要因素

（一）相似性

相似性的大小主要是由两任务中含有的共同成分决定的，较多的共同成分将产生较大的相似性，并导致迁移的产生。共同成分既可以是学习材料（如刺激）、学习中的环境线索、学习结果（如反应）、学习过程、学习目标等方面的，也可以是态度、情感等方面的。早期的研究主要关注外在的刺激与外在的反应的相似性对迁移的影响，现代的研究对迁移中所需的内在心理特性的相似性也给予了充分的关注。迁移的产生既受到客观相似性的影响，也受到主观相似性的影响。

（二）原有认知结构

原有的学习对后继学习的影响是比较常见的一种迁移方式，原有认知结构的特征直接决定了迁移的可能性及迁移的程度。奥苏贝尔的认知结构迁移理论对此进行了明确的阐述。原有认知结构对迁移的影响主要表现在以下几方面。

第一，学习者是否拥有相应的背景知识，这是迁移产生的基本前提条件。已有的背景知识越丰富，越有利于新的学习，即迁移越容易。专家之所以具有较强的迁移能力，其原因之一就是他们具有解决某一问题的丰富的背景经验或认知结构。值得注意的是，有时即使个体拥有迁移所需的某种经验，但由于这些经验不能被学习者主动地加以应用，它们在头脑中处于一种惰性状态，因此，也无助于迁移的产生。

第二，原有认知结构的概括水平对迁移起到至关重要的作用。一般而言，经验的概括水平越高，迁移的可能性越大，效果越好；经验的概括水平越低，迁移的范围越小，效果也越差。当然，强调概括经验在迁移中的作用，这并非意味着只掌握抽象的概念、原理就可以广泛地迁移，如果脱离具体事例而孤立地学习抽象的概念、原理，这在一定程度上无助于有效的迁移。

第三，学习者是否具有相应的认知技能或策略以及对认知活动进行调节、控制的元认知策略，也会影响迁移的产生。有些情况下，学习者虽然掌握了某种迁移所必需的知识，且学习对象也具有相似性，但仍不能产生迁移，其原因之一就是缺乏必要的认知和元认知技能与策略。拥有认知策略和元认知策略，可以使学习者沿着正确、合理的程序分析问题，使其注意力集中到要迁移的问题上，促使个体知道何时、何处、如何迁移某种经验，也可以在一定程度上增强学习过程的相似性。掌握必要的认知策略和元认知策略，是提高迁移发生可能性的有效途径。

（三）学习的心向与定势

心向与定势常常指的是同一种现象，即先于一定的活动而又指向该活动的一种动力准备状态。定势的形成往往是由于先前的反复经验，它将支配个体以同样的方式去对待后继的同类问题，正因如此，定势在迁移过程中也起到一定的作用。定势对迁移的影响表现为两种，即促进和阻碍。定势既可以成为积极的正迁移的心理背景，也可以成为负迁移的心理背景，或者成为阻碍迁移产生的潜在的心理背景。

定势对迁移究竟是积极的影响还是消极的影响，这取决于许多因素，但关键要使学习者首先能意识到定势的这种双重性，具体分析学习情境，既要考虑如何充分利用积极的定势解决问题，同时又要打破已形成的僵化定势，灵活地、创造性地解决问题。

除前面所涉及的影响迁移的一些基本因素外，诸如年龄、智力、学习者的态度、教学指导、外界的提示与帮助等都在不同程度上影响着迁移的产生。

拓展阅读

定势影响迁移的实验

哈洛（Harlow，1949）的“学会学习”实验就证明了定势影响学习迁移的命题。他以猴子为被试进行辨别学习，每次给猴子呈现两件物体，让其辨别何种物体下放有食物。经过多次训练后，猴子对第一次尝试所提供的信息的利用率大大增加，对有食物的物体的选择正确率升至97%，这说明猴子学会了如何学习。这就是一种学习的定势，它为正迁移的产生提供了积极的心理背景。

陆钦斯（Luchins，1942）做的“量杯”实验也反映了定势对学习的影响。实验中他让被试用不同容量的A、B、C三个量杯来量取不同的水量。进行一定量的练习后，实验组被试具有了较强的定势，即使用三个杯子解题，并将这种定势直接迁移到后面的问题解决过程，使解题速度加快。这时，定势是迁移产生的一种积极的心理因素。但同时，这种定势又阻碍、限制了其他更简便方法的产生，当被试碰到用两个杯子即可解决的问题时，仍坚持用三个杯子来解决问题。

二、有效促进学习迁移的教学

（一）合理确定教学目标

教学目标是一切教学工作的出发点和最终归宿，一切教学工作都是为了教学目标进行和展开的。因此，确立系统、明确而具体的教学目标是促进学习迁移的重要前提。一个好的教学必须是能够发展学生迁移能力的教学，将“为迁移而教”作为教学目标之一应该是无可争辩的。迁移目标的引入使得教学目标由一维结构变成了立体结构，进而增强教师教会学生迁移的意识，使他们在具体的教学中不仅重视教学的内容，更重视学生学习的效果；不仅注重学习的量，更重视学生学习的质。任何学习都是在原有学习基础上连续、分步构建的过程，而最终形成的心理结构也是具有一定层次关系的网络结构，因此，教学目标的确立必须从所要构建的心理结构的整体出发来考虑。同时，教学目标的表述应明确而具体，不能太笼统，应让学生能够确切把握其含义。这样，学生对于与学习目标有关的知识易于形成联想，有利于迁移的发生。

（二）科学精选教学材料

在教学过程中，教师并不是把一门学科的所有内容都教给学生，学生也不是毫无选择地学习所有内容，这不仅是不可能的，也是没有必要的。要想使学生在有限的时间内掌握大量有用的经验，教学内容就必须精选。精选的标准，一是教学材料要具有迁移的价值。这就要求所选的材料既要包括基本的原理，又要有典型的实例和丰富的变式练习。只有这样，教师在教学过程当中才能够有“理”有“据”，有助于学生超越仅仅简单累积起来的事实性知识，为学生学习迁移的发生创造最有效的条件。二是学习材料要具有时代性。现代科技和知识的发展日新月异，知识更新速度之快难以想象。因此，教师要及时关注最新的科学成果和时代信息，让学生能够学习到前沿的知识，不断更新知识结构，实现更广泛的迁移。

（三）合理组织教学内容

应对精选的教学材料进行合理的组织和编排，以最优的知识结构、最佳的呈现顺序来帮助学生乃至教师实现迁移。具体来说，其标准就是使教材达到结构化、一体化和网络化。

结构化是指教材内容的各构成要素具有科学的、合理的逻辑联系，能体现事物的各种内在关系，如上下、并列、交叉等关系；一体化是指在组织教材内容时，既要防止教材中各种要素之间相互割裂、支离破碎，又要防止相互干扰或机械重复；网络化是指教材各要素之间上下左右、横纵交叉联系要紧密，要突出各种基本经验的连接点、连接线，为迁移的产生提供直接的支撑。

（四）有效设计教学程序

合理编排的教学内容是通过合理的教学程序得以实施的。良好的教学程序能够促进学生迁移能力的发展。因此，有效地设计教学程序对于教学来说格外重要。良好教学程序的设计可以从以下两方面考虑：一是宏观方面，即对学习的先后顺序的整体安排；二是微观方面，即具体的每一节课的安排。无论是宏观还是微观方面，都应遵循迁移规律，以提高教学效率和学习效果。在宏观上，教学中应将基本的知识、技能和态度作为教学的主干结构，并依此进行教学。因为基本的知识、技能、态度等都具有适应面广、包容性大、概括性高、派生性强等特点，作为主干教材，可以最大限度地发挥其效用。在安排这些基本内容的教学顺序时，应该既考虑到学科知识本身的内在逻辑联系，即知识序，又要考虑到学生的心理发展顺序及其可接受性，即学生的认知序。应综合兼顾知识序与认知序，从整体上科学、有效地安排教学程序。

在微观上，应合理组织每一堂课的教学内容，合理安排教学顺序，依据从已知到未知、从简单到复杂、从具体到抽象等顺序来沟通新旧经验、建构经验结构。在激发学习动机、引入新内容、揭示重点难点、反馈等诸环节上都应精心设计，以利于学生真正理解、掌握所学习的内容，并能将所掌握的内容进行适当的迁移。同时，要注意知识的纵向和横向联系。在进行新知识的教学中，教师不但要关注学生当下知识的学习，而且要注意新旧知识经验的联系与贯通，注意把各独立的教学内容整合起来，注意各门学科的横向联系。还要重视简单的知识技能与复杂的知识技能、新旧知识技能之间的联系，强化学生对新旧知识经验之间的联系与分化，促进学生良好知识结构的形成，提高学生习得知识的迁移范围和价值。

（五）教会学生学习与迁移

要促进学生迁移能力的发展，最关键的还是在于教会学生如何去学习。“授人以鱼，仅供一饭之需，授人以渔，则终生受用无穷。”学习方法可以说是促进有效学习的手段、措施，是培养学生迁移能力、使学生学会学习的前提条件。掌握学习方法不仅可以促进对所学内容的理解，而且可以改善学生的迁移能力，因为学习方法中包含了非常重要的信息，如在什么条件下迁移、如何迁移所学的内容、迁移是否有效等，这些信息可以提高迁移的意识性，防止经验的惰性化。如果说某一学科的具体内容的迁移属于特殊迁移的话，那么学习方法的迁移则属于一般迁移，具有广泛的迁移性。加之学习方法本身又包含了有效迁移的信息，所以，掌握学习方法无疑是提高迁移能力的有效途径。

在教学中教师既要善于把学习的方法教给学生，又要鼓励学生总结出适合自己的学习经验，并与同学进行交流。这些策略性知识的掌握可以改善认知过程，提高思维品质，有助于促进学生迁移能力的发展。

课后练习题

一、选择题

1. 小军由于对“锐角三角形”知识掌握不好而影响了对“钝角三角形”知识的掌握，这种现象属于（　　）。

A. 纵向迁移　　B. 横向迁移　　C. 顺应迁移　　D. 重组迁移

2. 学习三角形和长方形的面积公式后，再学习梯形面积公式就比较顺利，这种迁移属于（　　）。

A. 零迁移　　B. 逆向迁移　　C. 负迁移　　D. 正迁移

3. 形式训练说所涉及的迁移本质上是（　　）。

A. 一般迁移　　B. 特殊迁移　　C. 水平迁移　　D. 垂直迁移

4. 强调概括化的经验或原理在迁移中的作用的理论是（　　）。

A. 形式训练说　　B. 共同要素说　　C. 概括说　　D. 关系转换说

5. 数学学习中形成的认真审题的态度及审题的方法会影响化学、物理等学科的审题态度和方法，这种迁移叫（　　）。

A. 特殊迁移　　B. 顺应迁移　　C. 一般迁移　　D. 重组迁移

二、辨析题

1. 迁移就是两种活动之间发生了相互促进的影响。
2. 定势的形成有利于后继任务的顺利完成。
3. 倒摄抑制属于逆向负迁移。
4. 迁移只发生在同类活动中。

三、材料分析题

贾德在1908年所做的“水下打靶”实验，是学习迁移研究的经典实验之一。他将被试分成两组，要他们练习用标枪投掷水下的靶子。在实验前，对一组被试讲授了光学折射原理；另一组不讲授，只能从尝试中获得一些经验。在开始投掷练习时，靶子置于水下1.2英寸处。结果，讲授过和未讲授过折射原理的被试，其成绩相同。这是由于在开始测验中，所有被试都必须学会运用标枪，理论的说明不能代替练习。当把水下1.2英寸处的靶子移到水下4英寸处时，两组的差异就明显地表现出来：未讲授折射原理的一组被试不能运用水下1.2英寸处的投掷经验以改进靶子位于水下4英寸处的投掷练习，错误持续发生；而学过折射原理的被试，则能迅速适应水下4英寸处的学习情境，学得快、投得准。

（1）贾德在该实验基础上，提出了何种学习迁移理论?

（2）该理论的基本观点是什么?

（3）依据该理论，产生学习迁移的关键是什么?

（4）该理论对教学的主要启示是什么?

四、论述题

1．联系实际，举例说明学习迁移的种类。

2．试述传统迁移理论的主要内容并分析它们的异同。

3．结合教学实践，探讨如何促进学生正迁移的形成。

4．试述影响迁移的因素及教学中促进迁移的有效方法。

5．根据迁移机制的有关理论解释和研究，阐释概念原理及学习者的主动性在迁移中的作用。

第五章

学习动机

学习目标

1．了解学习动机的含义与结构及其功能。了解驱力理论、诱因理论、强化理论、自我决定论的基本观点。

2．理解内部动机与外部动机的含义及其作用。

3．掌握奥苏贝尔的学习动机的分类观。

4．综合运用需要层次理论，学会分析学生的需要与学习动机之间的关系。

5．了解学习动机与学习效果之间的关系，学会耶克斯—多德森定律在激发学生学习动机中的运用。

6．了解并理解成就动机论、目标成就论、自我效能感理论的基本观点，掌握这些理论在学生学习动机方面的解释。

7．运用归因理论分析学生的学习行为与归因的关系。

8．掌握培养和激发学生学习动机的有效方法。

案例引入

14岁的小明代数考试总考不及格，所以他父母给他找了一位辅导老师。辅导的第一天，小明对辅导老师说，他一点也不喜欢代数，何况老师教得也不好，考试他肯定过不了。在小明看来他根本无法改变自己的能力和老师的教学策略，失败是注定的。在几周的辅导中，辅导老师总是鼓励小明自己思考而不是等待老师的帮助，培养他对学好代数的自信心；同时，辅导老师还教他理解并应用各种代数原理。小明进步很大，并逐渐意识到只要自己努力还是可以学好的。小明感觉到了自己的进步，逐渐懂得付出努力和使用学习策略同样重要。正如他所说的：“我知道，拿到题目首先必须理解题意，然后再一步一步地进行推论，这样问题就会迎刃而解。我现在才明白，无论是否喜欢代数老师，上课学习都是自己的事。我现在上课听得懂了，提问的次数也多了。”

随着代数成绩的逐渐好转，小明的自信心越来越强，他认为自己完全可以学好代数，考试及格绝对没有问题。“老师再怎么负责，也得靠自己努力才行。现在我试着去理解、提问，同时去弄明白老师是怎么做到的。以前上课我只是听，总是不爱做笔记，以为自己记得住，可是往往却忘了；现在上课我会做笔记，即使没有作业，除了星期五我也会每天在家学习，我想我现在不会再因为代数头痛了。”

思考：

1. 最初，小明认为他失败的原因有哪些？
2. 小明早期的想法对他的课堂行为有什么影响？
3. 之后，小明对成功的归因有哪些？
4. 小明观念的改变是如何影响他的学习策略的？

第一节　学习动机的概述

一、学习动机的含义与结构

动机（motivation）是指激发、维持个体行为，并使行为指向特定目标的一种内在过程或内部心理状态。人类的各种活动都是在动机的作用下朝着一定的目标进行的。形象地说，动机就好比汽车的发动机和方向盘，他既为个体的活动提供动力，又对个体的活动进行方向调节。

学习动机（motivation to learn）是指向学习活动的动机类型，具体来说学习动机是指激发、维持个体的学习行为，并使这一行为朝向一定的学习目标的一种内在过程或内部心理状态。它包括两个基本成分：学习需要和学习期待，两者相互作用形成了学习的动机系统。

（一）学习需要与内驱力

学习需要是指个体在学习活动当中感到有某种欠缺而力求满足的心理状态。它表现为学习的愿望和意向，包括学习的兴趣、爱好、求知欲和学习的信念等。当个体的学习需要没有得到满足的时候，就会产生相应的内驱力，促使个体去从事满足学习需要的行为活动。一旦个体的学习需要得到满足，内驱力就降低，学习的动机和行为也就减弱和停止。从这方面来看，需要和内驱力基本上是一致的，学习需要是学习内驱力的源泉。

（二）学习期待与诱因

学习期待是指个体对学习活动所要达到的目标的主观估计，是学习目标在个体头脑中的反映。诱因则是指能够激起有机体的定向行为并满足有机体需要的刺激或情境。根据性质的不同，诱因又可以分为正诱因和负诱因两种。前者是个体倾向的目标，如食物、水、奖励、名誉和地位等，后者是个体回避的目标，如危险、灾难、惩罚等。学习期待是静态的，而诱因则是动态的，它将静态的期待转变成为目标，因而，学习期待就其作用来说就是学习的诱因。

学习需要和学习期待是学习动机的两个基本成分，两者密切相关。学习需要是个体从事学习活动的最根本动力来源，如果没有这种自身产生的动力，个体的学习活动根本不可能发生。学习期待则是指向学习需要的满足，促使个体有更强的动力去达到目标，因此也是学习动机结构中必不可少的成分。

二、学习动机的功能

1．激发功能（引发作用）

学生对某些知识或技能产生迫切的学习需要时，就会引发学习内驱力，唤起内部的激动状态，产生焦急、渴求等心理体验，并最终激起一定的学习行为。学习动机还能够增强学生学习的准备状态，激活相关的背景知识，提高学习效率。

2．指向功能（定向作用）

学习动机以学习需要和学习期待为出发点，使学生的学习行为在初始状态时就指向一定的学习目标，并推动学生为达到目标而努力学习。

3．维持功能（维持作用）

学习动机使学生在学习过程当中，集中注意力，克服不利影响，提高努力程度，遇到困难时坚持不懈，直达学习目的。

4．调节功能（调节作用）

学习动机调节学习行为的强度、时间和方向，如果行为活动未达到既定目标，动机还将驱使学生转换行为活动方向，以便达到既定目标。

三、学习动机的分类

依据不同的学习动机理论，可以将学习动机分为不同的类型，所以学习动机的分类多种多样，下面只介绍在教学实践中影响较大的几种分类。

（一）内部动机与外部动机

根据学习动机的产生来源的不同，可以把学习动机分为内部动机与外部动机。

内部动机（intrinsic motivation）是指个体内在兴趣、好奇心或成就需要等引发的动机。它是由学习者本人自行产生的，动机的满足在活动之内，不在活动之外。如有的初中生对阅读武侠小说很感兴趣，一有空就读武侠小说，虽然并不因此获得奖赏或高分，但却乐在其中。

外部动机（extrinsic motivation）是指由某种外部诱因所引起的动机，它是在外界的要求或作用下产生的，动机的满足不在活动过程本身，而在活动之外。此时学生努力学习，并不是对学习本身感兴趣，而是对学习所带来的结果感兴趣，例如为了获得高分数、得到教师或家长的表扬、避免惩罚而学习等。

动机的不同来源决定了个体能否持续地从事某一活动。外部动机的产生，依赖于特定的刺激情境，一旦情境消失，学习动机便会下降。相比之下，反映个体自身需求的内部动机更能强烈持久地推动个体学习。因此，对于教师来说，最理想的做法是激发学生的内部动机。当然外部动机在一定条件下也可以转化为内部动机。

拓展阅读

外部动机与内部动机的关系

我们知道，当学生的学习是以内部动机为主时，他是真正对学习产生了兴趣，是对学习活动的热爱，能更为有效地进行和坚持学习活动。但我们也知道，并不是所有的事情都能一开始就促发我们的内部动机。内部动机和外部动机究竟有什么关系？外部动机的介入是否将削弱内部动机的强度？

对于使用强化和奖励诱发外部动机的做法，很多教育学家提出了批评。他们认为，奖励使学生把注意力放在了奖励上而不是任务本身，他们的表现越来越糟糕，他们做事越来越斤斤计较，总在绞尽脑汁用最少的努力赢得最大的奖励，而不是想方设法创造高质量的产品。例如，某人原本十分喜爱读书、写论文，他年复一年、日复一日不知疲倦地做这些事情。后来，他的文章发表出来，单位评奖按发表的论文等级给予奖励，报社按照文章的字数付给稿酬。久而久之，他的写作就不像原来那么随意、自如了，总在权衡利弊得失，不划算的写作就不写，这个时候写作就成为一种负担而不是乐趣了。由此可以看出，外部奖励可能削弱内部动机。莱泊尔等（1973）还曾经就此类现象做过一项经典研究。研究者让学前儿童使用特制的画笔进行画画。许多儿童对此热情甚高。然后，研究者将儿童随机地分成三组：第一组儿童被事先告知，如果他们给参观者画一幅画，就会受到奖励（优秀画家奖）；第二组儿童虽未事先告之，但在画完之后也会意外得到同样的奖励（但不是每次都能得到奖励）；第三组儿童不接受任何奖励。四天后，研究者记录儿童的自由活动情况，结果发现，受到奖励的第一组儿童用于绘图的时间是第二、第三两组儿童所用时间的一半。莱泊尔等人据此提出，奖励有可能降低其内部动机。他们（Greene & Lepper，1974）在后来的一项研究中还发现，告知儿童他们的活动将被观察（通过单向玻璃），这种做法对内部动机的破坏作用与给予奖励的做法如出一辙。卡梅伦（2001）对外部奖励影响内部动机的有关研究表明："任务本身具有较强的趣味性，不管任务完成水平如何，都预先提供物质化奖励，那对于内部动机的影响是致命的。"

尽管课堂强化颇受争议，但因此取消一切奖励是不切实际的。实际上，奖励的益处应该得到公认，关键在于奖励的质量比奖励形式本身更为重要。对奖励的成功运用取决于恰当的奖励时间和方式。教师要奖励个体的良好成绩和表现，而不是奖励参与活动；奖励是对能力的认可；奖励要针对不感兴趣但需要完成的任务；奖励的内容属于社会性的而非物质性的。例如，教师要求学生读完100本书，就可以奖励其由商家提供的玩具。这个奖励条件破坏了孩子读书的乐趣，让学生成了勉强的阅读者。而且，如果对所读书籍没有制定选择标准，学生将会选择薄而简单的书以尽快完成任务，这将造成他们对教育玩世不恭的态度。如果对这一项任务进行以下改革：①举行一次讨论，明确选书的标准和主题；②写一篇论文，论述所读图书的精华；③向班里同学做一个讲演，并回答同学们的提问。当满足这些条件时，学生向有兴趣的听众展示了自己的成就，以他人的认可强化了学生的读书行为。只有这样，外部动机才能作为一种手段引发和巩固内部动机，从而形成以内部动机为主、外部动机为辅的双高动机组合。

（二）近景性动机与远景性动机

根据学习动机的影响范围和持续作用的时间，可以分为近景性动机和远景性动机。

近景性动机与具体活动本身相联系，影响范围小，持续作用时间短。例如有的学生为了让家长买游戏机而努力学习，这是一种局部的、狭隘的动机。

远景性动机与活动的社会意义相联系，影响范围大，持续作用时间长。例如，努力学习是为了将来个人能够有好的发展，这是一种广义的、概括的动机。

（三）认知内驱力、自我提高内驱力和附属内驱力

奥苏贝尔认为学生所有指向学业的行为都可以从三个方面的内驱力加以解释：认知内驱力、自我提高内驱力和附属内驱力。

认知内驱力（cognitive drive），是指一种要求获得知识、技能以及阐明和解决问题的需要。它发端于儿童的好奇心和探究环境的倾向性，例如，儿童很早就开始探索他们周围的世界，对新异事物特别感兴趣，不断地摆弄和装拆玩具或物品，总爱向成人发问："这是什么？""那是什么？""为什么这样？"等等。然而，儿童的这些倾向或心理素质最初只是潜在的，而非真实的动机，还没有特定的内容和方向，他要通过个体在实践中不断取得成功才能真正表现出来，并具有特定的方向。可见，学生对某一学科的认知内驱力或兴趣绝非天生的，主要是获得的，有赖于特定的学习经验。这种动机指向学习任务本身（为了获取知识），满足这种动机的奖励是由学习本身提供的，因而也被称为内部动机。它对学习有着巨大的推动作用，是三种动机成分中最重要、最稳定的部分。目前，教育心理学家越来越重视这类动机的作用。他们指出，教育的主要职责之一，是要让学生对获得有用的知识本身发生兴趣，而不是让他们被各种外来的奖励所左右。

自我提高内驱力（ego-enhancement drive），是指因自己的能力或成就而赢得相应地位的需要。这种需要是由人的基本需要——尊重和自我提高的需要所派生出来的。它在学龄前儿童期已开始萌芽，入学后日益发展，逐渐起重要作用，成为学生学习动机的主要组成部分之一。与认知内驱力不同的是，自我提高内驱力并非直接指向学习任务本身，而是把成就看作是赢得一定地位和自尊性的根源，它显然是一种外部动机。在课堂学习中认知内驱力（内部动机）固然重要，但适当激发学生自我提高的动机也是必要的。事实上，很少有人能形成足以推动自己掌握大量学科内容的强烈的认知内驱力。

附属内驱力（affiliative drive），是指为了获得长者（家长、教师）、伙伴等的赞许和认可而努力学习的需要。之所以会产生这种动机，是因为学生与长者在感情上具有一定的依附性，长者是学生追随和效法的人物，而且长者的赞许和认可往往可以使学生获得一种派生的地位。这种动机在儿童早期最为突出，是学生学习动机的重要来源。在此期间，学生努力学习以求获得好成绩，只是为了满足家长的要求，从而获得父母的赞许。

到了儿童后期和青少年时期，附属内驱力不仅在强度方面有所减弱，而且开始从父母转向同龄的伙伴。这期间，来自同伴的赞许和认可就成为一个强有力的动机因素。显然，附属内驱力既不直接指向学习任务，也不是为了自我提高，而是为了博得他人的褒奖，它也是一种外部动机。

由上述可见，学生的学习是受多种动机推动的，而且认知内驱力、自我提高内驱力和附属内驱力在动机结构中所占的比重，通常会随年龄、性别、人格结构、社会地位、文化背景等因素的变化而变化。教学的艺术，在于如何识别、控制和调节这些因素，使学生始终充满学习的动机。

四、学习动机与学习效果的关系

虽然学习动机与学习效果之间的关系十分复杂，但大致可以把它们的关系概括如下。

（一）学习动机提升学习效果

大量的实证研究证明学习动机能够促进学习效果的提升。但学习动机对学习效果的促进并不是直接的，而是通过一些中介机制间接地去增强与促进学习的效果，其重要性基本表现在：①唤醒学习的情绪状态。可引起如好奇、疑惑、喜欢、兴奋、紧张或焦虑乃至冲动等情绪。②加强学习的准备状态。易于激活相关背景知识，降低在学习过程当中对事物的知觉和反应阈限，缩短反应时间，从而提高学习效率。③集中注意力。将学习活动指向认知内容和目标，克服无关刺激的影响。④提高努力程度和意志力。延长学习时间，加大心理投入，遇到困难甚至失败时坚持不懈，直到达到学习目的。因此，学习动机是有效学习不可缺少的因素，对于学校中进行的长期的有意义学习而言，是十分重要的。也正因为如此，几乎所有的教师都十分注重培养和激发学生的学习动机。

（二）学习效果反作用于学习动机

学习动机影响学习效果，但这种影响关系并非是单向的。奥苏贝尔就明确指出："动机与学习之间的关系是典型的相辅相成的关系，绝非一种单向性的关系。"动机推动学习，学习又能产生动机，两者相互关联。因此，教师在强调动机对学习的重要作用的同时，也应看到所学的知识反过来又可以增强学习的动机。对于那些没有学习动机或者学习动机不高的学生，教学的最好办法是把重点放在学习的认知方面，而不是动机方面，致力于有效地教他们掌握有关知识，让他们获得成功的体验。学生尝到了学习的乐趣，就有可能产生或者增强学习的动机。

（三）学习动机与学习效果的不一致性

尽管动机确实可以提高学习效果，但这并不意味着高水平的学习动机总能导致好的学习效果。造成学习动机与学习效果之间的这种不一致性的原因有二：一是动机本身的强度过高，二是其他影响因素的制约。

学习动机对学习效果的作用取决于动机本身的强度。一般认为，动机水平增加，学习效果也会提高。但耶克斯（R. M. Yerkes）和多德森（J. D. Dodson）的研究表明，在一定范围内，随着动机强度的增加，学习效果不断提高；而当动机强度超过某一最佳水平时，随着其强度的增加，学习效果反而不断下降。这一规律在心理学中被称为“耶克斯—多德森定律”（图 5－1）。这项研究说明过强的学习动机和过弱的学习动机一样会降低学习效果。因为动机过于强烈，会使个体处于高度的紧张和焦虑状态，致使注意和知觉的范围缩小，思维受到抑制，给学习造成不良影响。例如，经常有人在重要的考试中发挥失常，就是由于动机水平过高导致的。一般而言，最佳动机水平为中等强度，但这种最佳水平并不是固定不变的，它与学习的复杂程度或困难程度有关。对于简单的学习，其最佳水平为较高的动机强度；对于复杂的学习，其最佳水平则为较低的动机强度。在学校教育中，教师应该考虑的一个重要问题就是要使学生处于适当的动机水平，一定要注意防止给学生提出过高的目标，施加太大的压力，避免给学生造成不必要的损害。

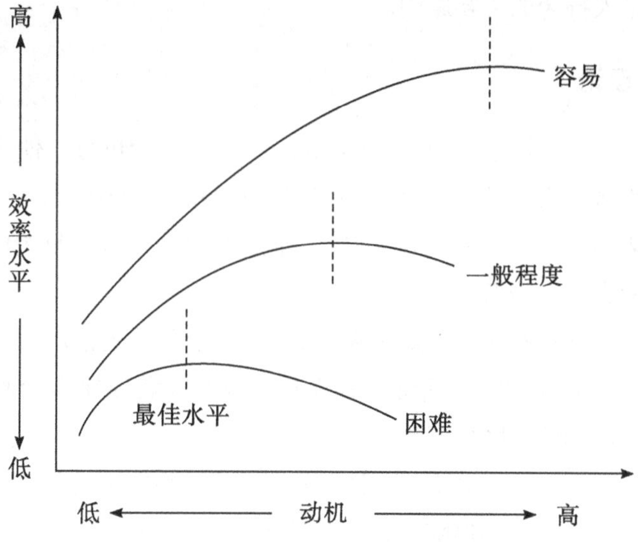

图 5－1 耶克斯—多德森定律

学习动机对学习效果的作用，还受到其他影响因素的制约。学习动机只是影响学习效果的众多因素之一。除了动机以外，学生的知识基础、智力水平、学习策略、学习习惯、个性特点、健康状况以及教师的指导等都会对学生的学习效果产生重要影响。因此在日常教学中会出现这样的现象：有的学生学习动机水平较高，但学习成绩却不理想。这种现象并不否定动机对学习的作用，只是说明学习动机并非决定学习活动的唯一因素。这就提醒教师，在教学中培养和激发学生的学习动机固然是重要的，但也要注意改善各种主客观条件。只有这样，才能保持动机与效果的一致性。

第二节　学习动机的理论

动机的问题非常复杂，学术界对动机的解释也多种多样。不同流派的心理学家分别从自家流派的理论出发，提供了对学习动机的不同解释。行为主义心理学家们强调诱因与惩罚等外部因素对个体行为的促进与阻碍作用，他们重视的是外部动机的作用；人本主义心理学家却相反，他们强调人们内心会产生的提高自我的能力、改变自我状态的驱动力，这是一种内部动机；认知心理学家认为认知（人们对外部事件的理解或解释）影响了行为的动机，而认知来自于个体的内部，所以其观点与人本主义心理学家存在一致性：内在动机是人行为的主要原因。

一、内驱力理论

内驱力理论的代表人物是美国心理学家赫尔（C. L. Hull），他认为机体的需要产生内驱力，内驱力激起有机体的行为。驱力是指个体由生理需要所引起的一种紧张状态，它能激发或者驱动个体行为来满足需要，消除紧张，从而恢复机体的平衡状态。需要得到满足后，驱力就会降低。

由此可以看出，赫尔的理论主要有两个要点：①有机体的活动主要在于降低或消除内驱力；②内驱力降低的同时，活动受到强化，因而它是促使学习概率提高的基本条件，所以该理论也叫内驱力降低理论。

在赫尔的理论中，内驱力主要有两种，分别是原始性内驱力和继发性内驱力。原始性内驱力同生物性需要状态相伴随，并与有机体的生存有密切联系。这些内驱力产生于机体组织的需要状态，如饥饿、口渴、呼吸空气、体温调节、睡眠、回避痛苦等。继发性内驱力是对于情境（或环境中的其他刺激）而言的，它由学习获得，也就是说，以前的中性刺激由于能够引起类似于原发性内驱力所引起的反应，而具有内驱力的性质。

二、诱因理论

诱因理论是经典行为主义观点之一。经典行为主义学者认为，个体行为的产生是先有外界环境中的刺激（S），由刺激引发个体的行为（R）；而诱因就是指人们试图得到或避免的目标与情境刺激（S），它具有激发或诱使个体朝向目标的作用。如直播中诱人的商品激发人的购买欲望，美食城的诱人美食激发人的进食欲望，挑战性的任务激发人的成就需要。诱因可以是物质的，如食物、衣装等；也可以是复杂的事件和情境，如获得利益、名誉、地位等。诱因还可以分为积极的和消极的，有利于引起行为出现的刺激物称为积极诱因，如表扬、奖励、成功等；而避免行为出现的刺激物称为消极诱因，如痛苦、贫困、失败等。

诱因论是一种强调外界诱因在行为激发中的作用的理论，它注重行为的外在诱因的牵引作用。如果说驱力论关注的是行为的内在推动力，那么诱因论则关注外部刺激、奖赏、目标等对行为的拉力作用。所以在教育实践中，教师可以通过设置各种各样的对学生具有诱惑力的学习目标作为诱因来引起学生的学习动机。

三、强化理论

强化理论是操作行为主义学家提出来的观点之一，他们用强化来解释行为产生的原因。操作行为主义学家们认为，人的某种学习行为倾向完全取决于先前的这种学习行为与刺激因强化而建立起来的稳固联系，而不断强化则可以使这种联系得到加强和巩固。例如，学生每次大声朗读课文都得到表扬，在“大声朗读课文”与“得到表扬”之间的联结就被强化了，今后此学生想要得到表扬就会大声朗读课文；而如果此联结没有被强化，学生想要得到表扬就不一定会有“大声朗读课文”的表现。所以，强化就是为了巩固刺激与反应之间的联结。强化理论起源于桑代克提出的效果律。效果律表明，如果一个动作或行为跟随情境中一个满意的后果（即奖励），类似情境中该动作重复的可能性增加；反之，如果跟随一个不满意的后果（即惩罚），这个动作或行为重复的可能性将减少。斯金纳（操作行为主义者的代表人物）通过系统的实验操作证实了行为之后给予的强化对后继行为具有增强作用，认为强化是形成和巩固学习的重要条件。

斯金纳认为，强化有两种方式：正强化和负强化。正强化是通过增加个体需要的刺激（如适当的表扬、奖励、加分等），来引导其行为出现；而负强化则通过减少个体厌恶的刺激（如罚抄、批评、嘲笑等），来引导其行为的出现。所以说无论是正强化还是负强化，其目的都是为了使得符合期望的行为出现概率增加。惩罚的目的却与此相反，惩罚是为了减少不符合期望的行为出现。如批评计算出错的学生是为了让他以后不要或较少出现计算出错的情况。尽管在教育实践中强化和惩罚是两种常见的方式，但斯金纳认为要少使用惩罚，因为惩罚具有很多弊端。另外，在运用强化去激发学生的学习动机时，一定要注意使学生准确认知到你所控制的强化与被强化的行为之间的因果关系，否则所运用的强化就达不到预期的效果。

强化理论对家庭教育与学校教育都有着深刻的影响。逐步巩固孩子的良好的学习习惯以及刷题战术都源自于强化理论的运用。

四、需要理论

操作行为主义心理学者主张用强化和避免惩罚来解释学习动机；人本主义心理学家则喜欢用需要的满足来解释动机，马斯洛（A. H. Maslow，1970）则是其中一个典型的代表。马斯洛强调人类的动机是由多种不同性质的需要组成的，它把人类纷繁复杂的需要归为七类，因为各种需要之间有先后顺序和高低层次之分，因此此理论被称为需要层次理论，也称为需要理论。

（一）需要的层次

马斯洛假定人类有七种基本需要：①生理需要，是指维持生存及延续种族的需求，诸如有机体进食、饮水、睡眠和求偶的需要。②安全需要，是指个体希望受保护和免遭威胁，从而获得安全感的需要，如危机之中求人保护，困难时求人帮助，生病时求医等。③归属与爱的需要，是指被人接纳、爱护、关注、鼓励及支持等需求。④尊重的需要，是指个人对自己的尊严和价值的追求，诸如被人认可、赞许、尊重、关爱等需求。⑤认知的需要。是指满足好奇心，寻求了解、解释和理解的需要，诸如探索、试验、观察、询问等。⑥审美的需要，是指人具有对真、善、美的事物的内在要求，如希望事物有秩序、有结构、遵循自然、合乎情理等心理需求。⑦自我实现的需要，是指一个人有充分发挥自己才能和潜力的需要，力求实现自认为所能之事，如发挥个人的潜能、创造力等，实现了某种目标，从而体现了自身存在的价值。自我实现是完满人性的充分体现，是人的终极追求，它的实现会使人产生一种高峰体验。

马斯洛认为，这七种基本需要层次最低的是生理需要，依次是安全需要、归属与爱的需要、尊重的需要、认知的需要、审美的需要，而最高层次的需要是自我实现的需要。它们从低到高逐级发展，只有当较低层次需要得到基本满足后，才能产生较高层次需要，直到潜能充分发挥出来，即自我实现的需要得到满足。不过基本需要的满足不是遵循“全”或“无”的原则，而是遵循“部分”原则，即当低级需要得到部分满足之后，较高级需要才成为驱动行为的主要动力。由此可见，任何一级的需要没有被基本满足都有可能成为人们学习的动机，而自我实现则是人们进行学习的最终目的。

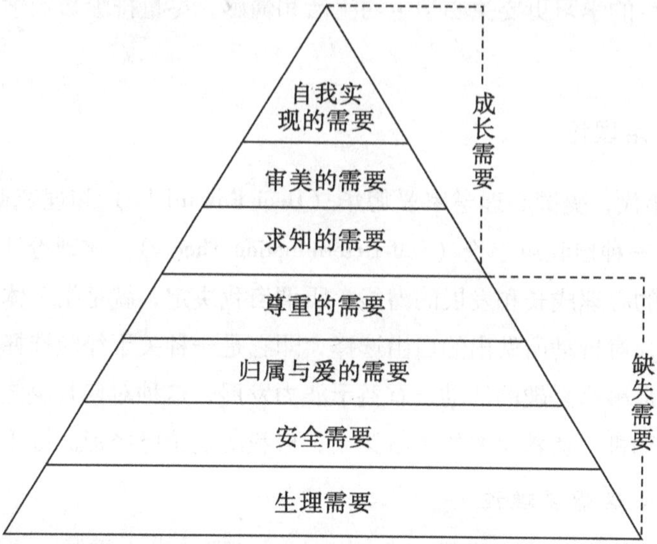

图5-2　马斯洛需要层次示意图

（图片来源：连榕，罗丽芳. 教育心理学概论［M］. 北京大学出版社，2009.）

（二）基本需要和心理需要

马斯洛后来又将以上七种层次的需要分为两大类，较低的前四层称为“基本需要”（basic needs），较高的后三层称为“成长需要”（growth needs）。基本需要是由于生理上或心理上缺失而产生的，因而也称为“缺失需要”（deficiency needs），基本需要（缺失需要）一旦获得满足，其需要强度就会降低。如口渴的人，在喝完水之后，对水的需求就降低了。因此，个体所追求的缺失性目的物是有限的。成长需要又称心理需要，其需要的强度因获得满足而增强，满足获得越多其需求越大，也就是说在成长需要之前，个体所追求的目标是无限的，成长需要永远也无法得到满足。如知道得越多就想知道得更多，小小的成功之后想获得更大的成功。而这些求知和追求成功的需要恰恰正是人们学习动机的主要源泉。

基本需要（缺失需要）与成长需要（心理需要）的划分说明，在某种程度上学生缺乏学习动机可能是由某种缺失性需要没有得到满足而引起的。如家境清贫使得生理需要得不到基本满足，校园欺凌事件使得安全需要得不到满足，亲子关系或同学关系紧张使得归属与爱的需要得不到满足，老师过于苛刻和严厉的批评使学生的尊重需要得不到满足等。这些基本需要没有得到基本满足，可能会影响学生的学习和自我实现。因此，教师既要关心学生的学习更要关心学生的生活和情感，尽量排除影响学生学习的一切干扰因素。

五、自我决定理论

20 世纪 80 年代，美国心理学家爱德华（Deci Edward L.）和理查德（Ryan Richard M.）等人提出了一种自我决定论（Self-Determination Theory）。该理论认为人是积极的有机体，具有先天的心理成长和发展的潜能。所谓自我决定，就是指个体充分认识个人需要和环境信息后，对行动所做出的自由选择，即它是一种关于经验选择的潜能。这种潜能可以引导人们从事感兴趣的活动，有益于能力发展，这种对自我决定的追求就构成了人类行为的内在动机。随着研究的不断深入，自我决定论已经形成以下四种分支理论。

（一）基本心理需要理论

该理论认为每个个体都有发展的需要，主要表现为自主需要、能力需要和归属需要，称之为人类的基本心理需要。而且，一系列研究均表明基本心理需要的满足程度和主观幸福感之间呈正相关：如果个体的基本心理需要得到满足，学业成绩就会得到提高，并体验到一种“因理性或积极生活而带来的幸福感”（Ryan & Frederick，1997；Waterman，1993），同时该理论还认为个体的目标定向影响到基本心理需要的满足。有研究发现，与追求财富名声等外在目标相比，个体追求个人发展、亲密关系等内在目标时更容易体验到幸福感。

（二）认知评价理论

认知评价理论主要探讨了内在动机的影响因素，尤其是社会环境因素对内在动机的影响。

首先，该理论认为报酬、反馈、交流、免受贬低性评价等社会事件通过个体的能力知觉影响内在动机。这些社会事件能让个体产生成就感，满足个体的能力需要，增强行为的内在动机（Vallerand & Reid，1984）。

其次，满足人们自主需要的环境也能促进行为的内在动机。研究表明（Fisher，1978；Ryan，1982），个体体验到成就感或效能感的同时，还必须感觉到行为是由自我决定的，这样才能真正促进内在动机。因此，与控制型教师相比，自主支持型教师更能促进学生产生强烈的内在动机、好奇心和挑战欲；接受控制型教育方式的学生容易丧失学习主动性，而且进行概括性和创造性学习时，学习效果比预期差得多（Amabile，1996；Grolnick & Ryan，1987；Utnan，1997）。

最后，归属需要也与内在动机有关。研究表明，处于有安全感和归属感的环境中，个体表现出更多的内在动机行为。有研究者观察到，那些感觉教师对自己冷漠的学生的内在动机水平较低。

（三）有机整合理论

该理论把动机分为内在动机、外在动机和无动机三种类型。内在动机是人类固有的一种追求新奇和挑战、发展和锻炼自身能力、勇于探索和学习的先天倾向，高度自主，代表了自我决定的原型；外在动机是指个体并非出于对活动本身的兴趣，而是为了获得某种可分离的结果而从事某种活动的倾向。

1. 外在动机的类型

根据个体对行为的自主程度，有机整合理论把外在动机分为四种类型。

（1）外在调节型

这种动机类型的个体完全遵循外部规则，其行为是为了满足外在要求或获得附加报酬，往往体验到冷漠或被控制；其自主程度最低。

（2）摄入调节型

这种动机类型的个体虽然吸收了外部规则，但并没有完全内化为自我的一部分，相对受到控制，其行为是为了展示自己的能力（或避免失败），维持价值感；其自主程度较低。

（3）认同调节型

这种动机类型的个体对行为目标或规则进行有意识评价，如果发现该行为重要，就内化为自我的一部分；其自我决定成分较高。

（4）整合调节型

这种动机类型的个体行为与其价值观和需要相一致，与自我充分同化。其行为是为了获得某种可分离的结果，自我决定成分最高。

2. 促进外在动机内化的因素

有机整合理论认为影响外在动机内化的环境因素主要有三个：

（1）能力知觉

个体对能力的知觉可以促进外在动机的内化。个体更有可能接受并重视产生效能感的某项活动。例如，有的学生还没有掌握或理解基本原理就直接进行操作，其行为动机主要是外在调节或摄入调节。

（2）自主性体验

这是促进外在动机内化的关键性因素。只有处在可以自由选择的环境中，思维方式和行为不受外界束缚，个体才能对外在规则进行有效整合。

（3）归属感

有研究表明，那些能够感觉到老师的精心照顾并可以和老师建立安全关系的学生对学校规则内化较好。

（四）因果定向论

因果定向理论认为，个体有对有利于自我决定的环境进行定向发展的倾向。一般而言，存在三种相对独立的因果定向：自主定向、控制定向和非个人定向。

自主定向是指个体能够激发内在动机的环境的定向。高自主定向的个体倾向于自我创新，寻求有趣、有挑战的活动，勇于承担责任。

控制定向是指个体受报酬、限期、结构、自我卷入（ego-involvement）和他人指定控制的倾向。高控制定向的个体易于依赖报酬或他人控制，与他人的要求一致，注重财富、荣誉和其他外界因素。

非个人定向是指个体认为满意的结果是运气的产物，自己无法控制。他们漫无目的，希望事情一成不变。

综上所述，自我决定论强调自我在动机过程中的能动作用，认为人的自我决定能力在于能够灵活控制自己和环境之间的相互作用，是对动机理论的丰富和补充，对老师激发学生的学习动机，具有一定的实践指导意义，代表了当前动机理论的研究趋向。但是，它把人类某种单一的社会需要——自我决定视为推动人类行为的根本动因，忽视了人类动机行为的复杂性。而且也没有科学阐述自我调节的内在机制，自主等基本概念遭到质疑，有关假设也有待进一步验证。因此，作为一种新近发展起来的认知动机理论，自我决定论仍有待完善。

六、成就动机理论

成就动机（achivement motivation）是人们在完成任务时力求获得成功的内部动因。即一个人对自己认为重要的、有价值的事情愿意去做，并努力达到完美地步的一种内在推动力量。成就动机的研究最早可以追溯到美国心理学家默里（H. A. Murry），他曾在成就动机研究中做出过重要贡献。其一，他最早提出成就需要，并将成就需要解释为：努力完成某些困难任务；掌握、操纵或管理客观事物与人类的意向，尽可能迅速、独立地完成工作；克服困难，达到高标准；与他人竞争且超过他人；有突出的成就与业绩等。其二，他研制出评定成就需要的工具，即主题统觉测验（The-matic Apperception Test，TAT）。TAT 经过美国心理学家麦克利兰（D. C. McClelland）及其同事的修订，几乎成为评定成就需要时普遍接受的研究工具。

麦克利兰是 20 世纪 50 年代以来研究成就动机最有影响的代表人物之一，创立了著名的社会成就动机理论。他的成就动机研究主要涉及成就动机与经济发展关系、成就动机的形成与改变等，他将成就动机解释为竞争和追求“优越标准”，认为高成就动机的人倾向于为自己确立高的目标并为之努力。

美国心理学家阿特金森（J. W. Atkinson）将麦克利兰的理论进一步发展，提出了影响深远的成就动机的“期望—价值理论”。阿特金森认为广义的成就动机分为两种：一是追求成功的动机，表现为趋向目标的行动；二是害怕或避免失败的动机，表现为想方设法逃脱成就活动，避免预料到的失败结果。每当一个人面临任务时，这两种动机通常是同时在起作用的。如果一个人追求成功的动机高于避免失败的动机，那么这个人便将努力去追求特定的目标；反之他就会去选择那些减少失败机会的目标。当两种动机力量势均力敌时，便会感受到心理冲突的痛苦。因此，每个人的成就行为最终要受这两种动机的综合作用所决定。

（一）追求成功

阿特金森认为，追求成功的倾向（T_s）是由追求成功的动机（M_s）、获得成功的可能性（P_s）、成功后的诱因价值（I_s）三种因素共同决定的，其关系如下：

$$T_s = M_s \times P_s \times I_s$$

式中，M_s 表示追求成功的动机，它可以用 TAT 的方法测量出来；P_s 代表认知的目标期望，表示成功的可能性。当成功是必然时，$P_s=1$；当失败是必然时，$P_s=0$。因此，P_s 将在 0～1 的范围内变动。I_s 是成功的诱因值，是指一个人在成功之后所体验到的欢乐与自豪程度。阿特金森设想 P_s 与 I_s 是相反的关系，即 $I_s=1-P_s$，如果 P_s 小，则 I_s 大；反之亦然。

（二）避免失败

阿特金森认为避免失败的倾向是由避免失败的动机（M_{af}）、失败的可能性（P_f）、失败的诱因值（I_f）三种因素决定的，其关系如下：

$$T_{af}=M_{af}\times P_f\times I_f$$

式中，M_{af}的强度可以由焦虑测量问卷确定。很明显，客观上要求对行为给予评价时便导致了这种动机的唤醒，因而一个人在测验中的正常反应便提供了对他的这种动机的很好的度量。P_f 与 I_f 是影响回避成就活动的两种环境因素。同样的，$P_f=1-I_f$。又因为 $P_s+P_f=1$，因此，$P_f=1-P_S=$。与追求成功倾向中提到的 $I_s=1-P_s$ 相结合，便可得出 $I_f=P_s$。

（三）成就动机的合成

阿特金森认为，成就动机的合成可以设想为趋向成就活动的倾向与回避成就活动的倾向在强度上的相减关系。所以，行为的合成动机的关系式为：

$$\begin{aligned}T_a&=T_s-T_{af}\\&=(M_s\times P_s\times I_s)-(M_{af}\times P_f\times I_f)\end{aligned}$$

前面已经提过，$I_s=1-P_s$，$P_f=1-P_S$，$I_f=P_s$，那么，上述公式可简化为：

$$\begin{aligned}T_a&=M_s\times P_s\times(1-P_s)-M_{af}\times(1-P_s)\times P_s\\&=(M_s-M_{af})[P_s\times(1-P_s)]\end{aligned}$$

从这个公式可以看出，合成成就动机的强度和方向依赖于 M_s、M_{af}的强度以及个体对成功可能性的估值（P_s）。当 $M_s>M_{af}$时，T_a 是正值，这类人的合成成就动机高，表现为趋向成就活动；当 $P_s=0.5$ 时，合成成就动机最高；当 $M_{af}>M_s$，T_a 是负值，这类人的合成成就动机低，表现为逃避或抑制参与成就活动；当 $P_s=1$ 或 $P_s=0$ 时，合成成就动机最低。

阿特金森认为，对于高成就动机的人（$M_s>M_{af}$）来说，他们更爱选择中等难度的任务；而对于低成就动机的人（$M_{af}>M_s$）来说，他们要么选择自己确信能成功的任务，要么选择自己认为肯定要失败的任务，这样即使失败，也可为自己找到合适的借口。

然而，阿特金森的观点难以完全解释现实生活中的某些状况。例如，$M_{af} > M_s$ 的人仍然表现出追求成就活动的倾向，而不是回避活动的倾向。为此，阿特金森用多种动机源在同一行为上的反应来说明这种现象。为了表明成就行为的多种决定因素，他又提出了以下公式：

$$成就行为 = T_a + 外部的动机力量$$

这一公式表明，成就行为除了取决于合成成就动机的倾向之外，还受环境中引发的外部动机力量的作用。对于 $M_{af} > M_s$ 的个体而言，他仍然追求而不是避开成就任务，原因就在于他还受外部动机作用的影响，如金钱、荣誉等。但是，这些外部动机力量已与成就需要无关。

阿特金森认为成就动机有两种取向：一是追求成功的动机，二是害怕或避免失败的动机。因此，在教育实践中，教育工作者最好能根据学生的不同成就取向安排不同的学习任务，采取不同的教育方式来培养和激发学生的成就动机。如对力求成功的学生，应给予新颖且有一定难度的学习任务，安排竞争性的学习情境、严格评定分数等方式激发其学习动机；而对避免失败者，则提供中等难度的学习任务，减少竞争性的学习情境，对其取得的成功要及时表扬，尽量避免在公开场合下指责批评其错误。另外，需要注意的是，虽然成就动机对学习具有重要影响，但不能片面追求个人成功和自我提高，教师可引导学生认识学习的社会价值，将个人的成就与社会发展结合起来，以社会的进步和发展为追求目标。

七、成就目标理论

成就目标是个体为了获得或达到有价值的结果或目的参与成就活动的原因。成就目标理论是目标理论的新发展，是以阿特金森的成就动机理论为基础，在斯坦福大学心理学教授德威克等（Dweck，1986；Dweck & Leggett，1988）能力理论基础上发展起来的一种社会认知取向的学习动机理论。

（一）能力的内隐观与成就目标

德威克认为人们对智力和能力的看法持有两种不同的内隐观念，即能力增长观（Incremental Theory）和能力实体观（Entity Theory）。前者认为智力或能力是可以培养和发展的，随着学习的进行，能力可以得到提高；后者认为智力或能力是天生的、固定不变的，不会随学习的进行而得到改变。

由于人们持有的能力内隐观不同，因而在成就情境中追求的成就目标存在差异。儿童追求的成就目标主要可分为学习目标和成绩目标。追寻学习目标的个体认为智力是可以培养、发展的，因而力求掌握新的知识和提高自己的能力；追寻成绩目标的个体则认为智力或能力是天生的、固定不变的，因而力求搜集与能力有关的证据以获得对自己能力的有利评价，避免消极评价。

（二）无助模式和掌握模式两种动机模式的心理特点

与成就目标的划分相一致，德威克（1980）在对儿童的成就行为研究中，发现具有同等能力的儿童在失败情境或挑战性任务面前存在两种不同的动机模式：一种是无助模式（helpless），另一种是掌握模式（mastery-oriented）。具有学习目标的个体关注自身能力的提高与知识的掌握，因而在学习过程中易形成掌握模式；而具有成绩目标的个体更多地关注自己的能力和他人的评价，易于形成无助模式。德威克通过一系列实验研究表明，两种动机模式在认知、情感和行为方面表现出不同的特点，见表5－1。

表5－1　德威克理论中成就目标及相应的动机模式

智力概念	成就目标	动机模式	特征表现
智力是后天培养的，是可以变化的	学习目标	掌握模式	认知：关心如何尽快提高自己的能力，关心学习的过程，对成败进行努力和策略归因； 情感：面对失败，焦虑程度适中； 行为：敢于面对挑战性任务，对困难坚持性高
智力是天生的，是固定不变的	成绩目标	无助模式	认知：关心自己的测量推荐是否充分，关心对能力评价的结果，对成败进行能力归因； 情感：面对失败易产生高焦虑； 行为：不敢面对挑战性任务，对困难坚持性低

（资料来源：郭德俊. 中小学课堂教学的动机设计与情绪调节［M］. 北京：首都师范大学出版社2002，107.）

（三）成就目标理论的发展

成就目标理论提出后，在此领域内引发了大量的研究。目前关于成就目标的已有研究主要集中在两个方面：一是成就目标的分类研究；二是在分类研究过程中，探讨成就目标与动机、认知、情感和行为过程关系的研究。

在早期研究中，心理学家提出了两种成就目标：掌握目标和成绩目标（有的研究称这两种目标为“掌握关注”和“能力关注”，或称为“学习目标”和“成绩目标”，或称为“任务卷入”和“自我卷入”，或称为“掌握定向“和”成绩定向”)。掌握目标是以学习、掌握知识为目的的成就目标取向，掌握目标定向的个体关注对任务的掌握、理解和能力的发展；成绩目标是以追求高成绩、证明自身能力为目的的成就目标取向，成绩目标定向的个体关注和他人的比较，以获得对能力的积极评价和避免消极评价。

人们还探讨了两种成就目标与认知、情感和行为的关系。一般来说，掌握目标能够产生适应性的认知、情感和行为模式，掌握目标定向的个体具有以下特征：能够运用深加工策略和自我调节策略；对成败进行努力和策略归因；面对失败，焦虑程度适中；面对困难具有高坚持性，愿意选择挑战性任务；具有创造性，内部动机高；适当地寻求帮助。而成绩目标能够引起非适应性的认知、情感和行为模式，成绩目标定向的个体具有如下特征：采用浅加工策略；对成败进行能力归因；面对失败，易产生高焦虑；不敢面对挑战性任务，对困难坚持性低（Dweck & Leggett，1988）。

在两分法基础上，一些心理学家把“接近—回避”的倾向结合进以往的分类研究中，提出并证实了成就目标存在的三种类型：“掌握目标”“成绩—接近目标”“成绩—回避目标”（Elliot & Harackiwicz，1996；Skaalvik，1997；Middleton & Midyely，1997；张咏梅等，1999）。“成绩—接近目标”关注表现得比他人更好或更聪明，指向于得到对能力的积极判断；“成绩—回避目标”关注不比别人更差或更蠢笨，指向于回避对能力的消极判断。这些研究同时发现，“成绩—接近目标”对认知和动机具有积极的促进作用，如促进学习策略的运用，提高学习兴趣和任务价值等。但是“成绩—接近目标”能引发焦虑及其他消极情感，不利于一些适应性策略如学业求助的运用。“成绩—回避目标”引起的是非适应性模型，导致消极的认知、动机、情感和行为表现，比如更少地使用策略、内部动机降低、产生焦虑，等等。

三分法虽然把“接近—回避”倾向结合进“掌握—成绩”区分之中，发展了成就目标的分类研究，但这种结合还不够彻底，不能全面地概括现实生活中可能存在的成就目标类型，比如那些有高自我标准的个体力求完美，从不愿意犯错误，三分法对此是无法解释的。

Pintrich 和 Elliot 等人指出，掌握目标也具有“接近—回避”的区分，从而提出（Pintrich，2000；Elliot & Thrash，2001）并证实了（Elliot & McGregor，2001；梁国胜，2002）成就目标存在的四种类型：掌握—接近目标、掌握—回避目标、成绩—接近目标、成绩—回避目标。

Urdan 于 1997 年提出应将社会目标纳入目标理论，这样才能更深刻地理解成就动机理论。Nicholls 和 Ford 将社会目标划分为两类：社会赞许目标（如取悦成人）和社会责任目标（如按时完成任务，做自己应该做的事情），并指出这些积极的社会目标是解释学生学业动机的潜在重要因素。Wentzel 等认为课堂中的社会目标对于学业成绩有一定的积极作用。其研究表明社会责任目标如果是独立和及时完成任务，则与学业成绩有正相关，而社会赞许目标与学业成绩无关或负相关。

（四）中小学生成就目标的发展

小学生更倾向于采用掌握目标。年幼儿童一般持有能力增长观，相信通过努力就可以提升自己的能力水平，倾向于将成功或失败归于努力而非能力。在面临成就任务情境时，他们更倾向于关注自己完成任务的情况，而不是与同伴相比较的结果。如果他们完成了一项任务或者觉得自己在工作中有所提高，就会认为自己是胜任的和成功的。

中学生的目标定向开始转向成绩目标。随着年龄的增长和认知水平的提高，经历成绩评价的次数增多，他们对成绩差异原因的思维也相应增加，对能力的看法逐渐由增长观转变为实体观，因而中学生更多采用成绩目标。

此外，埃克尔斯（Eccles）指出，处于发展阶段的中学生采取成绩目标，其付出的代价可能远超过其获得的收益；但随着时间的推移，大学生采取成绩目标，则会有更多的积极影响。

对于成就目标的这一发展特点存在多种解释。有的学者认为这是儿童自身认知水平发展的结果。如尼科尔斯（Nicholls）等人认为，不同年龄段的儿童对能力和努力的关系有着不同的认识：①五岁以前的儿童往往将能力、努力和结果混为一谈，相信用功的人当然是聪明的，而聪明的人也就是用功的人；②六七岁的儿童开始形成能力和难度的常模概念，相信努力的程度决定着活动结果，不过，这时他们还不懂得如何解释努力程度不同但结果相同的话题；③儿童接着开始形成能力与努力共同作用影响结果的观念，知道如果他们很用功却达不到别人的成绩水平，就说明自己某些能力欠缺，但他们仍然认为同样的努力会产生同样的结果；④大约在 12 岁，儿童开始表现出类似成人对能力与努力的关系的理解，能力被理解成可以制约努力效果的潜在因素，如果能力不行，即使很努力，成绩的提高也是很有限的，而能力强的人若是很努力，就可以达到一个很高的成就水平。一旦儿童开始形成能力是一种稳定的、不易改变的特质，获得同等成绩付出的努力越多说明能力越差等信念时，就会变得关心成绩及其所反映的能力水平，成绩目标定向由此发展起来。

有的学者（Eccles & Midgley）则认为这是环境中评价信息作用的结果。随着年级的升高，学校对能力重要性的强调增加了，特别是中学阶段频繁的社会比较使学生逐渐认识到努力和能力并不总是一致的。努力学习甚至是一种冒险，可能会降低他人对自己的评价，威胁自尊，因为如果一个人很努力却仍然失败了，通常说明这个人不能胜任该项任务，是缺乏能力的一种表现。因此，与小学生相比，中学生更倾向于成绩定向。连榕等的一项研究支持了这一观点。他们发现，与竞争压力很大的普通高中生相比，竞争压力小的职业高中的学生更倾向于采取掌握目标。这说明，年龄增长带来的认知变化可能影响个体的目标定向，但环境因素在其间也扮演了重要的角色。

八、自我效能感理论

（一）自我效能感的概念

自我效能感是指人们对自己能否成功地完成某一成就行为的主观判断。这一概念最早由班杜拉提出，他把自我效能感作为人类动机过程的一种重要的中介认知素看待，并用它解释人类复杂的动机行为。

班杜拉认为，人的行为不仅受行为的结果因素的影响，而且受先行因素的影响。行为的结果因素就是通常所说的强化，但他认为行为的出现不是由于随后的强化，而是由于人认识了行为与强化之间的依赖关系后，形成对下一步强化的期待。班杜拉把期待分为两种：一种是传统意义上的结果期待，另一种是效能期待。所谓结果期待，是指人对自己的某一行为会导致某一结果（强化）的推测。如果人预测到某一特定行为将会导致特定的结果，那么这一行为就可能被激活和被选择。例如，学生认识到只要上课认真听讲，就会获得他所希望的好成绩，那他就很可能认真听讲。所谓效能期待，是指人对自己行为能力的主观推测，它意味着人是否确信自己能够成功地进行带来某一结果的行为。当人确信自己有能力进行某一活动时，他就会产生高度的“自我效能感”，并会去进行那一活动。例如，学生不仅要知道注意听讲可以带来理想的成绩，而且还要感到自己有能力听懂教师所讲的内容时，才会认真听课。

在两种期待中，班杜拉十分强调效能期待，即自我效能感对人们行为的调节作用。他指出，过去的动机理论研究停留在提供何种强化（诱因）才能促进行为上，但是人们知道行为可能带来良好的结果后，也并不一定去从事某种活动或做出某种行为，因为这要受到自我效能感的调节。例如，学生虽然清楚取得好成绩的重要性，但如果感到所期望的成绩力所难及就会望而却步。所以，在有了相应的知识、技能和目标（诱因、强化）时，自我效能感就成了行为的决定因素。

（二）自我效能感的作用

自我效能感一经形成，将对人的行为产生极为深刻的影响，主要体现在：①决定人们对活动的选择。一般说来，人们倾向于回避那些他们认为超过其能力所及的任务和情境，而承担并执行那些他们认为自己能够完成的事情。因此，高自我效能感的个体倾向于选择富有挑战性的任务，而低自我效能感的个体往往采取拖延、试图回避的方式来处理困难的任务。②影响个体的努力和对待困难的态度。个体的自我效能感越强，其努力越具有力度，越能够坚持下去。当被困难缠绕时，那些对自己能力存在怀疑的个体会放松努力，或完全放弃，但有很强自我效能感的个体则会以更大的努力去迎接挑战。③影响个体的思维模式和情感反应模式。自我效能感低的个体在与环境作用时，会过多地考虑个人的不足，将潜在的学习困难看得比实际更严重。这种思想会产生心理压力，使其将更多注意力转向可能的失败和不利的结果，而不是如何有效地运用其能力实现目标。有充分自我效能感的个体则将注意力集中于情境的要求上，并被障碍激发出更大的努力。

自我效能感对行为的影响作用得到了研究者的支持。柯林斯（Collins）选取了数学能力高、中、低三种学生，并区别出这些学生的自我效能感分属高、低组，即每个能力组中都有高自我效能感和低自我效能感的学生。数学测验结果表明：每个能力组中高自我效能感的学生比低自我效能感的学生做对更多的题目，并愿意在困难题目上持续思索。

（三）自我效能感的形成

自我效能感作为个体对自己与环境发生相互作用的效验的主体自我判断，不是凭空做出的，而要以一定的经验或信息为依据。班杜拉的研究表明，自我效能感的形成主要受以下因素的影响：①行为的成败经验。一般来说，成功经验会提高自我效能感，反复的失败会降低自我效能感，但成败经验对自我效能感的影响还要受个体归因方式的左右。例如，把成功归因于自身之外的因素如外力援助或任务简单等就不会增强自我效能感，把失败归因于诸如缺乏努力之类的因素则不一定会降低自我效能感。因此，归因方式直接影响自我效能感的形成。②替代经验。学者通过观察示范者的行为而获得的间接经验对自我效能感的形成也具有重要影响，看到与自己相当的示范者成功能增强自我效能感，反之，则降低自我效能感。③言语说服。即通过说服性的建议、劝告、解释和自我指导，来改变人们的自我效能感，但缺乏经验基础的言语说服其效果是不巩固的，在直接经验或替代经验基础上的劝说效果最大。④情绪和生理状态。过于强烈的情绪常常会妨碍行为表现而降低自我效能感。积极稳定的情绪和生理状态则会提高自我效能感。

拓展阅读

自我效能感影响行为的一个例子

几年前，比尔作为一名老生来上我的课。我安排了教程结构，学生在学习下一单元之前必须掌握上一单元。每个单元测验，他们可参加三次，可以获得"A""B""C"三种等级。学期初的一天，比尔参加了一次单元测验，并得了个"B"。我问他："比尔，你想再测验一次来得到A吗？"他回答："哦，不，老师。我并不属于能得到A的学生。"过了段时间，比尔走过来对我说，他认为在他的试卷评分中可能有错误。我检查后发现，原本正确的一道题目确实给判错了，改正后就把他的等级提高到了"A"。我指给他说："你看，比尔，你终究是可以得到A的学生。"从那以后，当在单元测验中未达到"A"时，比尔几乎总是尝试第二次测验。

（资料来源：德里斯科尔．学习心理学——面向教学的取向［M］．第三版．王小明，译．上海：华东师范大学出版社，2008：271.）

九、归因理论

为了理解我们的成功或失败，尤其是出乎意料的成败，我们常常会问"为什么"。学生们会问自己："为什么我期中考试没有及格？""为什么我这个学期考得这么好？"他们可能把自己的成败归因于能力、努力、心境、知识、运气、兴趣、教学的明晰程度、他人的帮助、他人的干扰、不公平的政策等。而为了理解他人的成功或失败，我们也会进行归因。例如，认为他人的成功是因为聪明、幸运或努力。

归因（attribution）是指人们对自己或他人的一言一行进行分析，寻找原因或推论的过程。归因理论（attribution theories）是指关于人们对自己和他人行为的解释、判断和辩解如何影响他们的动机和行为的理论解释。

维纳（Bernard Weiner）是把归因理论运用到学校教育中的主要心理学家之一（Weiner，2000，2010）。根据他的观点，人们倾向于将活动成败的原因归结为以下六个因素，即能力、努力程度、任务难度、运气（机遇）、身心状态、外界环境等。同时，维纳认为这六个因素可以归为以下三个维度：①控制点，即原因的控制点在个体的内部还是外部。比如，将一次成功的钢琴演奏归因于你的音乐天赋或者努力就是内部归因，而归因于老师的培养则是外部归因。②稳定性，即引起事件的这个原因是否具有跨时间和跨情境的一致性。比如，天赋是稳定的，努力是可变的。③可控性，即这个原因能否受个体控制。比如，努力和找到一位好老师是可控的，而音乐天赋则不可控。最后，将三个维度和六个因素结合起来，就组成了归因模式（见表 5－2）。

表 5－2　维纳成败归因理论的六因素与三维度表格

维度因素	控制点（因素来源）		稳定性		可控制性	
	内部	外部	稳定	不稳定	可控制	不可控制
能力	✓		✓			✓
努力程度	✓			✓	✓	
任务难度		✓	✓			✓
运气（机遇）		✓		✓		✓
身心状态	✓			✓		✓
外界环境		✓		✓		✓

（资料来源 http://www.gwyks.cn/zhaojiao/zgbsjq/20200429/114075.html.）

维纳认为，这三个维度对动机有重要意义，因为它们会影响个体的期望和价值评估。例如，稳定性维度可能与对未来的期望有密切关系。如果学生把失败归因于稳定的因素（如学习内容太难），他们就会预期以后遇到同样的内容还会失败并减弱动机；但如果他们把失败归因于不稳定的因素（如心境、运气），他们就会期望在下一次能取得更好的结果并增强动机。控制点维度可能与自尊体验有密切关系。如果将成功或失败归因于内部因素，成功就会带来自豪感并增强动机，而失败则会降低自尊并减弱动机。可控性维度与各种情绪相关，例如气愤、同情、感激、羞愧等。如果他们认为失败的责任在于自己，他们就会感到内疚；如果他们就认为成功是自己的功劳，他们就会感到自豪；而如果某项任务的失败是不可控的，他们就会感到羞愧或气愤（Weiner，2010）。

对自己学习的控制感会促使学生选择更难的学习任务，付出更多努力，使用更好的学习策略，坚持更长的学习时间（Schunk，2000；Weiner，1994a，1994b）。

（一）课堂中的归因

如果人们对某项任务有很强的自我效能感（如“我很擅长学数学”），那么一旦失败了，他们会更倾向归因于不够认真（“我原本应该再多检查一遍”）、误解指导语或不够努力，这些都是内部、可控的归因。因此，在下一次他们通常会把重心放在成功的策略上。这种行为模式往往能带来成就感、自豪感和更强的控制感。但那些自我效能感较低的人（如“我的数学学得一塌糊涂”），则倾向于将自己的失败归因于能力低下（“我很笨”）。

如果学生把失败归因于稳定、不可控的因素，就会对动机造成最严重的损害。这些学生会对失败采取听天由命的态度，感到沮丧、无助——他们通常称为“无动机者”（Weiner，2000，2010）。他们把错误归因于自己的无能，对待学习的态度也日益恶化。既然这些学生相信失败的原因是稳定、不可改变且无力控制的，那么他们对待失败的态度理所当然也会越来越冷漠。此外，这样看待失败的学生也更不愿意寻求帮助，因为他们认为没有人能帮助他们。至此，就产生了一个失败与逃避的恶性循环——“越是缺乏动机的学生，就越容易逃避困难，然后也就更加缺乏动机了”（Marchland & Skinner，2007）。你会发现，如果一个学生持有能力实体观（能力不能改变），且自我效能感很低，总是把失败归因于缺乏能力（“我不会做，也学不会”），那么他的动机状况就会很糟（Bandura，1997；Schunk，Pintrich & Meece，2008；Stipek，2002）。

（二）教师行为与学生归因

我们对他人的成败也会进行归因。如果教师认为学生的失败应归因于学生不可控的原因，他就会对学生表示同情，而非惩罚。然而，如果教师认为学生的失败是因为可控的原因（如不够努力），则他更可能表现出生气、愤怒并谴责学生。这些行为倾向具有跨时间和跨文化的一致性（Weiner，1986，2000）。学生会怎么理解教师的这些行为呢？Sandra Graham（1991，1996）给出的答案令人吃惊：有研究表明，当学生犯错时，如果教师表现出同情，表扬说“有勇气”，或者主动提供帮助，那么学生更可能将自己的失败归因于不可控的因素，他们通常归因于自己能力低。这是否意味着教师的这种行为应该受到批判，教师不应该提供帮助呢？当然不是！但它提醒我们，提供过于热切的帮助会传达出令人意料不到的信息。Graham（1991）指出，教师的善意同情会使很多来自少数族群、弱势群体的学生受到伤害。这些学生面临的真正困扰是教师会对他们“放松”要求，以便他们能够获得“成功体验”。但教师的同情、表扬和额外的帮助，也微妙地传达了类似于“你没有能力完成这个任务，所以我不介意你失败”的信息。Graham 认为：“黑人孩子面临的一个问题就是，他们过去学业失败的历史使他们更可能成为教师提供同情性反馈的对象，并因此接收到低能的暗示。”这种善意的反馈，即使是出于好心，其实质也属于一种微妙的种族歧视。

第三节　学习动机的培养和激发

培养和激发学生的学习动机不仅是实现教学目标的前提，其本身也是教育的重要目标之一。心理学家关于动机的研究为如何培养与激发学生的学习动机提供了坚实的理论基础。下面分别从内部动机和外部动机两个角度来探讨相关的培养措施。

一、内部动机的培养与激发

关于内部动机的培养与激发措施主要来自于认知心理学家和人本主义心理学家对动机的研究。根据这些研究，人类天生地倾向于①从事自己感兴趣的活动；②从事自以为胜任的活动；③自主或按照自己的意志从事活动。此外，学习目标定向的个体更有可能在内部动机的支配下进行活动，而基本需要的满足则是内部学习动机产生的前提。

（一）激发学生的兴趣和求知欲

1. 注意教学内容和方法的新颖性

低年级学生的学习兴趣还不稳定，比较笼统、模糊，易对学习过程的形式感兴趣并从中得到满足，任何新颖的、形象的、具体的事物都会引起他们极大的兴趣。因此，小学课堂教学更应注意教学方式灵活多样、教学内容生动活泼以及教具的新颖具体。例如，可以采用图画、幻灯、录像、实验演示、游戏等多种形式来培养学生浓厚的学习兴趣。尤其是随着计算机的普及，各种教育软件将在激发学生的兴趣和动机方面发挥越来越大的作用。

2. 创设问题情境，激发学生的求知欲

高年级学生的学习兴趣开始明显分化并趋向稳定，兴趣的范围也不断扩大，开始注重学习的内容。那些复杂的疑难问题、能引发较高智力活动的内容常常吸引着他们的注意。与此同时，和学习形式相关的直接兴趣则相对减少了。因此。对中学生的教学就不能仅仅满足于教学方法的生动活泼，而应注意从教材内容中挖掘深度，提出能引起他们积极思索的问题，激发其求知欲。“创设问题情境”就是一条有效的途径。

创设问题情境就是在讲授内容和学生的求知心理之间制造一种“不协调”，将学生引入一种与问题有关的情境中。创设问题情境时应注意问题要新颖有趣，有一定的难度，有启发性，善于将要解决的课题融入至学生实际掌握的知识基础之中，造成心理上的悬念。

3．利用原有动机的迁移

当学生没有明确的学习目的、缺乏学习动力时，教师可利用学习动机的迁移，因势利导地把该生已有的对其他活动的兴趣转移到学习活动中。在运用动机迁移原理时，教师必须让学生感受到原有活动与新的学习内容之间的密切关系，从而激发学生学习新知识的动机。例如，某个学生很喜欢看电视，教师可以将电视的原理与物理课联系起来，使之对物理课的内容也产生兴趣。

（二）增强学生的自信心和自我效能感

自我信念是动机系统的核心成分，只有当人们感到自己能够胜任某些活动，认为自己在这些方面是有能力的，才会产生对这些活动的内在动机。因此，培养对自身能力的信念是激发与维持学生内部动机的根本策略之一。

1．让学生获得成功的体验

对自我能力的积极信念在很大程度上是成功经验的结果，这就需要教师为学生创设更多的成功机会，让学生在学习活动中，通过成功地完成学习任务、解决困难来体验和认识自己的能力。实践证明，以下措施对学生是有效的：为学生设置明确、具体和可以达到的目标；让学生根据自己的实际水平开始某项新的学习任务；强调学生从自身的进步中体验成功。

2．观察学习能力相近者的成功行为

当一个人看到与自己水平差不多的示范者取得成功，就会增强自我效能感，认为自己也能完成同样的任务。同时，学习者也可以从示范者的表现中学到有效的解决问题的策略或方法，这对自我效能感的建立也会发生作用。

3．进行归因训练

如前所述，归因影响自我效能信念，许多学生学习差正是由于把失败归因于能力不足，导致对学习失去信心，并丧失了进一步学习的动力。因此，通过归因训练改变其不良的归因模式，有助于提高其自我效能感，增强学习动力。

积极的归因训练有两层含义。一是努力归因，引导学生将学习成败归结于努力程度的结果。这样，当学习困难或成绩不佳时，学生不会因一时的失败而降低对将来成功的期望，而是通过更大的努力去争取成功。二是现实归因，针对一些具体问题引导学生进行分析，帮助学生了解除了努力之外，还有哪些其他因素影响着学业成绩。现实归因之所以必要，是因为在任何时候都进行努力归因显然是不合适的，有些学习上的问题仅仅依靠增大努力是于事无补的；相反，如果更大的努力仍然不能够带来进步，学生就会陷入更大的无助感之中。研究表明，当儿童失败时，使他们归因于学习方法更能够提高学习积极性。因为这样的归因一方面可以使学生继续努力，另一方面又会使他们考虑如何加强认知技能、掌握正确的学习方法和使用各种策略，即考虑如何去努力，不是蛮干，而是巧学。

在归因训练的过程中，教师要注意对学生的努力给予反馈，告诉他们努力获得了相应的结果，使他们不断感到自己的努力是有效的。同时，对已经形成低自我效能感的学生，教师还要强调努力带来的成功也是能力的体现，培养其对自己能力的信念。

拓展阅读

归因训练的实验研究

我国研究者于20世纪90年代开展了归因训练的实验研究。隋光远（1993）对初中生进行归因训练，训练的基本过程是创设成就情境，让学生产生成就行为并对行为结果进行归因。同时训练者给予及时反馈，对理想的归因加以肯定、强化，对不正确的归因及时引导、纠正。每周一次，共进行七周。训练结果表明，实验班的学生训练后明显增强了积极的归因倾向。13年后对训练效果的追踪研究（2005）发现，与对照组相比，受训组在任务选择、行为强度和坚持性方面均表现出较高水平；成功期望较强烈；对成功倾向作能力和努力归因。这一结果说明，归因训练能够对人产生深远影响，动机的改善具有长期效果。

韩仁生（1996）采用集体干预与个别干预相结合的方法对中小学生进行归因训练。集体干预主要采用说明、讨论、示范、强化矫正等方法定期进行，活动内容紧紧围绕如何提高学生的自信心，使其充分认识到能力和努力对于成功的重要性而展开。个别干预与集体干预同步进行，主要采用咨询和定向训练两种方法。通过两个月的训练，小学生和初中生基本上掌握了适当的归因方式，产生了积极的情感变化并提高了学习的坚持性，但对高中生的效果不明显。这说明单一的归因训练并不能解决所有学生的学习动机问题，培养与激发学生的学习动机还应与其他方法和手段相结合。

[资料来源：①隋光远．中学生成就动机归因训练效果的追踪研究 [J]．心理科学，2005，28 (1)：52－55．②韩仁生．中小学生考试成败归因的研究 [J]．心理学报．1996，28 (2)：140－147．]

（三）发展学生的自主性和责任心

自我决定理论认为，人的内部动机与自我抉择意向密切相关，当人做自己愿意做的或者自己决定做的事情时，往往会表现出更大的主动性和热情，具有更强的内部动机。一个有意思的例子就是，两个学生阅读同一本书，自己选择来阅读这本书的人会读得津津有味，而当成作业来完成的人则可能敷衍了事。对青少年学生来说，这种自我决定的权利尤为重要。因为他们正处于一种追求独立、渴望自由的阶段，如果允许他们做出选择，那么即使学习本身并不“有趣”，他们也会认为学习是重要的，从而使教育目标内化成自己的目标。有经验的教师正是通过给予学生自主性，把他们引导到自己特别喜欢且值得学习的事情上。

下面三种特定的教育行为有助于提高学生的自主性和责任心。

1．允许和鼓励学生做出选择

例如，在布置任务时给予学生选择的机会，允许学生选择达到学习目标的方法（论文或测验），鼓励学生评价自己的学习等。这不仅满足了学生的自我决定需要，而且也给予学生更多的学习和结果的个人责任感。

2．帮助学生管理自己的课堂行为

支持自主性的课堂并非不需要课堂管理，但与控制性课堂从外部向学生施加约束和限制不同的是，支持自主性的教师可能会花更多的时间来帮助学生学会自我管理。为了达到这个目标，丹波（Dembo）建议：第一，让学生更多地参与课堂规则的制定；第二，用较多的时间让学生反思需要某些规则的原因以及他们出现不良行为的原因；第三，给学生机会考虑他们将如何计划、监视和调节自己的行为；第四，让学生回顾一下课堂规则，提一些必要的修改建议。

3．采用非控制性的、积极的反馈

学生并非天然成熟的学习者，因此，支持自主性的课堂也难免产生问题。当学生表

现不佳或者行为不恰当时，教师应该把这些不好的表现或行为当成需要解决的问题，而不是批评的对象，应尽可能地使用积极的反馈而不是消极的批判性反馈。例如，老师可以对学生说："我注意到你的数学最近没有提高，能告诉我是什么原因吗?"而不是："你的表现太糟糕了!"同时，教师还应尽量避免使用控制性的语言，如"应该""必须"做什么等。

（四）引导学生确立学习目标

毫无疑问，与试图通过成绩表现自己能力的学生相比，那些致力于知识的理解和掌握、关注自身能力提高的个体更容易受内部动机的激发，学习的自主性更强。因此，关于学习目标和成绩目标研究的最重要含义是，教师应让学生明白学习的目标是掌握知识，而不是获得分数。为此，教师可以通过控制课堂教学的诸方面来鼓励学生采用这一适应性目标。

前面陈述的培养与激发内部动机的措施都是有利于学习目标定向的，除此之外，还要进行合理的信息性评价。学生们被如何评价是影响其成就目标取向的最突出因素之一。传统的评价常常是单一的总结性评价，即给学生打分，评判学生的成绩和不足，将学生置于同伴比较地位，使得学生把大量的时间和精力花在比较和关心他人的分数上，而不是关心任务本身，这显然是一种成绩目标导向的评价。关注评价的信息反馈功能而不是社会比较功能的评价，则更多的是针对学生在学习过程中使用的学习策略、所取得的进步情况等进行形成性评价，分阶段、视具体情况为学生提供有关学习优点和缺点的有用信息。在这种评价方式下，学生关注自己对学习任务的掌握状况以及是否取得了进步、提高，并且更能从自身的不断进步中增强能力感，从而巩固学习目标定向。

（五）培养学生的成就需要

成就需要是学习动机的基础，是推动个体学习的直接动力。马斯洛的需要层次理论认为，力求成功和实现自我价值是每一个个体都具有的高级需要，但必须以爱和自尊等低级需要的满足为前提。如果学生感到自己不被老师所喜欢，不被同学所认可和接纳，他们就不可能有强烈的动机去实现较高的目标。因此，对班级中那些受到忽视、成就感较差甚至自暴自弃的学生，激励其学习的前提就是教师（包括同伴）改变原先的不良态度，给予他们足够的关爱和尊重。有些教师在这些方面做得特别好，他们很善于捕捉这些学生身上的闪光点并加以发扬，从而有效地激发和培养了学生的成就需要。这些教师的成功经验值得借鉴，因为只有学生感到自己被理解并受到尊重时，他们才会渴望学习并力图获得成功。

二、外部动机的激发和培养

关于外部动机的激发与培养措施主要来自于行为主义动机理论。根据这一理论，在学校教育中，应通过奖惩、反馈、竞争等外部手段来激发学生的学习动机。

（一）合理奖惩

对正确的行为进行表扬和奖励，对错误的行为进行批评和惩罚，这是中小学教师激发学生外部动机时最常用的方法。心理学家赫洛克（E. B. Hurlock）的实验充分证实了表扬与批评的效果。他把106名四、五年级的学生分成四组，在四种不同的情况下进行加法练习，每天15分钟，共进行五天。其中，第一组为受表扬组，每次练习后给予表扬和鼓励；第二组为受训斥组，每次练习后，严加训斥；第三组为受忽视组，每次练习后，既不给予表扬，也不给予批评，只让他们静听其他两组受到表扬或挨批评；第四组为对照组，让他们与另外三组儿童隔离，单独练习，不给予任何评价。最后的成绩测验结果如图5－3所示。就学习的平均成绩来看，三个实验组的成绩均优于对照组，受表扬组与受训斥组的成绩又明显优于受忽视组，而受表扬组的成绩不断上升。这表明对学习结果进行评价可以激发学习动机。

1. 合理奖励

有效表扬和奖励的效果得到了肯定，但这并不意味着教师可以滥用奖励。因为外部奖励使用不当，可能会损害学生原有的宝贵的内部动机。为了使外部奖励有助于引发和巩固学生的内部动机，发挥积极的作用，教师在使用表扬、奖励等强化手段时必须注意以下几点。

（1）奖励必须针对学生不感兴趣但需要完成的任务

当学生对学习有明显的浓厚兴趣时，教师完全不必进行外部奖励。因为此时施加外部奖励，很有可能会使

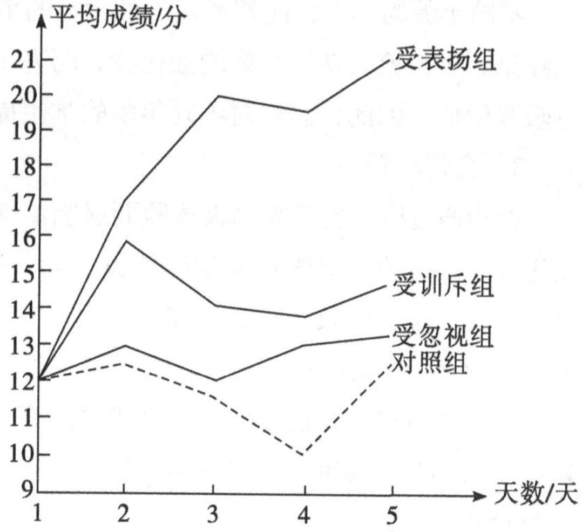

图5－3　不同诱因对算术成绩的影响

（图片来源：连榕，罗丽芳．教育心理学概论［M］．北京：北京大学出版社，2009：79.）

学生把注意力集中在奖励而不是任务本身上，从而削弱其活动的内部动机。而当学生对活动缺乏明显的兴趣时，奖励则可以在某种程度上增加其对该任务的兴趣，使学生表现出完成任务的行为并通过在活动中不断的成功而增强行为的动机。

（2）奖励要针对真正的进步与成就

奖励不是目的，而是辅助性评价，给予奖励意味着对个人学有成效的肯定。当学生取得了进步与成就时，恰如其分的适时奖励，可以增加学生的胜任感，从而持久地激励其学习。反之，如果不加区分地进行奖赏，有时非但无助于增强动机，反而可能损害学生的动机。试想，当学生完成了一件极其容易的任务时，教师大张旗鼓地进行表扬，会有什么效果？对学生来说，教师这种行为无异于一种惩罚，因为如此特别的表扬恰恰传递了一个信息，他的能力是低下的。

（3）尽可能采用社会性而非物质性的奖励

与物质性奖励相比，社会性奖励（微笑、关切的目光、赞赏）不仅更容易增强学生的内部动机，而且伴有情感色彩的鼓励和赞扬还可以加强师生之间的情感联系。所以教师应多采用社会性奖励。

（4）奖励要契合学生的年龄特征

不同年龄的学生，能够激发他们学习的事物也不尽相同。对低年级的学生，可能一颗红星、一包糖果就是有效的强化物，而高年级的学生则可能觉得在期末的总评分中加分较有价值。因此，必须对不同年龄的学生提供相应的有力的强化刺激和事件。

2．合理惩罚

惩罚通过给学生带来消极体验而遏制不良行为的再次出现。尽管它不一定能保证学生出现好的行为，但毕竟能抑制不良行为，削弱产生同类行为的动机。但值得注意的是，惩罚不是正面教育，必须谨慎使用。有学者（O'Learg & O'Leary）提出了七条有效而人道地使用惩罚的原则：①偶尔使用惩罚；②使儿童明白为什么要受惩罚；③给儿童提供一个可选的方法以获得某种积极的强化；④强化儿童与问题行为相反的行为；⑤避免使用体罚；⑥避免在你非常愤怒或情绪不好时使用惩罚；⑦在某个行为开始而不是结束时使用惩罚。

（二）及时反馈

反馈就是让学生了解自己的学习结果。这种信息不仅可对学习活动本身起检验、核对、调节作用，而且可以让学生了解自己学习活动的进展情况，本身就是一种巨大的推动力量，会激发学生进一步学习的愿望。学生在了解学习结果后，可以看到自己的进步，提高学习热情，增强努力程度；同时又能看到自己的不足，激发上进心，克服缺点，争取更好的成绩。如果学生在很长的时间之后，仍不能知道自己的进展情况和所取得的成就水平，则不能指望学生会继续保持巨大的学习热情。罗斯（Ross）等的实验对此提供了有力的证据。他把一个班的学生分为三组，每组给予不同的反馈。第一组，学习后每天告诉其学习结果；第二组，每周告诉其学习结果；第三组，则不告诉其学习结果。如此进行八周之后，更换条件，除第二组仍旧每周告知学习结果外，对第一组不再告知其学习结果，而对第三组则每天告知其学习结果。结果发现，在第二个第八周后，除了第二组显示出稳定的进步以外，第一、第三组情况变化很大，第一组成绩逐步下降，而第三组迅速上升。由此可见，反馈在学习上的效果是很显著的，尤其是每天及时反馈，效果更佳。“及时”是利用学生刚刚留下的鲜明的记忆表象，满足其进一步学习的愿望，增强学习信心。此外，反馈还应尽可能全面、有针对性，这样可以让学生准确了解自己学业的进展情况及取得的成就，从而受到鼓舞和激励。

（三）适当开展竞赛

竞赛常常被看成是激发学生学习积极性的一种有效手段。因为竞赛可以极大地激发学生的好胜心和成就需要，增强学生的学习兴趣和克服困难的毅力，所以多数人在竞赛情况下学习和工作的效率会有很大的提高。而且，通过竞赛还可获得对自己能力比较实际的估计，较好地发现自己的不足和尚未显示出来的潜力，这也可以起到促进动机、提高成绩的作用。

然而，竞赛也有消极作用。过多的竞赛不仅会失去激励作用，还会造成紧张气氛，加重学生负担，有损学生身心健康。有些人在竞赛情况下反而学得更差，这可能是因为他们被过分刺激而超出承受力，或是因为失败而丧失信心和兴趣。为了克服竞赛的负面影响，教师在组织竞赛的过程中应尽可能做到：①按能力分组，使更多的学生有获胜的机会；②按项目分组，使不同特长的学生有施展才华的机会；③鼓励学生自我竞赛，使学生通过与过去比较，从现在的进步中获取学习的动力。

课后练习题

一、选择题

1. 初一学生许明努力学习的目的就是想获得亲朋好友的赞扬。根据奥苏贝尔的相关理论，驱动许明行为的是（　　）。

A. 认知内驱力　　B. 附属内驱力
C. 自我提高内驱力　　D. 成就内驱力

2. 根据耶克斯—多德森定律，学生解决困难和复杂的任务时，哪种动机水平最有利？（　　）

A. 中等偏下水平　　B. 中等水平
C. 中等偏上水平　　D. 高水平

3. 小黄在学习时关注的是知识的内容和价值，而不是为了获得分数和奖励。根据成就目标理论，小黄的目标导向属于（　　）。

A. 成绩—趋近　　B. 成绩—回避　　C. 掌握—趋近　　D. 掌握—回避

4. 在归因训练中，老师要求学生尽量尝试“努力归因”，以增强他们的自信心。因为在维纳的成败归因理论中，努力属于（　　）。

A. 内部的、不稳定的、可控的因素
B. 内部的、不稳定的、不可控的因素
C. 内部的、稳定的、可控的因素
D. 内部的、稳定的、不可控的因素

5. 快下课了，学生们开始躁动，这时候老师说：“如果大家认真听课，我就不安排额外的作业。”学生们顿时安静下来。该老师的做法属于（　　）。

A. 正强化　　B. 负强化　　C. 惩罚　　D. 消退

二、辨析题

学习动机与学习效果成正比。

三、简答题

1. 学习动机的定义与功能是什么？
2. 简述激发学生学习动机的方法。
3. 简述自我效能感及其功能。
4. 简述影响自我效能感的因素。

四、材料分析题

初中生小亮很想学好数学，但他的数学成绩一直很差，经过多方面努力都没有起色。近期，班主任发现，小亮变得在数学课上不听讲，还时不时扰乱课堂秩序，不完成家庭作业，数学老师教育他也不见效，之后连续几次数学考试他都是班上最后一名。班主任通过与小亮谈话了解到，经历了多次数学考试失败的体验后，小亮发现他努力的程度与数学考试成绩之间没有关系，认为对提高数学成绩自己已经无能为力了。他认为自己不是学数学的料，不愿意再下功夫学数学了。

结合材料，回答问题：

（1）你认为小亮在学习上是否出现了习得性无助？请说明理由。

（2）如果你是小亮的班主任，会如何培养他的学习动机？

第六章

教师心理与学生学习

学习目标

1. 了解教师心理的特点和现状。

2. 了解教师角色心理，能识别角色冲突、职业倦怠等教师常见心理问题。

3. 了解教师专业发展阶段，了解师生关系的特点；能运用所学知识指导教育教学实践。

案例引入

教师的困境

小杨老师和老杨老师是一对搭档，具体来讲，老杨老师是小杨老师加盟学校后的导师，他负责为小杨老师入职后的工作和生活提供必要的支持与指导。搭档两年以来，两位杨老师逐渐发现对方身上发生了一系列变化。首先发现问题的是老杨老师，他觉得小杨老师不如以前"单纯"了，以前的小杨老师精力充沛，将全部身心都集中在如何当好一名老师上。但小杨老师最近变了，一方面，自从有了小孩，小杨老师在家庭角色与工作角色中出现了明显的冲突，家庭角色明显挤压和侵占了小杨老师原本的工作角色，小杨老师甚至多次请假处理家庭事务；另一方面，小杨老师多次抱怨，作为老师熟人多，出门就能遇到学生或家长，导致校内校外都要端着教师的架子，弄得自己一点"自由"都没有。老杨老师将小杨老师的变化看在眼里，急在心里，但老杨老师自己也正遭遇人生的困境。在小杨老师看来，老杨老师事业顺利、家庭和睦，没有小杨老师作为职场新人所面临的工作与家庭负担，但即便如此，小杨老师依然发现老杨老师工作状态明显不如以前。具体表现是工作态度没有以前积极，总是提不起劲工作，遇事能躲则躲，就算是工作范围内的事情，也会经常性地抱怨，小杨不禁想问：以前神采飞扬、热情爽朗的"工作狂"老杨老师去哪里了呢？

思考：

小杨老师和老杨老师各自遭遇了什么样的心理困境？有什么办法可以帮助他们走出困境，重新回到正常的工作、生活轨道？

第一节 教师心理概述

一、教师心理的特点和现状

在长期的教育教学实践活动中，教师由于扮演各种不同的角色而逐渐形成了教师职业特有的心理品质，它是从事教师职业者所共有的、典型的特点，主要表现在知、情、意、行等方面。

（一）教师的认知特征

教师的心理相比较其他职业有何不同呢？教师是怎样从外界环境中获取信息并进行加工的呢？他们对这一过程的监控又是怎样发生的呢？从教师的认知行为中归纳出这一职业所共有的认知特征，将有助于解释教师为什么拥有这样的心理特征，揭示其之所以具备专业化水平的心理机制。

1. 教师的知识结构

教师的知识结构是教师从事教育教学活动的基础，受到众多研究者的关注。美国学者舒尔曼（L. S. Shulman）认为，教师专业知识结构包括学科内容知识、一般教学法知识、课程知识、学科教学法知识、有关学生的知识、有关教育情境的知识、其他课程知识；斯腾伯格（R. J. Sternberg）则提出，专家型教师的专业知识结构包括内容知识、教学法的知识（具体的、非具体的）、实践的知识（外显的、缄默的）等；我国学者申继亮等认为教师的专业知识结构由本体性知识（教师所具有的特定的学科知识，如语文知识、数学知识等）、实践性知识（教师在面临现有目的的行为中所具有的课程情境知识和与之相关的知识）以及条件性知识（教师所具有的教育学和心理学知识）组成。虽然关于教师知识的分类体系具有多样化的特点，但作为一名专业的教师应具备通识知识、学科知识、学科教学法知识和教育科学知识等四方面的知识。

2. 教师的教学能力

申继亮等采用内隐理论的研究范式，对教师的教学能力进行了系列研究，认为教师的教学能力包括教学认知能力、教学操作能力以及教学监控能力。

教学认知能力是指老师对所教学科的定理法则和概念等的概括化程度，以及对所教学生的心理特点和自己所使用的教学策略的理解程度。它包括概念、类同、运算、理解等四个方面。教学操作能力是指教师在教学中使用策略的水平，它包括制定教学目标的策略、编制教学计划的策略、教学方法的选择及运用、教学材料和教学技术的选择设计、课堂管理策略、对学习和教学进行测试和评价的策略。教学监控能力是指教师为了保证教学达到预期的目的而在教学的全过程中将教学活动本身作为意识对象，不断对其进行积极主动的计划、检查、评价、反馈、控制和调节的能力，这种能力可以分为三个方面：一是教师对自己的教学活动的事先计划和安排；二是对自己的实际教学活动进行有意识的监察、评价和反馈；三是对自己的教学活动进行调节、校正和有意识的自我控制。

3. 教师的教学信念

教学信念是指教师对教学情境中各因素进行管理时所持的信以为真的心理倾向，表现为教师在教学场景中涉及的认知、态度、观念与行动的总和。在教学场域中，教师通过改变自身的信念和知识，提升其专业素养，从而改善课堂教学，以促进学生的学习。吴金航和朱德全研究了教学信念的工作机制，提出教师应遵循“加强理论知识学习—主动进行教学反思—有效强化说课训练—扎实推进教学信念实践化”的逻辑进路，达到信念与行为的正向一致。在终身学习的时代背景下，每个人势必时时面对学习新知识和新技能的挑战。面对纷至沓来的信息，个体须加以选择与建构并合理利用，而建构或评估信息的标准之一就是知识信念。所谓知识信念（epistemological belief），是指个体对于知识本质（the nature of knowledge）与认识本质（the nature of knowing）所持有的信念，是个体主动建构的多维信念系统，属于教师教学信念系统中的一个部分。对于教师而言，教师的信念、实践和态度是为了理解和改进教育过程，无论是在职教师还是职前教师，他们都经常通过知识信念主动建构他们的学习环境。知识信念就像一张过滤网，将学习情境的新信息中与个体所持的信念相符者保留并融合成个体的新知，反之则会阻碍新知的学习，从而深刻影响着学习者学习能力的养成。

（二）教师的情感特征

教师的成长过程伴随着各种情感，在其发展过程中各有不同特征，共同对教师的成长起作用。教师的情感不但有一般的情感特征，还有自己独特的职业特征，尤其是教师的职业情感更具特色，是构成教师心理素质的动力因素之一。教师的情感特征主要表现在三个方面：一是教学工作中的教学效能感、职业承诺和职业倦怠感；二是一般生活中的主观幸福感；三是人际交往中的社会支持感。教学效能感、职业承诺和职业倦怠感属于职业性情感；主观幸福感和社会支持感属于一般生活性情感。教学效能感、职业承诺、主观幸福感和社会支持感属于教师的积极性情感，而职业倦怠感属于教师的消极性情感。它们之间相互作用，相互影响。

（三）教师的意志特征

教师工作艰苦繁杂，具有长期性，没有坚强的意志是难以完成教育教学任务的。教师应当具有的意志特征主要有：明确的目的性和实现目的的坚定意向，处理问题的果断性和坚定性，解决矛盾时的沉着、自制、耐心和坚持性，充沛的精力和毅力。实践证明，意志坚强的教师能以充沛的精力和顽强的毅力努力工作，遇到挫折不泄气，面对困难不退缩，可以预期最终能取得良好的教育教学效果。

（四）教师的行为特征

这里提到的教师行为主要是指教师参与教育教学等活动时所付出的具体劳动。首先，教师的劳动是一种脑力劳动。教师将所掌握的知识，通过恰当的组织形式传递给学生，在知识传递过程中完成教书育人的职业使命，这种劳动集中体现了教师的智慧。其次，教师的备课、上课、家访、批改作业等有关活动，是对教师体力的消耗，蕴含着丰富的体力元素。最后，教师劳动还是一种情绪劳动。教师情绪劳动是指教师调节和管理自身的情绪，以表现出一种符合社会和学校要求的特定情绪，从而达成教育教学目标的过程。社会通常都要求教师拥有饱满的精神与稳定的情绪，最好是展现出其充满活力与真诚善良的一面，教师的情绪劳动成为教师工作中的重要组成部分。

总的来讲，尽管我们可以通过知、情、意、行的简单分割来帮助理解教师的心理特点，但不可否认的是，教师的心理特点是十分复杂的，即使是单个教师的心理就已是复杂性、权变性组合而成的复杂个体了。

二、教师的角色

（一）什么是教师的角色

角色（role）一词来源于戏剧舞台，主要指演员在舞台上依据剧本所扮演的某一特定人物。后来经社会学家引入社会心理学，指人在社会关系中的特定位置和与之相关联的行为模式，反映社会赋予个人的身份与责任。在生活中，每一个社会成员都在各自的社会位置上扮演相应的社会角色。每个社会成员在工作、学习和生活等社会活动的网络系统中，由于选择参照点的差异，因此会衍生出多重角色，如一个人既可能是父母、子女、姐妹，又可能是同事、邻居、战友等。教师是职业角色的一种。

教师经常被比作园丁、蜡烛等，形容教师为祖国培养人才的神圣使命和燃烧自己、奉献他人的献身精神，也暗含了社会对教师的角色期待。所谓角色期待，是指社会对处于某一社会位置上的角色规定了一定的行为规范和要求。社会对教师的角色期待不是固定不变的，主要体现在两个方面：一是动态发展性。随着时代的变迁，人们对教师角色的期待不断发生变化，从“传道、授业、解惑”的角色定位，演变成“最有知识的人”“知识的传递者”，再到现代教育观念中的“活动的组织者、指导者和帮助者”，无不体现出社会对教师角色期待的变化。随着科技进步和互联网技术在教育领域的进一步发展，教师角色正面临新的期待。二是复合多元性。教师角色的突出特征是角色组合，这也导致社会对教师的行为规划和要求成为一个复合、多元性的组合体。如在同一位教师身上，他被期待同时成为设计者、促进者、管理者、帮助者、反思者和研究者等。需要引起关注的是，这种复合多元的期待有时是明晰的，但更多时候是模糊的，从而导致教师角色边界不清和角色冲突。

（二）教师角色理论

国内外学者对教师角色进行了大量的研究，并从不同角度提出了相应的观点，为我们深入了解教师的角色提供了丰富的素材。总的来看，麦克因泰（McIntire，2002）在《教师角色》一书中，将教师角色划分为10种，分别是组织者、交流者、激发者、管理者、革新者、咨询者、伦理者、职业角色、政治角色、法律角色。连榕、罗丽芳则认为，教师要扮演的角色包括学习的指导者和促进者、行为规范的示范者、班集体的管理者、心理健康的维护者、教学的研究者，具体表现如表6－1所示。

陈琦等对教师的角色与表现进行分析，提出教师扮演了设计者、促进者、管理者、帮助者、反思者和研究者等多重角色。作为设计者，教师要完成包括设置教学目标、开发学习资源、规划学习过程、选择教学策略和设计测查方法等任务；作为促进者，教师涉及的任务包括创设问题情境、激发学习动机与提供学习支架，引导学生独立学习；作为管理者，教师要进行班级和教学管理、组织课堂教学、处理教学中的偶发事件以及与家长和同事交流；作为帮助者，教师还要帮助学生解决困难，解答学生的疑问以及处理学生人际与心理问题；作为反思者和研究者，教师要反思和评价自己的教学，发现和分析存在的问题，提出并实践解决方案，总结经验和行动研究的结果。

表 6-1 教师的多重角色

角色	表现
学习的指导者和促进者	引导学生掌握基础知识和基本技能；指导学生在获得科学知识的同时学会如何学习并发展各种能力； 调动学生学习的积极性，为学生的学习提供帮助和支持，促进学生的自主探究活动
行为规范的示范者	充分意识到自己的榜样作用，不断反省自己的思想品德、行为作风和处世态度，成为学生的表率
班集体的管理者	通过管理为学生创设良好的学习环境，使学生养成自觉遵守纪律的习惯；营造良好的集体气氛和舆论，使班集体成为人际和谐的群体；建立民主的师生关系，使师生关系成为教育力量
心理健康的维护者	掌握心理健康的基本知识和技能，帮助学生防止各种心理问题的产生，或当学生出现心理障碍时能给予及时帮助； 要善于创设有利于学生人格成长的环境，促进学生人格的和谐完整，使其主动地适应和探索环境，发挥自身的潜能
教学的研究者	要求教师具有探讨问题的意识，注意收集资料，勤于动脑思考和反思； 要求教师能够掌握教育科研方法，并注重运用所掌握的方法来解决自己在教育实践中所遇到的问题

从教师所扮演的多重角色可以看出，教师的作用越来越切入教学的核心，引发并促进学生的学习活动。教师作为知识源等辅助性的外围作用在很大程度上被各种媒体技术所替代。随着信息技术的飞速发展，教师的多重角色可能还会发生新的变化，对教师适应多重角色及多重角色赋予的身份与要求带来新的挑战。

（三）教师角色冲突

人们在社会中往往扮演多重角色，这些角色间或角色与社会期望间出现不一致时，就会产生角色冲突。罗伯特·卡恩（Robert L. Kahn）等学者认为，角色冲突是指与角色相关的期望之间的不一致，即个体经常会面临一种情境，要求个体角色承担的与他们自身的价值体系相冲突或者是承担了两个或以上相互冲突的角色，这种期望之间的不一致造成了角色冲突，即角色冲突最主要的特征是期望的不一致。具体来说，主要表现在以下方面：①发出者内部的角色冲突（intra-sender role conflict），来源于某个角色发出者的期望不一致；②发出者之间的角色冲突（inter-sender role conflict），来源于多个角色发出者之间的期望不一致；③个人角色冲突（person-role conflict），指角色承担者自身的期望与角色发出者对角色的期望不一致；④角色间冲突（inter-role conflict），指来源于某个位置的角色期望与来源于其他位置的角色期望不一致；⑤角色超载（role over-load），期望角色承担者在较短的时间内完成多种相互不一致的角色行为。李建林认为，因为一个人不可能只承担一种角色，必然会有很多的角色期望，然而满足所有的期望是很难的，因此角色期望的冲突不可避免。角色期望的冲突又包括两类：一是客观的角色期望冲突。即外界对他所承担的多种角色期望之间的冲突，如女教师的工作角色和家庭中的女性角色；二是主观的角色期望冲突，即个体自身对自己多种角色期望产生的冲突，由此可见，角色冲突主要是指个体在角色扮演时，遭遇的一种角色期望与现实状况之间的不一致、完成角色行为的不适应等相互矛盾的状态。

由于学校功能的扩展，教师的角色冲突日渐凸显。根据研究者的总结，影响中小学教师角色冲突的因素主要来自组织、个人与人际方面。从组织层面来看，领导者的领导风格、工作氛围、工作要求等因素影响教师的角色冲突，一般而言，民主的领导者、和谐的工作氛围、合理的工作要求、舒适的工作条件等与教师角色冲突负向相关。就个人层面而言，教师的使命感、信念等价值系统内容能负向预测教师角色冲突；能力、性别等也与教师角色冲突紧密相关，如掌握处理角色冲突方法的教师，会较其他教师体验更少的角色冲突。值得引起关注的是，教师角色冲突并不会随年龄增长而减弱。人际因素方面，教师能在积极的人际互动中获得情感支持、工具支持等，从而减少角色冲突的频率与程度；消极的人际互动则会带来破坏性的后果，增加教师产生角色冲突的风险。

角色冲突对教师的工作产生负面影响。长期暴露于这种特定的情境性压力源的教师，必须用更多努力去评估和使用合适的应对反应以使压力源的负性作用最小化。因此，当教师面对角色冲突时，原本有限的时间和精力会被进一步分散，从而影响正常的教育教学工作，各种工作相关的表现也会随之下降。不仅如此，角色冲突对教师的生活也趋于负性，角色冲突会降低教师的工作满意度以及婚姻满意度。因此，应对和缓和角色冲突，将角色冲突维持在一个相对合理的水平，是促进教师发展的必要途径。解决角色冲突的方式从根本上分为“外解决”和“内解决”两种类型，外解决是通过利用和发挥角色承担者以外的力量，解决个人角色承担中的冲突；内解决是角色承担者个人通过自身努力解决角色冲突。从外部来看，教育行政管理部门以及学校加强制度建设、文化建设，组织教师参加关于职业认同、教师信念、应对能力提升的培训；从内部来看，加强自我学习与管理、提升角色技能、寻求应对策略等均是促进教师解决教师角色冲突的有效途径。

三、教师职业倦怠

由于工作性质的原因，教师在教育教学时需兼顾教学与管理，要面对学生与家长，同时还要接受多重机构的领导、社会的监督，使得教师长期处于一种疲劳和压力的状态中，导致形成厌倦和挫败的心理状态和情绪感受，极易产生低成就感和低自我效能感。一项调查研究表明，反复出现的倦怠心理正越来越多地困扰着教师群体，平均每10个小学教师中就有约6个存在不同程度的职业倦怠。

（一）什么是职业倦怠

1974年，美国心理学家费登伯格（Freudenberger）首次提出职业倦怠，并认为职业倦怠的产生原因是工作对职员的过度要求导致职员无法完成工作，从而产生无奈情绪和状态。目前，研究者们认为，职业怠倦的产生是一种非常极端的心理反馈，这种极端反馈主要来源于长期工作压力下产生的不良情绪、行为以及态度。职业倦怠产生的原因是因为人们恒久不变地从事某一项工作以及反反复复的工作内容，逐渐产生的一种心理和生理的变化，其中以教师和医生行业的职业倦怠最为常见，并且职业倦怠程度和发生率也高于其他行业。所谓教师职业倦怠，是指教师在教育教学情境中，因长期工作压力、缺乏应对资源和应对能力而产生的身心耗竭状态。一般认为，教师职业倦怠主要有以下特征：

第一，情感衰竭。不能以积极的态度和饱满的热情面对自己的生活和工作，认定自己的生理和心理处于极度劳累和疲惫的状态。现有研究表明情感衰竭是造成职业倦怠这种心理现象的首要因素，而且情感衰竭也是人们最常表现出的一种明显状态及特征。

第二，去人格化。在生活和工作中对他人刻意保持一定的距离，不愿意与他人产生交集和交际，自身已经脱离工作环境和状态，甚至对于个人事业发展也缺乏规划，并且置之不理。

第三，工作成就感低。认为工作并不能给自己带来成就感，自身的优势不能得到充分的发挥，工作是一件无趣而且琐碎的事情，更有甚者认为工作是没有任何意义的事情，所以对待工作常常持消极的态度。

（二）教师职业倦怠的影响因素

教师产生职业倦怠与多种因素相关。研究者认为，个人因素、人口社会因素是教师产生职业倦怠的重要影响要素。个人因素方面，气质类型、性格特征、年龄以及能力水平等都决定了教师产生职业倦怠的可能性，其中以教师的自尊和外控点占据主要地位。人口统计因素方面，研究发现，男教师产生倦怠的强度和频率均高于女教师，教育层次越高越容易产生职业倦怠。此外，教师职业倦怠的产生还和社会支持相联系，缺乏同事以及校领导的支持更容易产生职业倦怠。

当教师工作中的以下六项相关事宜与个人的匹配程度越低时，越容易产生职业倦怠。①工作负荷，超出自己实际能力的工作量；②工作控制，个人在工作中控制的资源配置不够，有很多工作他们认为可以更加有效及时地完成，但是工作环境没有给予他们相匹配的资源和控制权；③工作薪资，工作中给予的薪酬待遇和自己的付出不成比例；④工作社交，无法在工作期间与同事建立积极的工作关系，把自己隔离于工作社交之外并且缺乏沟通交流，在工作中容易与他人发生冲突；⑤工作公平。在工作时间、工作量、薪酬待遇、职称评价、工作发展中出现不公平问题；⑥价值观冲突，认为自己的价值观和其他员工不同以及和管理者有分歧。

（三）教师职业倦怠的预防与干预

为了预防和解决教师的职业倦怠问题，一些研究者从个人—工作匹配、付出—报酬匹配、工作需求—资源匹配等角度提出解决方案。我国学者石中英通过分析马克思主义哲学关于异化劳动的思想，提出教师的职业倦怠根本上是由于教育教学活动的异化，是由于教师在教育教学活动中失去了自由精神以及自主的意识与能力。也就是说，职业倦怠是由于教师的劳动与其自由自觉的类本性相违背，以至于教师本人在教育教学过程中被异化为工具或手段而导致的。从这个角度来说，要想解决教师的职业倦怠问题，仅仅通过提高教师的经济收入、缩短工作时间、改善工作条件、进行心理健康辅导等措施是不可能的。教师与教育教学关系的异化现象不解决，恐怕永远解决不了其职业倦怠问题。基于上面的分析，解决教师的职业倦怠问题，可以从以下三个方面入手。

1. 招募真正喜欢做教师的人进入教师队伍，增加教师队伍的流动性

人们需要认识到，尽管有许多人都愿意做教师，但是并非人人都适合。不难理解，教育工作需要和每一个孩子打交道，这就要求从事该项工作的人有爱心、细心、恒心及同情心，并且能够公正地对待每一个孩子。缺乏这些教育工作必备人格特质的人，不应该进入教师队伍之中，即便进入，也很难忍受日常教育工作对他提出的大量具体要求。

学校应该建立起一种教师职业性向的筛选和教师队伍流动机制，把不具备或已经丧失掉这些人格特质的教师流转到其他工作岗位，从而保证教师队伍中的绝大部分都能够真正认同教师工作的内在价值和意义，不仅仅只是为一份稳定的工作或收入而从事教育教学工作。

2. 明确定义和绝对尊重教师的专业自主权，真正做到教育教学的事务由教师或教师集体自我决策

在从源头上预防教师功利主义的职业态度之后，要预防、降低或克服教师的职业倦怠问题，在过程上下功夫，即在教育教学过程中给教师们赋权，并且通过各种民主机制的建设，保障他们的专业自主权得到充分的实施。实践证明，一旦教师们的专业自主权，如教学目标的确定、教材和其他学习材料的选择、教学进度的安排、课程资源的开发、教学模式的设计、学生学业评价方式的设计等得到了保障，他们就会迸发出前所未有的专业活力和专业激情，教育教学过程中的职业倦怠问题就会大大地缓解。

3. 教育教学改革的设计和实施多问计于教师，少犯一点主观武断的错误

在教育变革的过程中，如果教师们的意见和建议能够被充分地倾听、尊重和采纳，那么长期以来教师作为改革的“局外人”“看客”或被动的“执行人”的角色就有望得到改变，改革行为本身也就能得到广大教师的接纳和认同，增强了改革的主体性、自觉性和积极性。那种因频繁的自上而下的改革带来的职业倦怠问题也有望得到有效的解决。

第二节 教师的专业发展

一、教师专业发展的内涵与阶段

教师专业发展是指教师根据社会发展的要求和职业发展的需要，逐步缩小与社会期望的差距，成为合格的教育专业人员的过程。教师的成长和发展是一个连续的过程，教师专业发展不是职前教育就能够完成的，而是教师个体自主努力和不断奋争的专业成长过程，伴随教师的整个职业生涯。教师专业发展包括专业精神的发展、专业知识的发展、专业技能的发展、专业自我的发展。叶澜等学者认为，从历史发展的总趋势来看，教师的专业发展及其研究经历了由被忽视到逐渐关注、由关注教师专业群体的专业化到关注教师个体的专业发展、由关注专业发展的外部环境和对社会专业的认可到关注内部专业素质提高的过程。

教师专业发展是一个持续社会化和个性化的过程，在不同时期呈现出不同的特征。国内外研究者对教师专业发展的阶段性进行了深入研究，提出了不同的发展阶段论。20世纪70年代美国学者富勒（Fuller）和布朗（Brown）根据教师在不同的发展阶段所关注对象的不同，将教师教学专长的发展划分为三个阶段。第一阶段：关注生存阶段。该阶段的教师主要是师范生和新手教师，在此阶段，教师对自己生存和工作的适应性予以特别的关注，把大量的时间用于教学之外的事务，如处理人际关系、家庭关系等，教学专长的发展还十分有限。第二阶段：关注情境阶段。在此阶段，教师开始将他们的注意力转向学生的学习成绩，对自己的课堂教学内容和教学效果也给予特别的关注，教师的教学专长有所发展和提高。第三阶段：关注学生阶段。在此阶段，教师开始注意学生的个体差异以及如何在教学活动中根据这种差异因材施教，此阶段教师的教学专长得到了充分的发展。富勒和布朗的理论在很大程度上是从经验的角度，对教师教学专长发展阶段的大致划分，他们的理论为后来教师教学专长发展的研究提供了新的思路。

二、新手型教师和专家型教师

在认知心理学领域，研究者们经常通过对专家—新手进行比较的研究范式开展研究。就教师群体而言，对专家—新手教师的对比研究，提炼专家型教师的基本特征，探索从新手型教师成长为专家型教师的规律，能促进新手型教师尽快成长为专家型教师。

（一）新手型教师与专家型教师的对比

美国心理学家斯腾伯格（R. J. Sternberg）认为，专家型教师即是有教学专长的教师。他在总结前人研究成果的基础上，提炼出专家型教师区别于新手型教师的三个基本特征，分别是专业知识、解决问题的效率、洞察力。首先，专家型教师具有丰富和组织化的专门知识，在内容知识、教学法知识、实践知识上具有一定优势，这些知识丰富且组织良好，保证了专家型教师能更好地理解和解决问题；其次，专家型教师教学技能自动化程度高、认知资源利用率高、善于自我监控，保证了专家型教师能高效地解决问题；最后，专家型教师善于信息筛选、信息加工及信息迁移，他们能够鉴别出有助于问题解决的信息，并能够有效地将这些信息联系起来，还能够借助观察和类比，找到既新颖又恰当可行的问题解决方案。

我国学者皮连生提出，专家型教师与新手型教师在课时计划、课堂教学过程和课后教学评价等三个方面都存在显著差异。连榕是我国研究新手型教师与专家型教师比较的另一著名学者，连榕等人在系列研究的基础上认为，教师的专业发展阶段应分为新手型教师、熟手型教师和专家型教师三个阶段，他们还在研究中对新手型教师、熟手型教师、专家型教师的成长心理进行比较（见表6－2），为我们了解不同发展阶段教师的心路历程提供参考。

表6－2 新手型教师—熟手型教师—专家型教师成长心理的比较

比较项目	新手型教师	熟手型教师	专家型教师
教学策略	以课前准备为中心	课中教学操作熟练	以课前的计划、课中的灵活、课后的反思为核心
人格特征	活泼、热情、外向	随和、能关心他人、合群、宽容	情绪稳定、善于自我调节、理智、重实际、自信和批判性强
工作动机	以绩效目标为主	开始以任务目标为主	内部动机强烈且稳定
职业承诺、职业倦怠	职业承诺低，职业倦怠较低	职业承诺低，职业倦怠较高	职业的情感投入程度高，师生互动好，职业的义务感、责任感、成就感强
情境心理	能感受到支持，有满意感，心理契约和主观幸福感较高	支持感和满意感不强，心理契约和主观幸福感较低	支持感和满意感强，心理契约和主观幸福感高

（二）专家型教师的基本特征

什么样的教师是专家型教师？有人认为，专家型教师是指那些能够进行有效教学的教师。关于什么是有效教学，张景焕认为，一些研究者将有效教学定位于教学目标的实现、学生成就的取得，或者教师教学技能的彰显等，都具有一定的局限性。他结合着眼于教学全过程研究者的视角，将有效教学定义为“通过有效的教学准备、有效的教学活动和有效的教学评价来促进学生学习和发展的教学”。

专家型教师的知识结构是人们关注的重要领域，辛涛等人认为，教师的知识结构包括作为学科知识的本体性知识、作为经验积累的实践性知识、作为教育学心理学知识的条件性知识和文化知识。舒尔曼则认为专家型教师具有七个领域的知识，包括所教学科知识、一般教学策略、善选合适的课程材料和方案、能因材施教、有关学生性格特征和文化背景的知识、知晓学生学习情境的知识、有明确的目标和教学目的。

张大均、郭成综合前人研究成果，总结归纳出了专家型教师的五项基本特征。

1．具有优良的知识结构

现代认知心理学将知识分为陈述性知识、程序性知识和策略性知识。在陈述性知识领域，专家型教师的知识是以命题结构和图式的形式表现的，比新手型教师的知识组织更完整，因而在解决问题时能及时有效地提出来，从而导致两者的教学能力有明显差异。在程序性知识方面，专家型教师的教学常规工作程序已高度熟练，达到自动化水平，很少或不需要意识控制，而这正是新手型教师所缺乏的。在策略性知识方面，专家教师的专业知识显然已经通过了教学实践的“深加工”，对学科的概貌有一个综合性的认识，且教学思路更清晰。他们能够用多种方式定义内容知识，也知道很多将课程分段和组织课程的方法，他们还知道各种方法的优势与不足，因此他们的教学目标明确，结构紧凑而更加灵活、高效。而新手型教师则常常只知道其中个别的方法，并且也只能逐个单元去构想，相应地，他们的教学就要拘谨、松散甚至低效得多。如在允许学生提问以及由提问导致讨论的情境中，当学生提出他们事先没有考虑到的问题时，他们不仅回答的内容缺乏内在联系，而且无法使课堂教学按原计划进行。

2．高效率解决教学领域问题

在利用认知资源方面，专家型教师的知识经验丰富而且高度组织化，某些教育技能已程序化、自动化，这些程序化、自动化的技能和熟练的知识经验占用的认知资源很少，使专家型教师能够在有限的认知资源内作较少的努力就可以完成更多的任务，同时，专家型教师又能将节省的认知资源投入到更高水平的认知活动中去；在监控自己的认知执行过程方面，专家型教师在接触问题时具有计划性，善于自我观察，主动自我评价并随时进行自我调整。因此，在教学领域内，与非专家型教师相比，专家型教师解决问题的效率更高。

3．善于创造性地解决问题，有很强的洞察力

专家型教师和非专家型教师都能应用知识来解决问题，但专家型教师更能创造性地解决问题，他们的解答方法既新颖又恰当，往往能够产生独创的、有洞察力的解决方法。创造性问题解决中的“洞察力”与斯腾伯格等提出的认知的选择性编码、选择性

联合、选择性比较是相对应的。选择性编码旨在区分与问题解决相关的信息和无关的信息。选择性联合以有利于问题解决的方式将一些信息结合起来，如两项信息分开时是不相关的，而联系起来考虑时对于解决手边的问题却是相关的。选择性比较涉及将所有在另一个背景中获得的信息运用到手边的问题的解决上来。基于选择性比较的洞察力是通过注意、找出相似性、运用类推来解决问题。选择性编码、选择性联合、选择性比较为有洞察力地解决问题提供了心理基础。

4. 完善的教学监控能力

在教学过程中，新手型教师更多地把精力集中在学科内容上，关注自己能否顺利完成任务，他们很少兼顾学生的反馈信息，很少会对教学过程进行主动、积极的反思。而专家型教师则在关注目标达成度的同时，能不断地对教学进行积极的检查、评价和调节，执行教学计划有序而灵活，教学内容、学生行为、课堂气氛等诸多因素都是他们思维活动的对象。有研究证明，专家型教师在教学监控能力上要优于新手型教师。两者在教学监控能力上的差异具体表现在教学过程的各个环节中，特别是在解决复杂问题时，专家型教师更有灵活性，更具有教育机智。专家型教师在计划和行动时善于利用新信息，迅速给予新解释和新表征。专家型教师能够制订较完善的行动计划，并且在实际执行时能够根据学生的实际反应加以灵活调整。专家型教师完善的教学监控能力部分取决于其能迅速机敏地概括实例或者提供实例，并且能够将学生提出的问题和教学目标联系起来。专家型教师的教学机智既是他们对驾驭课堂整体自信的体现，也是他们对学生的需要敏感关注和积极回应的体现。

5. 较强的个人教学效能感

个人教学效能感是教师对自己影响学生的学习行为和学习成绩能力的认知和评价。有研究表明，教师的个人教学效能感随教龄增加而上升，且老教师的个人教学效能感显著高于新教师，但老教师内部个人教学效能感无显著差异，说明个人教学效能感是专家型教师的必要条件。新手型教师由于缺乏必要的教学经验和专业技能训练，无法较好地处理教学中出现的种种问题，因此个人教学效能感较低；而专家型教师由于具备大量的教学实践、丰富的教学经验，且在长期从教过程中形成较为正向的自我认知，对自己的专业性充满自信，因而呈现出较强的个人教学效能感。

（三）专家型教师的培养途径

为促进教师的成长与发展，使之成为专家型教师，研究者就专家型教师的培养途径提出不同的方案，总结起来，大致有以下三种。

1. 在教学实践中检验和完善

专家型教师比新手型教师更加注重借助教学实践“检验”自身的专业知识，并通过教学实践补充自身知识结构的不足，所以他们具有大量的已经被实践证明是行之有效的自己的教学理论和观点，在诸如教学准备、课堂实施、作业布置和学业评价等各个方面都有一套成熟的做法。所以，借助教学实践，如同临床医生行医一样，通过实践得到检验并在实践中加深和完善。教学实践检验方式通常有以下两种。

一是观摩教学。从观摩的形式看，既可以是事先确定好观摩计划的结构化观摩，也可以是即兴的非结构化观摩；从观摩的方式来看，既可以是现场观摩，也可以是录像或网络直播观摩；从观摩的对象来看，既可以是优秀教师，也可以是普通教师。尽管关于观察的分类会衍生出诸多观摩的概念，但总的来讲，任何观摩活动都要求观摩者深入教学情境、分析教师教学行为，在过程中不断与自己对话、反思，并形成改进方案。

二是微格教学。当前师范教育中常见的教学形式，主要特点是学生少、时间短，一般而言，微格教学采用以下程序：明确问题，观看教学录像，制定微格教学计划、实施计划并录像，观看录像并分析教学行为，重复微格教学并录像，二次分析。由此看来，微格教学是一个行动研究的过程，能使教师更加直接和深入地分析自己的教学行为，增强了改进教学的针对性，因而往往比正规课堂教学的经验更有效。

2. 教学决策训练

教师的教学过程由一个个决策行为组合而成。如教师在抛出一个问题后，发现学生的反响低于预期，判断后认为原因在于问题情境过于复杂，因此决定简化问题情境，直接提出问题，从而改善了课堂教学效果。决策训练的程序包括两个部分，第一个部分是信息获取，即向接受训练的教师提供所教班级的信息，包括学业水平、学习风格、班级氛围等；第二是观看教学实况录像，并在指导者的示范行为与解释中获得成长，以改善教学行为、提高对决策有效线索的敏感性。

3. 教学反思培养

反思，就是“对思维的思维”，这种对思维的控制也就是“元认知”。反思是教师着眼于自己的活动过程来分析自己做出某种行为、决策以及所产生的结果的过程。教学反思包括对活动的反思、活动中的反思和为活动反思。教师在反思过程中具有演员和戏剧批评家的双重角色，在这个过程中，教师反思要经历四个有先后顺序的环节，即具体经验、观察分析、抽象的重新概括、积极的验证。为了实现教学反思，可以通过写反思日记、详细描述、职业发展、行动研究等方法进行反思。随着对教学反思研究的发展，研究者倾向于认为反思不单单是教师个人行为，集体反思、合作反思亦是教学反思的重要组成部分。

第三节 师生关系对学生学习的影响

师生关系是教师和学生在教育教学中结成的相互关系，包括彼此所处的地位、作用和相互对待的态度等，它是一种特殊的社会关系和人际关系。师生关系是学校教育中最基本、最核心的人际关系，一切教育活动的展开总是以一定的师生关系为基础，并在此关系的维系下进行。良好的师生关系是提高学校教育质量的保证，也是社会精神文明的重要方面。陈桂生认为，师生关系至少存在社会关系、教与学的工作关系以及自然形成的人际关系等三重关系，忽视其中任何一种关系，都不能成为完满的师生关系，而这些人际关系（或社会关系）都是以一定的教育结构为背景的，师生关系基本上是一种由教与学的活动联结起来的工作关系。王本陆则把师生关系分为师生工作上的业务关系、师生伦理关系和师生情感关系。

一、师生关系的特点

师生关系是教育教学过程中人与人关系中最基本的、最重要的方面，是学校中最基本的人际关系，也是人际关系一种特殊的表现形式。苏春景认为，师生关系是一种对立而统一的矛盾关系，表现为以下五个方面的特点。

（一）在角色上相互依存

教师与学生在角色上相互依存，缺一不可。首先，教师与学生是组成师生关系的两个主体，缺少任何一方的参与，就不能构成师生关系。其次，教师与学生的授受关系是在教育教学活动中体现出来的，在教师的“教”和学生的“学”的良性互动中，构建成师生关系。最后，教师与学生角色呈现显著的异质性，教师用成熟、正确的人生观、价值观、世界观引导学生价值体系的建立，用专业知识引导学生知识体系建构，在“传道授业解惑”的过程中，要求教师呈现出良好的师德形象与专业素养；学生作为学习的跟随者，并不是一味地被动接收，而是体现出主动性、发展性，这些特性又反作用于教师，促进教学相长。因此，教师与学生在角色上相互依存，密不可分。

（二）在实践中相互促进

《礼记·学记》有云："学然后知不足，教然后知困。知不足，然后能自反也；知困，然后能自强也。故曰教学相长也。"教学相长在教育教学的实践活动中得以集中体现。一方面，教师和学生在教与学的活动中，实现观念的流动、知识的传递，这里既有教师将自己的价值观、人生观、世界观及知识向学生流动、传递的过程，也包含学生观念对教师的反哺，学生知识对教师知识的补充，因而流动与传递的方向是双向的。另一方面，教师和作为个体发展的学生相互促进、共同成长。师生之间通过思想交流、情感沟通、人格冲突、智慧碰撞等，从对方身上汲取着自身成长发展的养料。在以信息化为显著特征的21世纪，向孩子学习、与孩子共同成长已成为一个主要的教育理念，影响着教师的教育行为。

（三）在人格上平等互尊

尽管在教育教学活动中，学生是作为"跟随者"的身份而存在的，在学识、品行等方面可能逊于教师，但这并不影响学生作为独立的个体而存在。在人格上，教师与学生是平等的。我们应摒弃传统观念中"师即父""以教师为中心"的师生关系观，倡导彼此尊重、人格平等、相互爱护的现代师生关系观，建立师生间平等的主体关系。在这样的关系中，不但体现出教师的人生价值，学生也在教学中体验到平等、自由、民主、尊重、信任、友善、理解、宽容、亲情与关爱，同时受到激励、鞭策、鼓舞、感化、召唤、指导和建议，进而形成积极的、丰富的人生态度与情感体验。

（四）在人际上民主合作

教育教学的一个主要任务就是培育学生的主体性，宽松、民主、合作、融洽的师生关系是培育学生主体性的重要途径。以往教师与学生间的人际关系以领导与被领导、权威与服从、上级与下级等为主要特征，彼此间缺乏对等的身份与平等的对话，在这种非平等的人际关系中生存，将导致学生主体性丧失。而在师生交往中强调民主合作的关系属性，如让学生参与到教学设计与班级管理当中来，对学生主体性的确立和发展起着巨大作用。

（五）在心理上互容互信

教师与学生间的心理交往和关系贯穿于教育全程。一方面，在认知关系方面，教师对班级学生所处的心理发展阶段、个体的个性倾向性等存在由浅入深的认识过程，富有经验的教师能根据学生的学段整体把握学生的心理特征，在与学生的交往中把握学生个体的个性倾向性，从而有针对性地采取相应教学措施；与此同时，学生对教师的认知也存在由感性到理性、由现象到本质的过程，由于受判断能力所限，一些学生易凭一时印象，对教师做出片面的、绝对化的结论。只有师生双方充分信任对方、打开自己，在交往中保持足够理性，才能保证认知关系的和谐发展。另一方面，情感关系是师生心理关系的一个极为重要的方面，“亲其师、信其道”即表明了师生关系中情感成分对学生学习的影响。教师对学生的积极情感，可以激发学生的学习动机，唤起他们的兴趣和对教师的尊重；而学生对教师的尊重与爱戴，同样能激发教师的工作投入程度，为教师更好地投入教育教学提供精神动力。

二、师生关系的功能

（一）教育功能

师生关系是教师和学生为实现一定的教育目的而结成的相互关系，其本身就孕育着一种教育任务。良好的师生关系具有尊师爱生、民主平等、教学相长、心理相容的新型师生关系特点，这种良好的人际关系会使得教师和学生都从中学会尊重他人和自尊自爱，同时体会到受到他人尊重的愉快感受，这种人与人之间的关心、尊重和爱，也必将为师生带来积极的教育影响。由于师生关系的教育属性，所以教育功能是师生关系的最大功能。

（二）激励功能

良好的师生关系对师生双方都会产生重要的激励作用，使师生从中得到能量，从而激发其向上的精神。对于学生而言，良好的师生关系会使学校生活具有很强的吸引力，学生在教师的爱护中，感受到了教师殷切的期待，奋发向上，不辜负老师的培养和期望。对于教师而言，学生尊重教师，尊重教师的劳动，能够使教师感受到教育教学过程的愉快和自身从事工作的价值，从而焕发工作热情和积极性，增强教师的责任心、荣誉感，激励教师全身心投入到教育工作中去，更好更多地培养人才。

（三）调控功能

良好的师生关系使得学生易于、乐于接受在此基础上所进行的教育活动，交流和合作都会具有较好的效果，为教育活动的顺利进行提供人际关系上的支持，对教育活动的运转起着调控的作用。

（四）社会功能

学校是社会的一部分，学校中师生间的人际关系不仅影响着师生自身，也影响着社会。良好的师生关系传递着一种关怀、信任的心理氛围，对于学生今后更好地适应社会起着重要的作用。学生走向社会后，会将师生关系带来的素质变化带入社会。从这种意义上来讲，师生关系的性质和水平决定了学生的公民素质，从而影响着社会的精神文明建设程度。

三、构建良好的师生关系

（一）师生关系的类型

1. 李皮特和怀特对教师领导方式的分类

不同的学者根据自己的研究把师生关系分为不同类型，李皮特（Ronald Lipper）和怀特（Ralph K. White）对教师的领导方式进行了研究，将教师的领导方式分为仁慈专断型、强硬专断型、放任自流型和民主型四种类型。

（1）仁慈专断型

仁慈专断型的教师表面上关心学生、表扬学生、倾听学生的意见，但在内心中早已有了确定的答案，最终会以自身的标准来要求学生。这类教师专断的原因在于过于自信，以自我为中心。对于仁慈专断型教师，大部分学生喜欢这种领导方式，但看穿他这套方法的学生可能会恨他。此外，学生在各方面都较依赖老师，学生没多大创造性。

（2）强硬专断型

强硬专断型的教师对于班级的一切活动及人物的管理非常严格，甚至会非常苛刻，不允许学生出错，严密监视学生，对于学生很少表扬，学生往往在恐惧当中度过。

（3）放任自流型

放任自流型的教师不进行有效的管理，一切活动都由学生自主进行，和学生几乎没什么实质性的交流与沟通。学生在活动中会产生较多的困扰，常常发生不愉快行为。同时，学生之间缺乏合作、沟通，每个人都感到迷茫、彷徨，无所适从。

（4）民主型

民主型的教师能够积极与学生互动、交流，将自身的一部分权力分配给学生，师生之间共同参与班级管理。在民主型的管理方式下，学生之间乐于合作，经常交换意见，能够承担责任，学生自我管理的意识和能力较强。

2. 勒温对教师领导方式的分类

勒温（Kurt Lewin，1939）通过研究之后将教师的领导方式分为：专制型、民主型和放任型。

（1）专制型

专制型师生关系主要以严厉、疏远、权威、严肃等为主要特征。教师对班级中的活动都采取专制的作风，事事亲力亲为，承担全部的责任，对学生的所有活动严加监视，学生没有活动的自由，只能被动地服从命令，对教师敬而远之。因此，当教师在场管理时，学生能够高效学习，一旦缺乏教师的管理，学生就会出现明显的纪律松懈。

（2）放任型

放任型的师生关系主要表现出无序、随意、放纵等主要特征。在教学中教师采取放任态度，对于学生缺乏管理，不负责任，一切活动都由学生自主进行，学生想干什么就干什么，一切活动由学生自己进行，给学生充分的自由，对学生较少给予指导。因此，学生的规则意识差，合作学习或者自主学习的能力都比较弱，教育效果较差。

（3）民主型

民主型的师生关系以开放、平等、互助为主要特征。教师将一部分管理权力下放给学生，学生则行使这部分权力参与班级管理。在教学中教师能够民主对待学生、尊重学生的想法，与学生共同商议学习计划，给学生一定的指导和帮助，倾听学生的心声，同时学生也能够尊重教师，能够以朋友的身份与教师进行交流。师生关系和谐融洽。在这种领导方式下，学生喜欢学习，喜欢同别人交往，而且能够互帮互助，不管教师在与不在都有明确的目标，都能够为自己的目标努力奋斗。

（二）如何建立良好的师生关系

研究者普遍认为，教师是师生关系的主导者。因此，尽管也有研究者从学生、社会的角度关注良好师生关系的建立问题，但大部分学者还是将焦点放在如何从教师角度来建立良好的师生关系。从教师层面而言，建立良好的师生关系可以从以下四个方面入手。

1. 建立新型的师生观

随着社会的发展与科技的进步，教师和学生的角色和地位正在发生极大的变化，学习科学的新发展和颠覆性技术的出现给教学改革与创新提供了无限的空间。在这一系列变化的作用下，教师的传统地位将受到挑战，互联网的介入使学生轻松掌握获取知识的便利途径，教师不再是知识的独享者，教师作为制度化教育的权威者、专制者的可能性将不再存在。教师不再是传递知识的简单工具，或是供学生利用的资料库，而应当是帮助学生在自学的道路上迅速前进的向导，教会学生怎样学习。

2．树立教师威信

教师威信是指教师个人或者组织改变、控制人们心理和行为的影响力。主要包括教师职业威信和人格威信。教师威信是源于教师的优良心理品质与人格魅力而产生的影响力，不因教师意识而转移，具有客观性，但教师威信又来源于学生的主观评价，因而又具有主观性。因此，影响教师威信的因素既包括主观因素，又包括客观因素。研究者认为，教师威信的树立受四种因素的制约，即教师的专业水平和教学技能、教师的人格魅力、教师与学生交往的能力、教师对评价手段的使用。由此看来，教师要树立好威信，只有通过不断提高自身各方面的素养，才能达到目的。具体来讲，教师威信的维护与发展需要教师不断地更新与丰富自己的知识，始终为人师表，注意与学生心理换位，正确认识和合理运用自己的威信。

3．善于和学生交往

教师要努力更新教育理念，提高自己的教育教学水平，大胆更新教学模式，不断总结教育教学经验，拓宽自己的知识视野，热爱学生、热爱教育，与学生建立和谐融洽的合作伙伴关系。在课堂教学中，教师要积极营造宽松、平等的学习氛围，让学生积极合作、乐于探究，努力培养学生的各种能力，使课堂真正成为学生积极、主动学习的学堂。

4．发扬教育民主，倾听学生的意见

在以往的教学中，教师是知识的绝对权威，学生对教师望而生畏、敬而远之，不敢与教师进行沟通，这不利于教育教学工作的开展。因此，教师要转变这种观念，以平等的姿态去接近学生，公平对待每名学生，成为学生的良师益友；要弯下身走近学生的内心世界，做学生心声的聆听者，帮助学生答疑解惑；要善于用自己的言行影响学生，要勇于承认错误，这样学生才能更愿意亲近教师、信任教师，才能建立起和谐的师生关系。

拓展阅读

皮格马利翁效应

皮格马利翁效应亦称“罗森塔尔效应”，是一种期望效应，1968年由美国学者罗森塔尔等在《课堂中的皮格马利翁》一书中提出。该效应认为教师对学生的期望，会在学生的学习成绩等方面产生效应。如教师寄予很大期望的学生，经过一段时间后测试，他的学习成绩比其他学生有明显提高。因此效应与希腊神话中皮格马利翁的故事相似，故名。

● **古希腊神话**

皮格马利翁（Pygmalion）是古希腊神话中的一个主人公的名字，相传他是塞浦路斯国王，善雕刻，是一位有名的雕塑家。他精心地用象牙雕塑了一位美丽可爱的少女。他深深地爱上了这个“少女”，并给它取名叫盖拉蒂。他还给盖拉蒂穿上美丽的长袍，并且拥抱它、亲吻它，他真诚地期望自己的爱能被“少女”接受，但它依然是一尊雕像。皮格马利翁感到很绝望，他不愿意再受这种单相思的煎熬，于是，他就带着丰盛的祭品来到阿弗洛狄忒的神殿向她求助。他祈求女神能赐给他一位如盖拉蒂一样优雅、美丽的妻子。他的真诚期望感动了阿佛洛狄忒女神，女神决定帮他。

皮格马利翁回到家后，径直走到雕像旁，凝视着它。这时，雕像发生了变化，它的脸颊慢慢地呈现出血色，它的眼睛开始释放光芒，它的嘴唇缓缓张开，露出了甜蜜的微笑。盖拉蒂向皮格马利翁走来，她用充满爱意的眼光看着他，浑身散发出温柔的气息。不久，盖拉蒂开始说话了。皮格马利翁惊呆了，一句话也说不出来。皮格马利翁的雕塑成了他的妻子，皮格马利翁称他的妻子为伽拉忒亚。人们从皮格马利翁的故事中总结出了“皮格马利翁效应”：期望和赞美能产生奇迹。

● **心理学实验**

美国心理学家罗森塔尔（Robert Rosenthal）和雅克布森（Jacobson L.）开始对这一现象进行了实验研究，于1968年发表了研究成果《课堂中的皮格马利翁》一书。他们在奥克学校（Oak School）所做的一个实验中，先对小学1~6年级的学生进行一次名为“预测未来发展的测验”（实为智力测验）。然后，在这些班级中随机抽取约20%的学生，并让教师认识到“这些儿童的能力今后是会得到发展的”，使教师产生对这一发展可能性的期望。8个月后又进行了第二次智力测验。结果发现，被期望的学生，特别是

一、二年级被期望的学生，比其他学生在智商上有了明显的提高。这一倾向，在智商为中等的学生身上表现得较为显著。而且从教师所做的行为和性格的鉴定中可知，被期望的学生表现出更有适应能力、更有魅力、求知欲更强、智力更活跃等倾向。这一结果表明，教师的期望会传递给被期望的学生并产生鼓励效应，使其朝着教师期望的方向变化。罗森塔尔把这一现象称作皮格马利翁效应。

● **教育意义**

对于皮格马利翁现象及其机制的了解是有很现实教育意义的。它提醒我们，作为教育者，无论是教师、家长或其他人员，对于受教育者充满信心，相信他们能发展得更好是很重要的。心理学研究证明，受教育者，特别是孩子对自己的了解往往首先是从教育者那里得到的。在他们生活中居重要地位的人物对于他们的看法和态度，就像镜子一样反射着他们的形象。如果他们感到教育者认为他们有能力，信任他们，那他们也认为自己是有能力的，是值得信任的，他们就能建立起应有的自尊，使自己有热情为做得更好而努力。如果教育者认为他们能力低下、不学好、无可救药，他们也会从这面镜子中看到自己令人沮丧的形象，从而也认为自己能力就是不如别人，自己很难改好，自己没有出路，那么他们就不能确立应有的自信与自尊，就不能有充分的自我价值感。他们会感到绝望，放弃任何积极的努力，走向破罐破摔的道路。

● **对策建议**

加强师生关系中皮格马利翁效应的对策与建议如下：

第一，教师本身要增强专业素质，研究学生，与学生有共同的时代感，做让学生喜爱和信任的教师。并提高自己的道德修养水平，严格遵守职业道德规范，杜绝体罚和言语伤害，应注意避免伤害学生心理的行为，无论是短期伤害还是长期伤害都应当避免。要多与学生做直接的、面对面的交流。

第二，在师生情感关系的建设上，教师是主导，教师的一举一动都会影响学生对教师的态度。要建立良好的师生情感联系，教师应该公平地对待每一个学生，多鼓励、多关怀，相信他们的潜力，切实帮助他们。教师应当衡量与学生的关系，对学生进行激励，注重激励的方式和手段，提倡“因材施教”，注重两性差异，宜用一种直观的、学生能够直接接受的方式进行激励，比如口头表扬、在作业评语上进行表扬等。

第三，教师应使用客观合理的评价机制来评估学生的能力水平，不带有色眼镜对待学生，不以分数论英雄，始终以促进学生成长为目的。

第四，强调隐性课堂的作用，教师在隐性课堂里更能体现出以学生为本的思想。教师只有真正做到关心关爱学生才能够随时都在言行中流露出真诚的激励，从而打动学生。

第五，合理利用家长对孩子的影响，家校双方共同促进学生的成长。

（资料来源：百度百科，有删减。）

课后练习题

一、选择题

1．李老师经常自觉地对自己的讲课过程进行分析，进行全面深入的归纳与总结，以不断改进自己的教学行为，提高自己的教学水平。李老师的做法基于下列哪种专业发展方式？（　　）

A．教学实践　　B．教学研究　　C．自我发展　　D．教学反思

2．每学期开学前，王老师总是根据自己所教班级的人数、课时量以及备课资料是否充分等来安排自己的教学方式与教学进度。根据富勒与布朗的观点，王老师处于教师成长的哪个阶段？（　　）

A．关注生存　　B．关注情境　　C．关注学生　　D．关注自我

3．教师在课堂上提问一些有难度的问题时，通常会不由自主地将眼光停留在那些优秀的学生身上。这种现象反映的是（　　）。

A．从众效应　　B．木桶效应　　C．期待效应　　D．投射效应

4．江金当了一段时间教师后感到自己完全能够适应教学的基本要求，此时他把关注的焦点投向了如何提高学生成绩、教好每一堂课上。按照富勒的教师成长阶段论，江金处于（　　）。

A．关注生存阶段　B．关注学生阶段　　C．关注情境阶段　D．关注自我阶段

5．刘老师在教学过程中善于引导学生掌握知识、积极思考，运用多种策略解决问题。这说明他的哪种教学能力比较突出？（　　）

A．教学认知能力　B．教学反思能力　　C．教学监控能力　D．教学操作能力

6．朱老师很关心学生，但对学生很严格，常对学生提出各种要求和规定。大部分学生都喜欢朱老师，也能按他的要求去做。朱老师对班级的领导类型属于（　　）。

A．强硬专断型　　B．放任自流型　　C．仁慈专断型　　D．民主平等型

7．李老师对自己的教学能力十分自信，认为自己能教好学生。这主要反映了他的哪种心理特征？（　　）

A．教学责任感　B．教学幸福感　C．教学理智感　D．教学效能感

8．皮格马利翁效应的主要启示是教师对学生应该（　　）。

A．鼓励合作学习　B．给予积极期望

C．提出纪律要求　D．引导发现学习

9．根据富勒等人的教师发展阶段理论，衡量老师发展成熟的重要标志是能否自觉关注（　　）。

A．生存　B．情境　C．未来　D．学生

二、论述题

1．现代教师要扮演哪些角色？

2．什么是教师的期望效应？它对教师有哪些启示？

3．专家型教师有什么基本特点？

4．联系实际，论述教师的发展阶段。

参考文献

[1] 埃里克森. 童年与社会 [M]. 高丹妮，李妮，译. 北京：世界图书出版公司，2018.

[2] 安妮塔·伍尔福克. 教育心理学 [M]. 伍新春，张军，李娇，译. 北京：中国人民大学出版社，2018.

[3] 白乙拉，陈中永. 发展与教育心理学 [M]. 西安：陕西师范大学出版社，2007.

[4] 岑国祯. 教育心理学 [M]. 北京：中国人民大学出版社，2009.

[5] 陈桂生. 常用教育概念辨析 [M]. 上海：华东师范大学出版社，2009.

[6] 陈琦，刘儒德. 当代教育心理学. [M]. 3版. 北京：北京师范大学出版社，2019.

[7] 车文博. 心理咨询大百科全书 [M]. 杭州：浙江科学技术出版社，2001.

[8] 董蓓菲. 语文教育心理学 [M]. 北京：北京大学出版社，2017.

[9] 李峰，白雅娟. 教育心理学 [M]. 北京：北京师范大学出版社，2017.

[10] 莉萨·博林，谢里尔·德温，等. 教育心理学：激发自主学习的兴趣 [M]. 连榕，缪佩君，陈坚，等，译. 北京：机械工业出版社，2018.

[11] 连榕，李宏英. 发展与教育心理学 [M]. 福州：福建教育出版社，2007.

[12] 连榕，罗丽芳. 教育心理学概论 [M]. 北京：北京大学出版社，2015.

[13] 林崇德. 中国中学教学百科全书·教育卷 [M]. 沈阳：沈阳出版社，1990.

[14] 林崇德. 发展心理学 [M]. 3 版. 北京：人民教育出版社，2018.

[15] 刘东梅，高全胜. 教育心理学 [M]. 北京：北京师范大学出版社，2016.

[16] 路海东. 教育心理学 [M]. 长春：东北师范大学出版社，2002.

[17] 卢晓中. 新编教育学 [M]. 北京：北京师范大学出版社，2014.

[18] 彭小虎，王国锋，朱丹. 儿童发展与教育心理学 [M]. 上海：华东师范大学出版社，2014.

[19] 皮连生．学与教的心理学［M］．上海：华东师范大学出版社，1997．

[20] 皮亚杰．教育科学与儿童心理学［M］．北京：文化教育出版社，1982．

[21] 秦启文，周永康．角色学导论［M］．北京：中国社会科学出版社，2011．

[22] 全国十二所重点师范大学．教育学基础［M］．第2版．北京：教育科学出版社，2008．

[23] Shaffer．发展心理学：儿童与青少年［M］．邹泓，等，译．9版．北京：中国轻工业出版社，2016．

[24] 苏春景．教育学［M］．北京：高等教育出版社，2010．

[25] 王大顺，张彦军．发展与教育心理学［M］．西安：陕西师范大学出版社，2015．

[26] 王雁．人体解剖生理学［M］．北京：北京师范大学出版社，2009．

[27] 汪凤炎，燕良轼，郑红．教育心理学新编［M］．广州：暨南大学出版社，2016．

[28] 杨治良．简明心理学辞典［M］．上海：上海辞书出版社，2007．

[29] 叶澜，白益民，王枬，等．教师角色与教师发展新探［M］．北京：教育科学出版社，2001．

[30] 张潮．教育心理学［M］．北京：高等教育出版社，2017．

[31] 张大均，郭成．教学心理学纲要［M］．北京：人民教育出版社，2006．

[32] 张景焕．教育心理学［M］．青岛：山东人民出版社，2010．

[33] 张积家．高等教育心理学［M］．2版．北京：高等教育出版社，2016．

[34] 中公教育教师资格考试研究院．2020国家教师资格考试专用教材：真题大全·小学［M］．北京：世界图书出版公司，2020．

[35] 中公教育教师资格考试研究院．2020国家教师资格考试专用教材：真题大全·中学［M］．北京：世界图书出版公司，2020．

[36] 中公教育教师资格考试研究院．2020国家教师资格考试专用教材：综合素质·小学［M］．北京：世界图书出版公司，2020．

[37] 中公教育教师资格考试研究院．2020国家教师资格考试专用教材：综合素质·中学［M］．北京：世界图书出版公司，2020．

[38] 迟艳杰．师生关系新探［J］．课程·教材·教法，2020，40（9）：48－54，73．

[39] 初红涛，白茹雪，苏立强. 普通高校理工科专业教学中教师信念对教学有效性的影响 [J]. 化工时刊，2018，32 (2)：50-54.

[40] 李晓红. 文化学视域下的师生关系冲突解读 [J]. 教学与管理，2020 (27)：71-73.

[41] 连榕. 新手—熟手—专家型教师心理特征的比较 [J]. 心理学报，2004 (1)：44-52.

[42] 刘敏岚，陈会. 浅谈弗洛伊德的人格发展理论对儿童教育的启示 [J]. 社会心理科学，2011，26 (5) 59-62.

[43] 孟繁胜，曲正伟，王芳. 不同阶段中小学教师发展需求比较分析 [J]. 东北师大学报（哲学社会科学版），2017 (3)：151-156.

[44] 石中英. 教师职业倦怠的一种哲学解释 [J]. 中国教育学刊，2020 (1)：95-98.

[45] 唐玉光. 教师专业发展的研究 [J]. 外国教育资料，1999 (6)：39-43.

[46] 王本陆. 关于教学工作中师生关系改革的思考 [J]. 课程·教材·教法，2000 (5)：47-50.

[47] 王晶晶，徐学. 教学信念国内外研究进展与启示 [J]. 商丘师范学院学报，2020，36 (7)：96-99.

[48] 沃建中，申继亮，林崇德. 提高教师课堂教学能力方法的实验研究 [J]. 心理科学，1996 (6)：340-344，383-384.

[49] 武霞. 浅谈布鲁纳的认知结构学习理论 [J]. 文学教育（中），2011，(3)：25-26.

[50] 吴金航，朱德全. 教学信念与教学行为相关：理想样态与实现路径 [J]. 中小学教师培训，2018 (6)：11-15.

[51] 吴永军. 我国大陆地区教师专业化过程研究述评 [J]. 教育发展研究，2007 (8)：43-47.

[52] 杨秀玉. 教师发展阶段论综述 [J]. 外国教育研究，1999 (6)：36-41.

[53] 杨豫晖. 教师教学信念的检视与反思：以小学数学教师为例 [J]. 课程·教材·教法，2010，30 (12)：100-106.

[54] 于善萌，高维. 教学隐喻视角下小学教师教学信念的变迁 [J]. 上海教育科研，2020 (3)：83-87.

[55] 张静静. 基于埃里克森的人格发展观看教育 [J]. 科教文汇，2017，403 (11)：27－28.

[56] 张学民，申继亮. 国外教师教学专长及发展理论述评 [J]. 比较教育研究，2001 (3)：1－5.

[57] 赵昌木. 论教师信念 [J]. 当代教育科学，2004 (9)：11－14.

[58] 钟祖荣，张莉娜. 教师专业发展阶段的调查研究及其对职后教师教育的启示 [J]. 教师教育研究，2012，24 (6)：20－25，40.

[59] 周箐雯，茹可雅，郭雨瑶，等. 师生关系中的皮格马利翁效应 [J]. 产业与科技论坛，2019，18 (3)：145－146.

[60] Cai J, Chen T, Li X, et al. Exploring the impact of a problem－posing workshop on elementary school mathematics teachers' conceptions on problem posing and lesson design [J]. International Journal of Educational Research, 2019 (3): 1－12.

[61] Jianling L. Women teachers' role conflict and its management [J]. Chinese Education & Society, 2000, 33 (4): 68－74.

[62] 嵇艳. 医学院校临床教师角色冲突研究 [D]. 南京：南京大学，2017.